제 3 판
기초/활용편

따라하다보면 알게되는

아두이노 배우기
arduino

김성필 / 홍선기 / 한경연 공저

B.C.Info

이 책을 쓴 동기

필자는 경기도 광주에 있는 한국정보통신기능대학에서 컴퓨터 프로그래밍, 마이크로컨트롤러, 임베디드시스템 등을 수년간 강의했습니다. 이러한 과목을 강의하면서 학생들에게 "마이크로컨트롤러 시스템을 구동시킬 수 있는 프로그램 작성할 수 있다."는 자신감과 그 능력을 키워주려고 노력해왔습니다. 그러나 이 교육 목표를 달성하기는 쉽지 않았습니다.

이해하기 쉽게, 소화하기 쉽게, '죽'을 만들어서 상을 차리기도 해봤지만 많은 학생들이 죽도 소화하기 어려워했습니다. 그래서 마련한 것이 '포도당 주사'였죠. 그저 가만히만 있으면 몸속에 들어와 에너지가 되는 포도당 주사와 같이 쉽게 배울 수 있는 교육을 생각하게 되었습니다. 쉽게 배우고 빠르게 익힐 수 있는 마이크로컨트롤러 보드! 그래서 선택한 것이 아두이노입니다.

교재 원고를 출판사에 넘기면서

아두이노에 대한 책을 출판해볼까 하고 써 놓은 원고가 있었습니다. 여러 측면에서 책으로 출판하기에는 부족하다는 생각이 들었습니다. 무엇보다 어떤 이야기를 먼저 하고 어떤 이야기를 나중에 할 것인지 또 어느 수준까지 이야기를 할 것인지도 정하지 못한 채 단편적인 내용들을 나열해 놓은 듯해서 출판할 엄두를 내지 못했습니다. 그러다가 복두출판사의 권유로 출판을 마음먹고 그간 학교 수업에서 이야기했던 내용 그리고 공개 강의 때 언급했던 내용들을 체계적으로 정리해서 초판을 2013년 8월에 출판하게 되었습니다. 그러나 내용을 더 보강해야겠다는 생각이 들어서 개정판(제2판)을 만들었습니다. 이 개정판에서는 스마트 폰의 블루투스 기능을 이용하여 아두이노 자동차를 조종하는 내용을 추가했습니다.

이번 개정판(제3판)에서는 자연스럽게 C언어에 조금 친숙해질 수 있도록 구성하였으며 보다 다양한 실습을 해볼 수 있도록 구성하였습니다. 공동 저자로 수고해 주신 호서대학교 홍선기 교수님과 NI 네트웍스 한경연 전무이사께 감사의 말씀을 전합니다. 예제를 검토해준 신춘호에게 고맙다는 말을 전합니다.

2014년 6월

대표저자 김성필

이 책의 난이도

이 책은 제 1부 기초 과정과 제 2부 활용 과정으로 나누어져 있습니다. 제 1부에서는 디지털 신호 입출력과 아날로그 신호 입출력에 대한 내용을 주로 담고 있습니다. 컴퓨터 언어인 C언어나 마이크로컨트롤러에 대해 잘 모른다고 해도 비교적 쉽게 따라갈 수 있습니다. 전자 계열 전공자가 아니더라도 제 1부 내용은 충분히 소화하실 수 있을 것입니다.

제 2부는 아두이노 활용에 대해 조금 더 알아보는 내용을 담고 있습니다. 비록 전자계열 전공자가 아니더라도 제 1부의 내용을 잘 이해하셨다면 비교적 큰 힘들이지 않고 습득하실 수 있을 것입니다. 이 책을 펼치신 분이 전자, 정보통신 계열 학과의 1~2학년 학생이시라면 avr이나 pic 마이크로컨트롤러를 배우기에 앞서 기초 개념을 잡는데 도움이 되리라 생각합니다.

제 3부의 내용은 1~2부에서 학습한 내용을 바탕으로 스마트 폰으로 아두이노를 제어하는 내용을 담고 있습니다. '스마트 폰의 블루투스 통신을 이용하여 조종하는 아두이노 이동 로봇'을 만들어 봄으로써 아두이노에 대해 더 학습할 수 있도록 구성했습니다.

이 교재를 지원하는 네이버 카페, "아두이노 배우기"

http://cafe.naver.com/studyonarduino

- 다양한 예제, 소스 코드, 묻고 답하기
- 이 책에서 다루지 못했던 추가적인 내용들
- 위 카페에서 실습 키트를 구매하실 수 있습니다.
- 키트 구성에 대한 자세한 설명은 이 책의 마지막 페이지에서 확인하실 수 있습니다. 그리고 네이버 카페, "아두이노 배우기"를 참고하세요.

CONTENTS

제1부 아두이노 기초

제1장 아두이노 소개 ··· 10

1.1 아두이노 소개 ··· 10
1.2 개발 환경 구축 ··· 12
1.3 기초 회로 이해 ··· 22

제2장 디지털 출력과 입력 ··· 40

2.1 LED를 활용한 디지털 신호 출력 ··· 40
2.2 스위치를 활용한 디지털 신호 입력 ··· 52

제3장 직렬통신 I ··· 63

3.1 아두이노 보드에서 컴퓨터로 데이터 전송 ··· 63
3.2 아두이노 보드에서 데이터 수신 ··· 66

제4장 아날로그 입력과 출력 ··· 70

4.1 가변 저항을 활용한 아날로그 입력 ··· 70
4.2 센서를 활용한 아날로그 입력 ··· 76
4.3 아날로그 출력(PWM) ··· 86

제5장 모터 구동 I ··· 91

5.1 DC 모터 속도 제어 ··· 91
5.2 서보 모터 위치 제어 ··· 97

제6장 아두이노로 멜로디 연주 ··· 102

6.1 단일 음 출력 ··· 102
6.2 멜로디 연주 ··· 104

제7장 자동차 후방 감지기 만들기 ··· 108

CONTENTS

제2부 아두이노 활용

제8장 LCD 구동 ······ 114

8.1 LCD ······ 114

제9장 모터 구동 Ⅱ ······ 128

9.1 DC 모터 양방향 구동 ······ 128

제10장 아두이노 보드의 MCU 내부의 EEPROM ······ 136

10.1 MCU 내부의 EEPROM ······ 136

제11장 폴링과 인터럽트 ······ 139

11.1 폴링 ······ 139

11.2 인터럽트 ······ 141

제12장 직렬통신 Ⅱ ······ 149

12.1 직렬통신 – 소프트웨어 시리얼 라이브러리 ······ 149

12.2 직렬통신 데이터 수신 ······ 153

제13장 소자간 통신 ······ 161

13.1 SPI 통신 ······ 162

13.2 TWI(I^2C) 통신 ······ 172

13.3 USART 통신 ······ 183

제14장 아두이노 확장 보드 ······ 188

14.1 확장 쉴드 ······ 188

제15장 아두이노 활용 플러스 ······ 200

15.1 디지털 신호 입출력 ······ 200

15.2 delay() 함수를 사용하지 않고 경과 시간 측정 ······ 213

15.3 타이머 라이브러리 사용 216
15.4 스위치 디바운스 처리 218

제3부 스마트 폰의 블루투스를 이용하여 조종하는 **아두이노 이동로봇**

제16장 블루투스 통신 228
16.1 키트 구성품 확인 229
16.2 블루투스 통신 모듈 230

제17장 모터 드라이브 보드 구동 238

부록 및 색인

부록 A. LabVIEW로 아두이노 구동 프로그램 작성 258
부록 B. 아두이노 릴리패드 285
부록 C. 아두이노를 위한 스크래치 소개 298
부록 D. 아두이노 배우기 풀 키트 소개 318
부록 E. 스마트 폰의 블루투스 통신 기능을 이용하여 무선으로 조종하는 아두이노 이동 로봇 키트 · 319

색인 320

A R D U I N O

제 1 부

아두이노 기초

제 1부에서는 아두이노에 처음 입문하시는 분들을 위한 내용을 담고 있습니다. 기본이 되고 기초가 되는 내용입니다. 이 말은 쉽다는 말과도 어느 정도 의미가 통하지만 중요하다는 말과도 의미가 통합니다. 아두이노 세계로 들어가는 첫 걸음이니 서두르지 마시고 한 걸음씩 저와 함께 가보시죠.

제 1부의 주요 내용은 디지털 신호 입출력, 아날로그 신호 입출력, 직렬통신, 센서활용, 모터 구동 등에 대한 것을 다루게 됩니다. 1부의 마치면서 자동차 후방감지와 같은 장치를 만들어 볼 것입니다.

제 1 장
아두이노 소개

1.1 아두이노 소개

1.1.1 아두이노란?

아두이노는 컴퓨터 프로그래밍 언어에 대해 잘 알지 못하거나 마이크로컨트롤러와 같은 하드웨어에 대한 지식이 거의 없는 사람도 자신이 원하는 것을 쉽게 구현할 수 있는 환경을 제공합니다. 아두이노는 데스크탑 컴퓨터를 만들기 위한 도구가 아니라 실 세계의 더 많은 현상을 센싱하고 어떤 대상을 제어할 수 있는 특화된 장치를 만들기 위한 도구입니다. 하드웨어나 소프트웨어에 대한 전문적인 지식이 없는 사람도 쉽게 사용할 수 있도록 개발되어 정보통신 분야 엔지니어 이외에도 아티스트, 디자이너 등도 사용하고 있습니다. 아두이노는 간단한 마이크로컨트롤러 보드를 기반으로 한 오픈 소스 물리적 컴퓨팅 플랫폼이며 아두이노 보드에서 실행될 소프트웨어를 작성하는 개발환경을 포함하여 이르는 말입니다.

그런데 말이죠…!!

마이크로컨트롤러(Microcontroller Unit)는 우리가 보통 알고 있는 CPU의 역할을 하는 소자입니다. 개인용 컴퓨터에는 CPU가 들어가 있는데, 이 CPU는 메인보드에 장착되어 있습니다. 그리고 메모리나 주변의 여러 장치들과 협업하면서 컴퓨터로써의 기능을 수행합니다. 마이크로컨트롤러(MCU)는 CPU와 메모리 그리고 필요한 여러 가지 장치들을 하나의 칩으로 만들어 놓은 것입니다.

1.1.2 왜 아두이노인가?

피지컬 컴퓨팅을 위해 이용 가능한 마이크로컨트롤러 플랫폼과 많은 마이크로컨트롤러가 있습니다. Parallax Basic Stamp, Netmedia의 BX-24, Phidgets, MIT의 Handyboard 그리고 다른 많은 것들이 아두이노와 유사한 기능을 제공합니다. 이러한 툴 모두 마이크로컨트롤러 프로그래밍을 할 때 세세한 레벨까지 고려해야 합니다. 그러나 아두이노는 마이크로컨트롤러를 가지고 수행하는 작업 과정을 간단하게 만듭니다. 교사, 학생, 또는 이런 시스템에 관심이 있는 일반인들에게 몇 가지 장점을 제공합니다.

(1) 저렴한 가격

아두이노 보드는 다른 마이크로컨트롤러 플랫폼에 비해 상대적으로 저렴합니다. 가장 저렴한 아두이노 모듈은 손으로 조립이 가능하며 심지어 기 조립된 아두이노 모듈의 가격은 3만원 정도입니다.

(2) 크로스 플랫폼

아두이노 소프트웨어는 마이크로소프트 사의 윈도우, 애플의 OSX, 리눅스에서도 실행됩니다. 그러나 다른 대부분의 마이크로컨트롤러 개발 소프트웨어는 윈도우에서만 실행됩니다.

(3) 간단하고 깔끔한 프로그래밍 환경

아두이노 프로그래밍 환경은 입문자들에게 사용하기 쉽도록 되어 있습니다. 숙련된 사람들은 이 개발환경을 충분히 융통성 있게 변경해가면서 사용할 수 있습니다.

(4) 공개 소스와 확장 가능한 소프트웨어

아두이노 소프트웨어는 공개 소스(open source) 형태로 발표되었습니다. 그래서 노련한 프로그래머에 의해 확장될 수 있습니다. 아두이노 프로그래밍 언어는 C++ 라이브러리를 통해서 확장될 수 있으며 기술적인 세부 사항을 이해하고 싶은 사람들은 아두이노 프로그래밍의 근간이 되는 AVR C 프로그래밍 언어의 이해까지 섭렵할 수 있습니다. 프로그래머가 원한다면 아두이노 프로그램 소스 코드에 AVR C 코드를 직접 삽입할 수도 있습니다.

(5) 공개 소스와 확장 가능한 하드웨어

아두이노는 Atmel사의 ATMEGA8과 ATMEGA168 마이크로컨트롤러에 기반하여 만들어졌습니다. 아두이노 모듈에 대한 회로도는 Creative Common license에 의해 발표되었기 때문에 회로 디자이너에 의해 아두이노 모듈을 확장하거나 기능을 향상시켜서 자신만의 아두이노 모듈을 만들 수 있습니다. 아두이노가 어떻게 동작하는지 이해하기 위해 또는 시스템의 메모리 사용을 줄이기 위해 등등의 동기에서 아두이노 모듈보다 더욱 저렴하게 브레드보드 위에 아두이노 모듈을 구현할 수도 있습니다.

1.2 개발 환경 구축

1.2.1 통합개발환경 프로그램 설치

아두이노 보드에서 어떤 프로그램을 구동시키려면 먼저 프로그램을 작성해야 할 것이고 그 프로그램에 문제가 없다면 작성한 프로그램을 보드에 업로드 해야 할 것입니다. 이러한 작업을 쉽게 할 수 있도록 도와주는 프로그램이 있는데, 이를 '통합개발환경'이라고 부릅니다. 먼저 통합개발환경 프로그램을 컴퓨터에 설치하겠습니다. 이 설치 프로그램은 아두이노 공식 홈페이지인 arduino.cc에서 다운로드 할 수 있습니다. 그림 1-1과 같이 아두이노 홈페이지의 첫 화면에 보이는 메뉴에서 Download를 선택합니다.

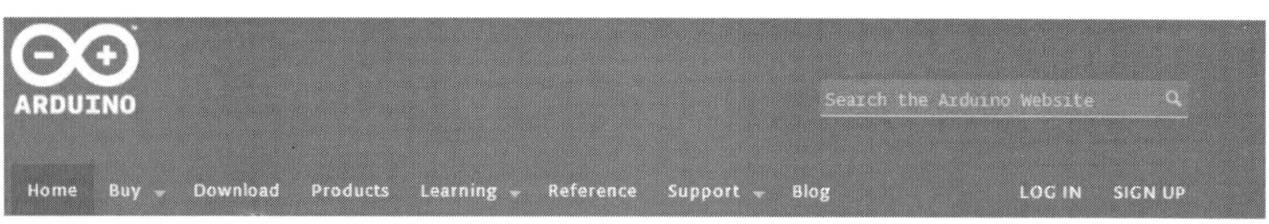

그림 1-1 아두이노 공식 홈페이지 메뉴

Download 메뉴를 클릭해서 열린 페이지를 보면 그림 1-2와 같은 내용이 보입니다. 여기서 Arduino 1.0.5를 클릭합니다.

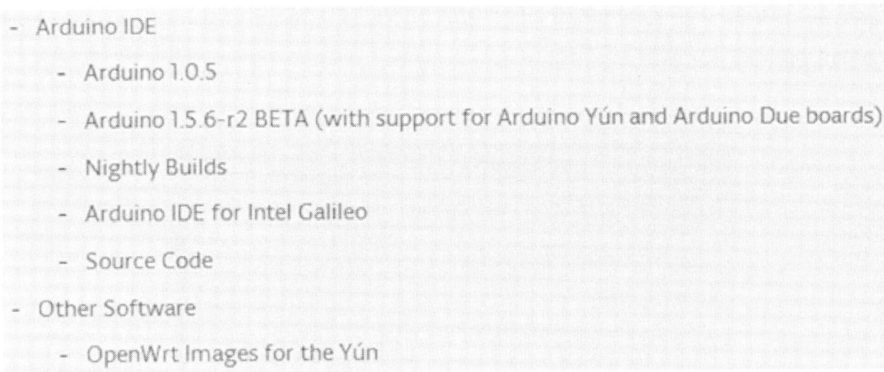

그림 1-2 아두이노 통합개발환경 다운로드

링크가 걸려 있는 Arduino 1.0.x라는 문구를 찾아 클릭하시게 되면 그림 1-3과 유사한 모양으로 링크가 걸린 Windows Installer라는 단어가 보일 것입니다.

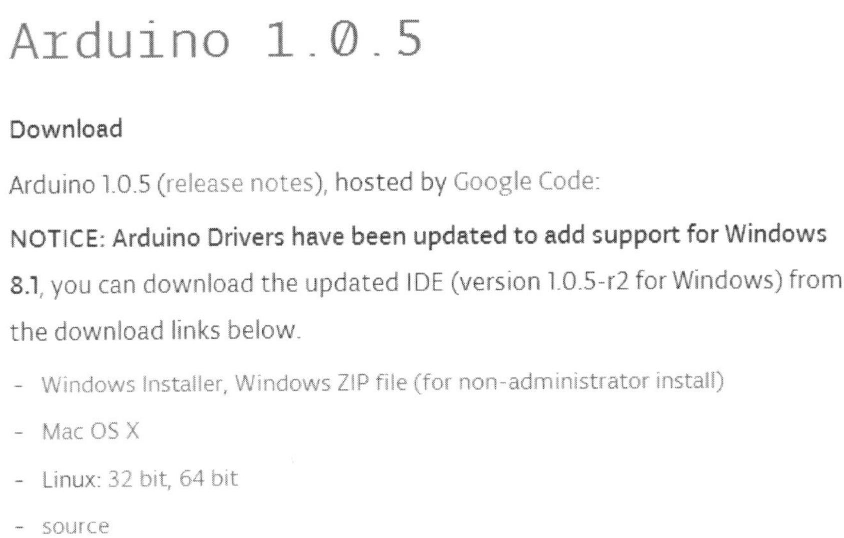

그림 1-3 운영체제 별로 아두이노 통합개발환경 프로그램 제공

대부분의 컴퓨터 사용자들은 마이크로소프트 사의 Windows 계열 OS를 사용하고 있을 것입니다. 그래서 Windows Installer를 선택하여 클릭하십시오. 맥을 사용하시는 분은 Mac OS X를 선택하셔야겠지요. 다운로드 받으셨으면 아두이노 통합개발환경 프로그램 설치 파일인 'arduino-1.0.5-r2-windows.exe'이 저장됩니다.(아두이노 통합개발환경이 버전 업 될 때마다 파일 이름이 변경됨으로 여러분이 이 책을 읽는 시점에서는 파일 이름이 약간 다를 수 있습니다.) 다운로드 완료 후 이 파일을 실행시키십시오. 그러면 그림 1-4와 같이 설치 동의를 묻습니다. 'I Agree'를 클릭하시면 그림 1-5와 같이 설치될 컴포넌트를 선택할 수 있는 창이 열립니다. 변경 없이 다음(Next) 버튼을 클릭합니다.

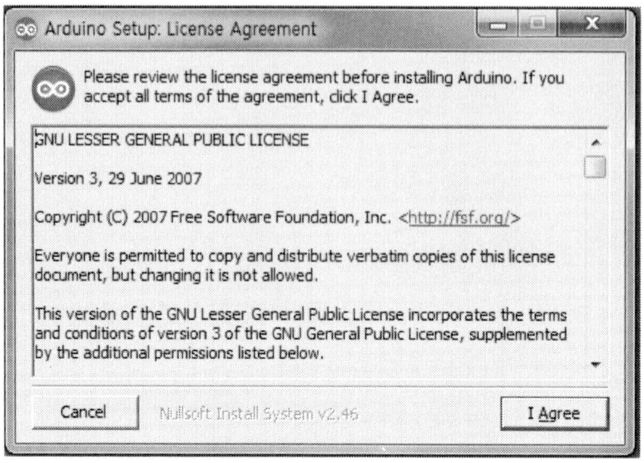

그림 1-4 라이센스 동의

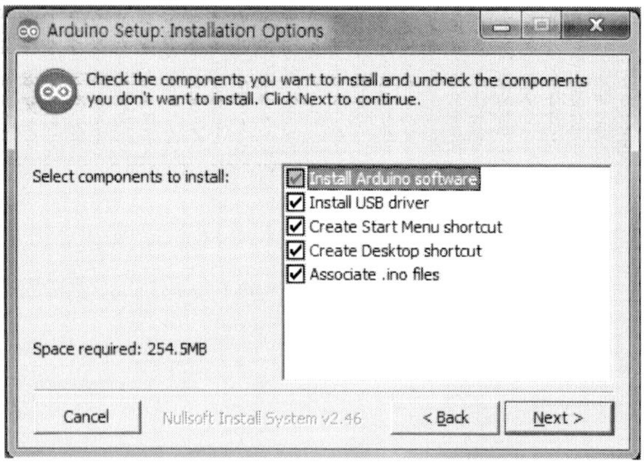

그림 1-5 설치될 컴포넌트 선택

다음으로는 아두이노 통합개발환경이 설치될 폴더를 변경할 것인지 묻는 창이 나오는데 변경 없이 'Install'을 클릭하시면 되겠습니다. 폴더를 변경하지 않으셨다면 아두이노 통합개발환경은 C:\Program Files\Arduino\에 인스톨됩니다. 설치 중에 그림 1-7의 창이 뜨면 '설치' 버튼을 클릭하십시오. 인스톨이 끝나면 아래 그림 1-8과 같은 창이 뜨는데 'Close'를 선택하시면 됩니다.

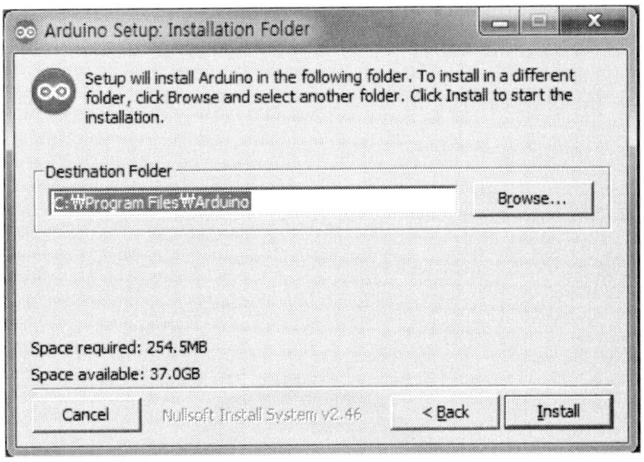

그림 1-6 아두이노 통합개발환경 프로그램이 설치될 경로

그림 1-7 설치 동의

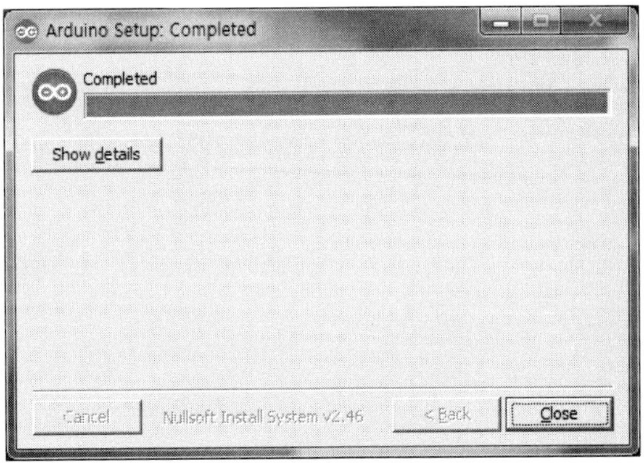

그림 1-8 설치 완료

1.2.2 아두이노 보드를 컴퓨터에 인식시키기

통합개발환경 설치가 끝났습니다. 이제 아두이노 보드를 컴퓨터에 연결할 것입니다. 이 책에서는 아두이노 우노 보드를 가지고 이야기를 해나갈 것입니다. 이하 아두이노 보드로 부르겠습니다. 아두이노 보드는 USB 케이블을 통해서 컴퓨터와 연결됩니다. 여기서 사용하는 USB 케이블은 그림 1-9와 같이 한쪽은 A타입 다른 한쪽은 B타입인 USB 케이블을 사용합니다.

그림 1-9 아두이노 우노를 위한 USB 케이블

아두이노 보드를 USB 케이블을 통해 컴퓨터와 연결합니다. 아두이노 보드에 ON 또는 PWR 이라는 라벨이 프린트된 LED가 켜집니다. 아두이노 우노는 외부 전원 혹은 컴퓨터에 연결된 USB 케이블을 통해 자동으로 전력을 공급받습니다. 이 LED가 켜지지 않는다면 USB 케이블 연결 상태를 점검하세요. 이제 장치관리자를 열어 보십시요. 장치관리자에서 '포트(COM & LPT)'를 열어보면 그림 1-10과 유사하게 'Arduino Uno(COMx)'라고 보이면 컴퓨터는 USB 케이블로 연결된 아두이노 보드를 인식한 것입니다. 그림 1-10의 경우 컴퓨터는 아두이노 보드가 COM5에 연결된 것으로 인식하고 있음을 확인할 수 있습니다.

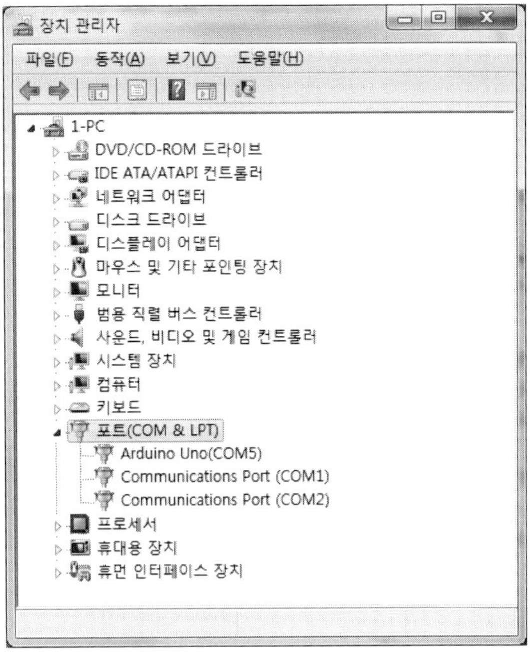

그림 1-10 아두이노를 인식한 컴퓨터의 장치관리자

1.2.3 통합개발환경 구축 검사 및 통합개발환경 익히기

아두이노 보드에 예제 프로그램을 하나 업로드 해서 실행시켜 보겠습니다. 예제 프로그램이 잘 수행되면 지금까지의 개발 환경 구축 과정이 잘 수행되었기 때문에 이제부터는 아두이노 통합개발환경 프로그램과 아두이노 보드를 활용하여 프로그램을 작성하고 실행시킬 수 있을 것입니다.

먼저 아두이노 통합개발환경 프로그램을 실행시킵니다. 통합개발환경 프로그램 아이콘은 바탕화면에서 찾을 수 있습니다. 그림 1-11과 같은 통합개발환경 프로그램이 실행됩니다.

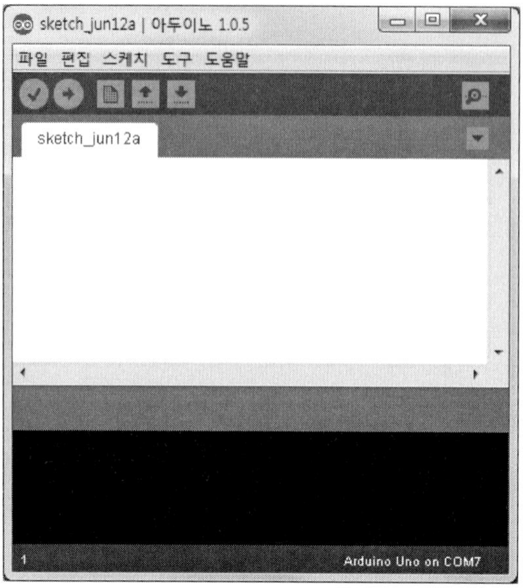

그림 1-11 아두이노 통합개발환경

(1) 보드 설정

주 메뉴를 보면, 파일, 편집, 스케치, 도구, 도움말이 보입니다. 도구 메뉴 아래 보드를 클릭하십시오. 그러면 그림 1-12와 같이 모습이 나타납니다. 지금 사용하고 있는 보드가 Arduino Uno이기 때문에 보드 설정이 바르게 된 것입니다. 그러나 사용하고 있는 보드 종류와 통합개발환경의 보드 설정이 다르다면 맞춰주셔야 합니다.

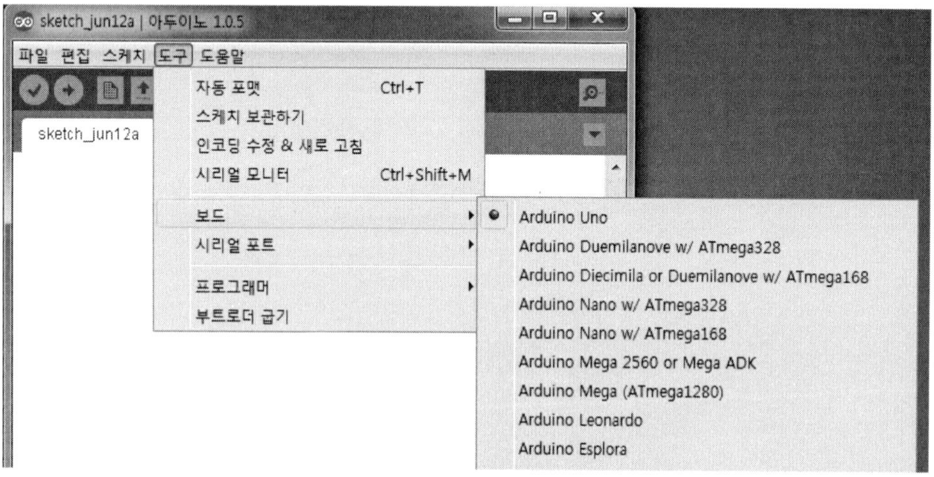

그림 1-12 통합개발환경에서 보드 설정

(2) 시리얼 포트 설정

주 메뉴의 도구 아래 시리얼 포트를 선택합니다. 그러면 그림 1-13과 유사한 모습을 보실 수 있습니다. 앞서 장치관리자에서 아두이노 보드가 COM 포트 몇 번에 연결되었는지를 봤습니다. 필자의 경우에는 컴퓨터의 COM5에 아두이노 보드가 연결된 것으로 인식하고 있기 때문에 시리얼 포트 설정에서 COM5을 선택했습니다. 독자 여러분들은 자신의 아두이노 보드가 컴퓨터의 COM 포트 몇 번에 연결되었는지 장치관리자를 열어 확인하신 후 설정하시면 되겠습니다. 장치관리자를 열어서 확인하지 않고도 아두이노 보드가 COM 포트 몇 번에 연결되었는지 알 수 있는 방법은 아두이노와 컴퓨터를 연결하고 있는 USB 케이블을 컴퓨터에서 뽑아 보십시요. 그러고 나서 그림 1-13과 같이 시리얼 포트 메뉴를 열어 보십시오. 방금까지 보이던 포트 하나가 사라졌을 것입니다. 그 포트가 아두이노 보드가 연결된 포트입니다.

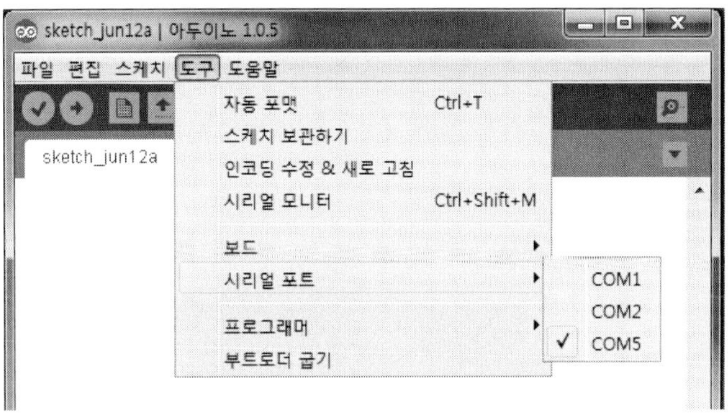

그림 1-13 통합개발환경에서 포트 설정

앞서 말씀 드린 것과 같이 이제 예제 프로그램을 아두이노 보드에 업로드 해보겠습니다. 통합개발환경의 주 메뉴 밑에 그림 1-14와 같은 아이콘으로 된 메뉴, 툴바가 있습니다.

그림 1-14 아이콘 메뉴, 툴바

툴바에서 위를 향하고 있는 열기() 아이콘을 클릭하고 그림 1-15와 같이 01.Basics 아래 Blink를 선택합니다. 그러면 통합개발환경 프로그램의 편집 창에 소스코드가 들어옵니다.

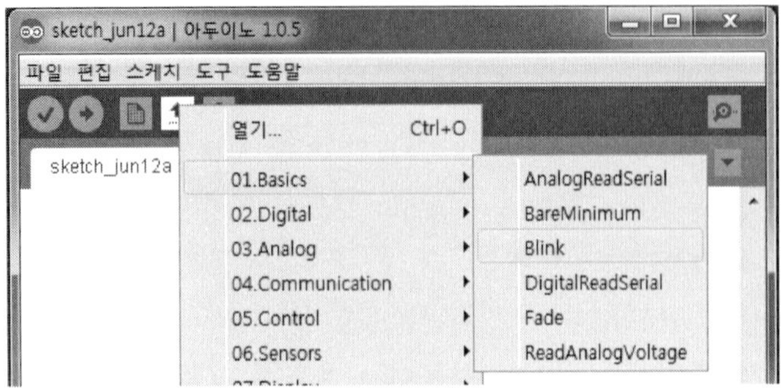

그림 1-15 Blink 예제 열기

그림 1-15의 툴바에서 업로드( ) 아이콘을 클릭합니다. 업로드 완료 후 보드를 살펴보십시오. 업로드가 완료되면 업로드 된 프로그램이 자동으로 실행됩니다. 녹색 LED에는 불이 항상 들어와 있고 그림 1-16에 표시한 주황색 LED가 깜박일 것입니다. 주황색 LED가 1초 동안 켜져 있다가 1초 동안 꺼지기를 반복한다면 지금까지 해 온 개발환경 구축이 잘 되었다고 볼 수 있습니다. 자~ 이쯤에서 다음 절인 1.3으로 넘어가셔도 좋습니다.

그림 1-16 아두이노 13번 핀에 연결된 LED

통합개발환경 프로그램에 대해 조금 더 살펴보겠습니다만 별 내용 아니니 안 보셔도 됩니다. ☺ 아두이노 개발 환경은 그림 1-11에 보이고 있습니다. 개발 환경은 소스코드를 작성하기 위한 텍스트 에디터, 메시지 출력 영역, 텍스트 콘솔, 일반적인 기능을 위한 버튼들을 포함하고 있는 툴바 그리고 여러 개의 메뉴가 일렬로 놓여있습니다.

아두이노를 사용하여 작성된 프로그램을 아두이노 진영에서는 '스케치(sketch)'라 부릅니다. 이러한 스케치는 텍스트 에디터에서 작성되는데 확장자가 ino인 파일로 저장됩니다. 이

에디터는 일반적으로 접하게 되는 에디터와 동일한 기능인 cut, past, search, replace를 제공합니다. 개발환경 1.0 이전 버전에서는 스케치 파일을 저장할 때 확장자 'pde'를 사용했습니다.

그럼, 표 1-1에서 툴바에 보이는 아이콘들의 의미를 살펴보겠습니다.

표 1-1

아이콘	명칭	설명
	확인(Verify)	작성한 코드에 에러가 있는지 체크합니다.
	업로드(Upload)	코드를 컴파일하고 아두이노 보드에 파일을 업로드 합니다.
	새 파일(New)	새로운 스케치를 만듭니다.
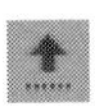	열기(Open)	당신의 스케치북에 있는 모든 스케치 메뉴를 보여줍니다. 하나를 클릭하면 그 파일이 열립니다. Java에 있는 버그 때문에 이 메뉴는 스크롤을 지원하지 않습니다. 따라서 이 메뉴 리스트에서 최근 스케치를 열 필요가 있다면 메인 메뉴에서 파일/스케치북을 여세요.
	저장(Save)	스케치를 저장합니다.
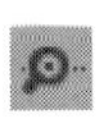	시리얼 모니터 (Serial Monitor)	시리얼 모니터를 실행시킵니다.

메인 메뉴에는 파일, 편집, 스케치, 도구, 도움말 메뉴가 보입니다. 이 메뉴의 부 메뉴 몇 가지에 대해 알아보겠습니다. 이하 메뉴 관련하여 기술하는 내용은 지금 당장 급하게 알아야 하는 내용은 아니니 좀 전에도 권유했던 바와 같이 다음 내용으로 넘어가길 권합니다. 아두이노 환경에 익숙해진 후에 이해해도 늦지 않습니다.

(1) 편집

- 편집/포럼을 위해 복사 : 스케치의 코드를 클립보드로 복사하여 포럼에 게시하기 알맞은 형태로 복사합니다.
- 편집/HTML로 복사 : 스케치의 코드를 웹 페이지에 삽입하기 알맞도록 HTML 형태로 복사합니다.

(2) 스케치

- 스케치/확인/컴파일 : 스케치의 문법 에러 유무를 체크합니다.
- 스케치/스케치 폴더 보이기 : 현재 작업하는 스케치가 있는 폴더를 열어줍니다.

- 스케치/파일 추가... : 소스 파일을 스케치에 추가합니다. 새로운 파일은 스케치 창의 새 탭에서 볼 수 있습니다. 파일은 탭 메뉴를 사용해서 스케치에서 제거될 수 있다. 아래 그림 1-17의 동그라미가 그려진 아이콘에 마우스 커서를 올려놓고 마우스 오른쪽 또는 왼쪽 버튼을 클릭하면 탭 관련 메뉴가 나타납니다.

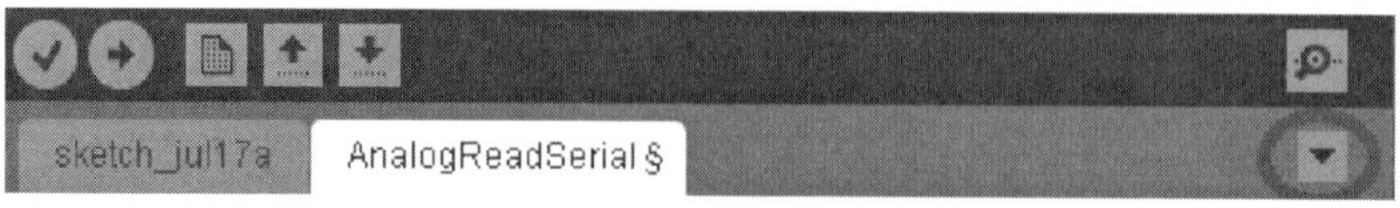

그림 1-17

- 라이브러리 가져오기... : 아두이노는 여러 라이브러리(함수 집합)를 지원합니다. 이런 라이브러리를 사용하고자 할 때 이 메뉴를 사용합니다. 사용자가 만들 라이브러리도 아두이노 통합개발환경이 인식할 수 있도록 구축할 수 있습니다.

이상 통합개발환경 프로그램의 메뉴 몇 가지에 대해 알아봤습니다.

1.3 기초 회로 이해

1.3.1 브레드 보드 사용법

실습을 위해 어떤 회로가 필요할 경우 그 회로를 구성하는 부품들을 기판에 납땜을 해서 회로를 만들어야 한다면 매우 번거롭고 귀찮은 일일 것입니다. 납땜을 해서 회로 기판을 만드는 대신 브레드 보드를 이용하면 빠르고 쉽게 회로를 구성할 수 있습니다. 브레드 보드는 소자를 보드에 땜을 하는 것이 아니라 소자를 보드에 꽂아서 소자와 소자를 연결할 수 있습니다. 그리고 다른 회로를 구성해야 한다면 꽂혀 있는 소자를 뽑은 후 필요한 소자들을 적절한 위치에 꽂음으로써 회로를 재구성할 수 있습니다.

브레드 보드는 대개 그림 1-18과 같은 모양입니다. 수평으로 붉은 선과 파란 선이 그어져 있는 것도 있고 선이 그려져 있지 않은 보드도 있습니다. 붉은 선과 파란 선을 따라 수평으로 나열된 구멍들은 보드 내부에서 모두 연결되어 있습니다. 아래 그림 1-19에서 사각형 박스로 둘러싸인 구멍들은 서로 연결되어 있습니다. 왼쪽 그림의 사각형 박스 안에 있는 구멍들과 오른쪽 그림 사각형 박스 안의 구멍들은 서로 연결되어 있지 않습니다.

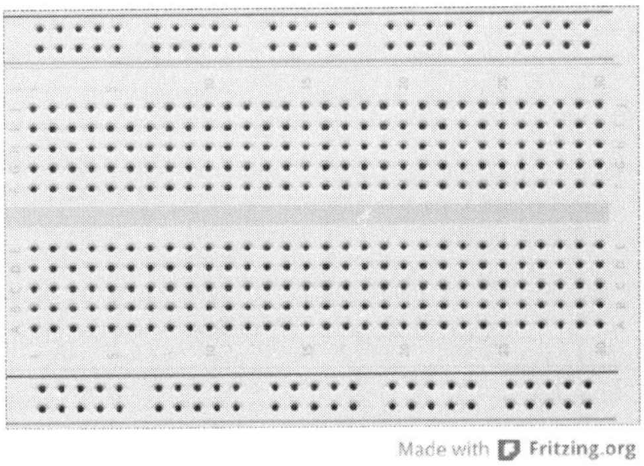

그림 1-18 브레드 보드

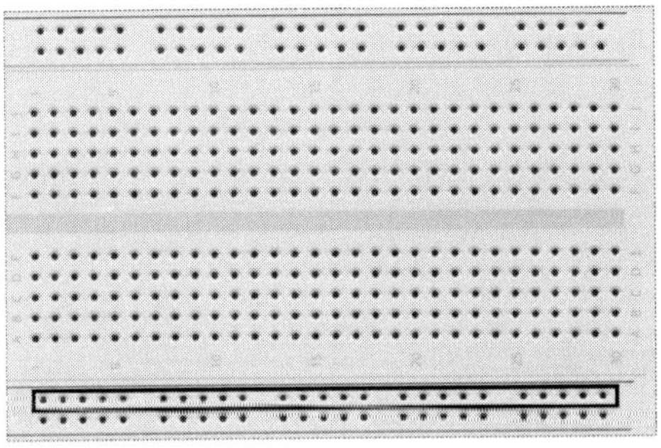

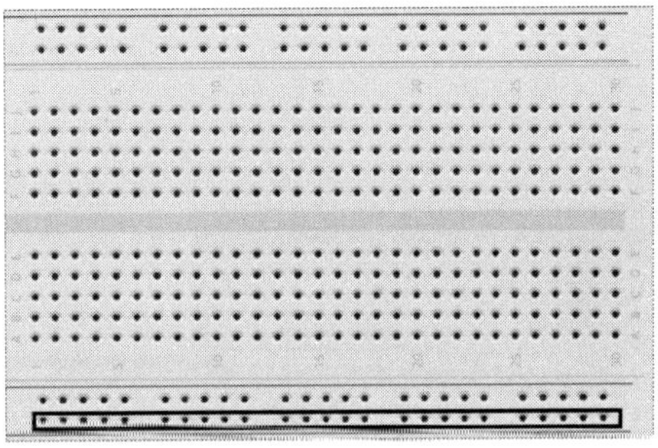

그림 1-19 수평 연결

그리고 그림 1-20의 왼쪽 그림에서 사각형 박스로 표시한 수직의 5개 구멍은 서로 연결되어 있습니다. 그리고 그림 1-20의 오른쪽 그림에는 두 개의 사각형 박스가 5개의 구멍을 각각 감싸고 있는데 하나의 사각형 박스에 포함된 구멍은 다른 사각형 박스로 감싸진 구멍과는 연결되어 있지 않습니다.

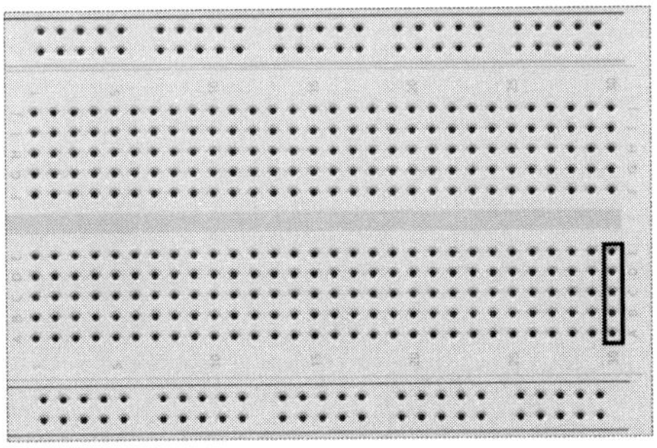

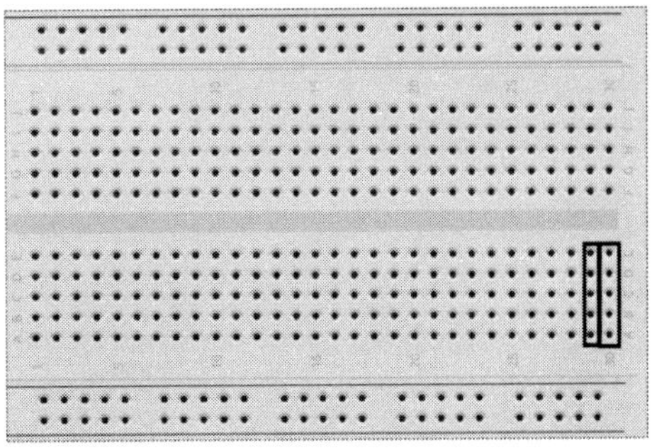

그림 1-20 수직 연결

브레드 보드 사용법을 익히기 위해 배터리와 저항이 직렬로 연결된 그림 1-21의 회로를 브레드 보드에 옮겨 봅시다. 그림 1-21의 회로를 브레드 보드로 옮기는 방법은 매우 많습니다.

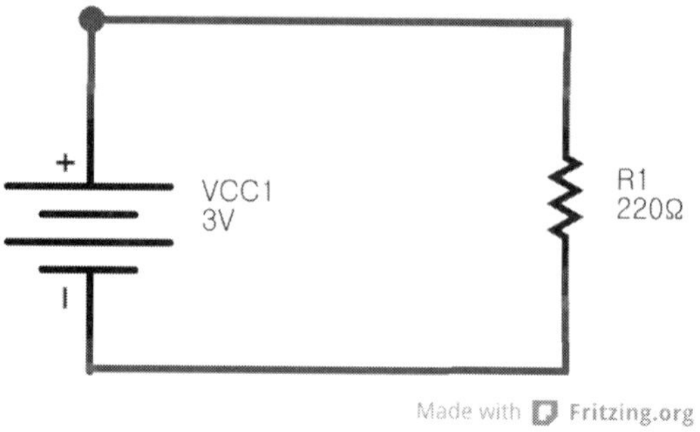

그림 1-21 배터리와 저항을 직렬연결

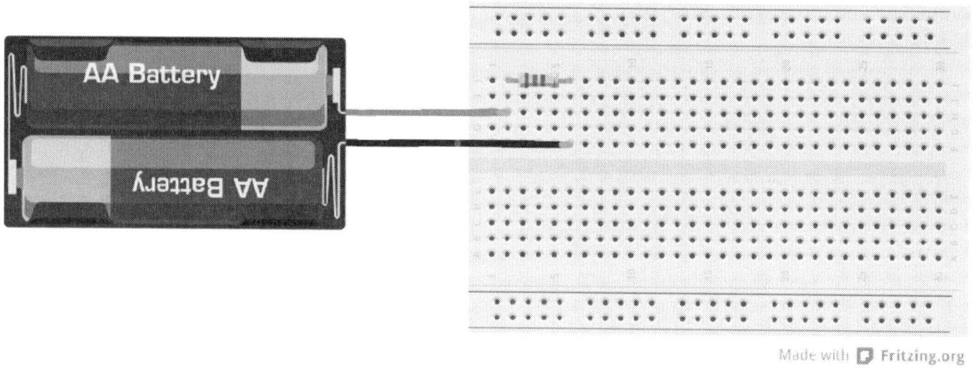

(a)

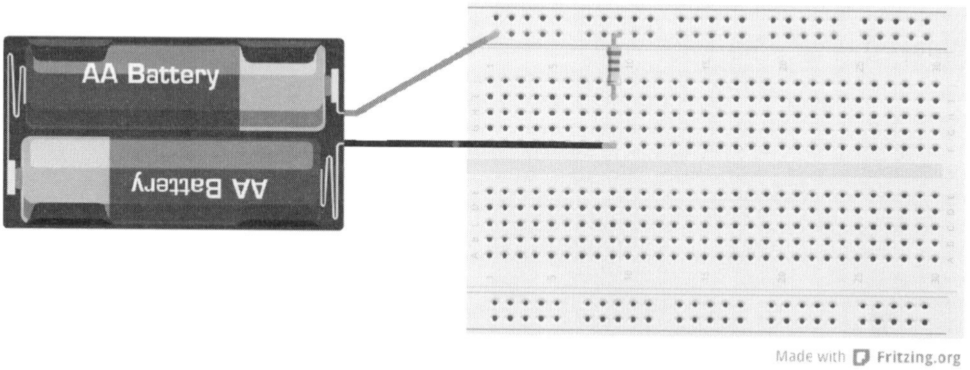

(b)

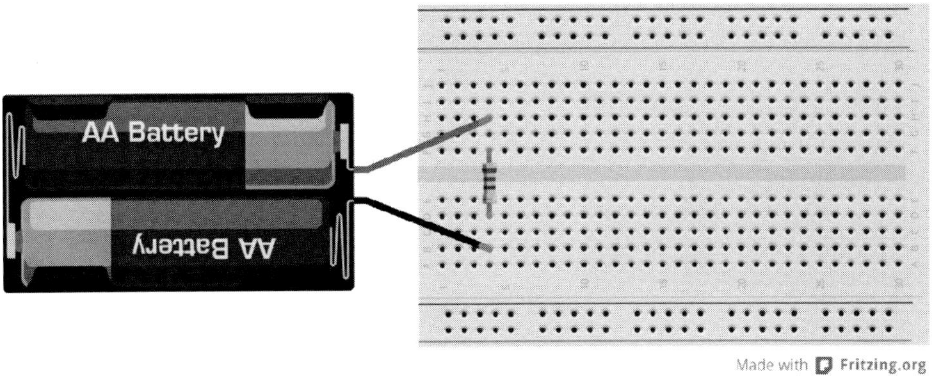

(c)

그림 1-22 배터리와 저항을 직렬연결 회로를 브레드 보드에 꾸미기

브레드 보드 사용법에 조금 더 친숙해지기 위해 예제를 하나만 더 해보겠습니다. 배터리와 저항 두 개가 직렬로 연결된 그림 1-23의 회로도를 브레드 보드에 옮겨보겠습니다.

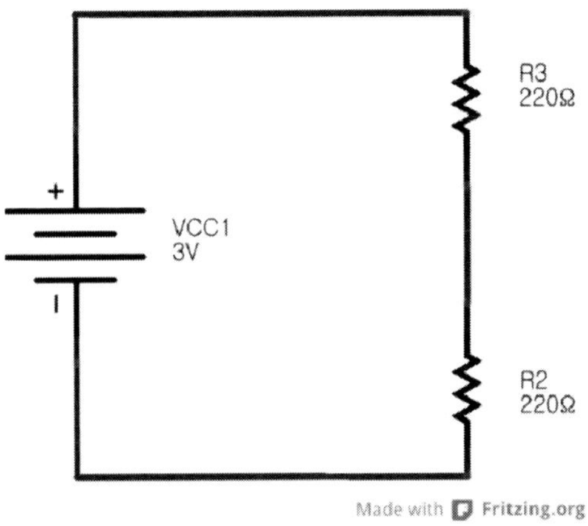

그림 1-23 배터리와 저항 두 개를 직렬연결

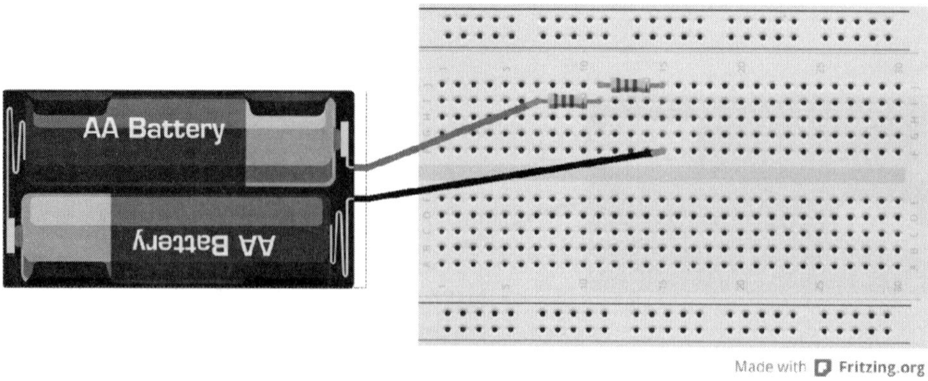

(a)

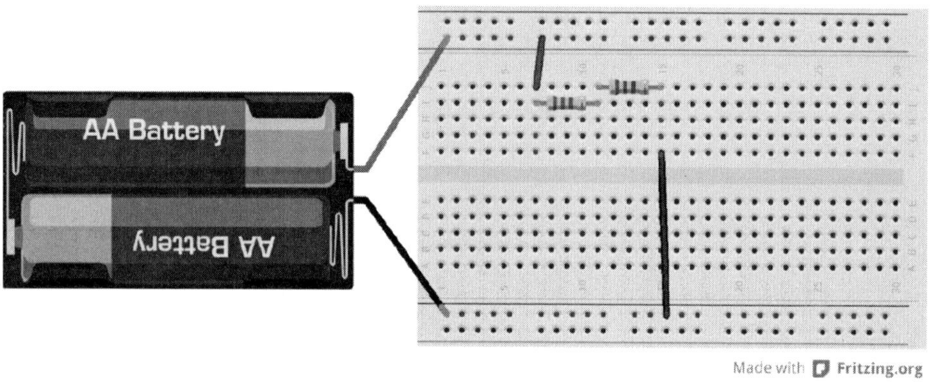

(b)

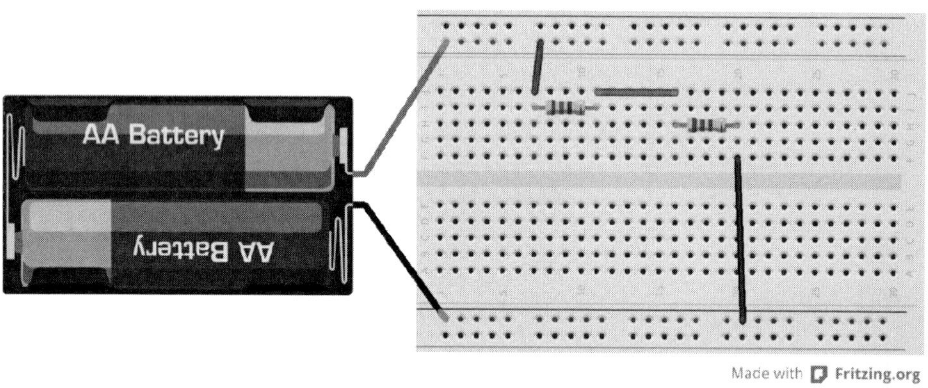

(c)

그림 1-24　배터리와 저항 두 개를 직렬연결한 회로 구성

1) 실습 A

아래 브레드 보드를 이용하여 간단한 실습을 해보겠습니다. 그림 1-25와 같은 회로를 구성해 보십시오. 회로 구성이 잘 되었다면 LED에 불이 들어올 것입니다.

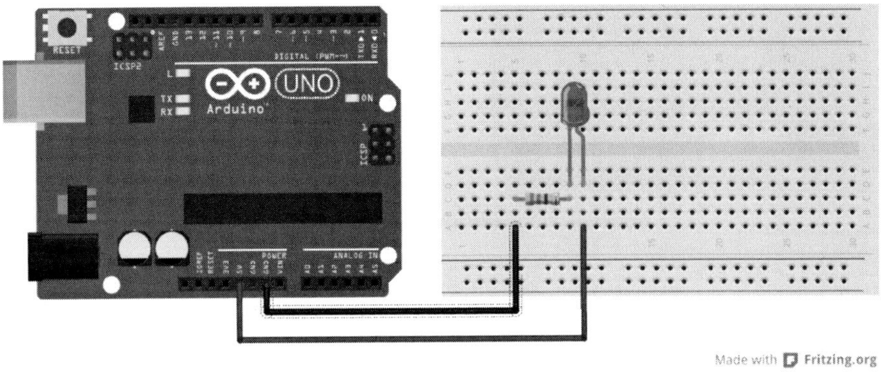

그림 1-25 LED 하나 켜보기

그런데 말이죠…!!

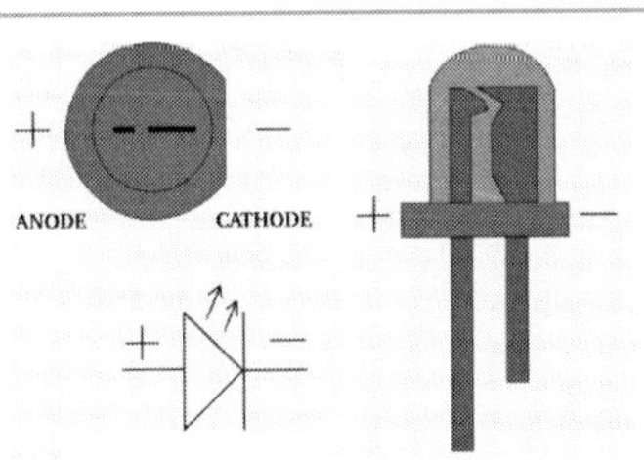

LED는 반드시 극성에 주의해서 연결해야 합니다. LED의 두 핀 중 한쪽 핀이 길게 생산되는데 긴 핀에 +극성(5V)을 인가하고 짧은 핀에 - 극성(GND)을 연결하면 불이 켜집니다.

[단계 1] LED의 두 핀 중에서 길이가 긴 핀을 아두이노 5[V] 핀에 연결합니다.

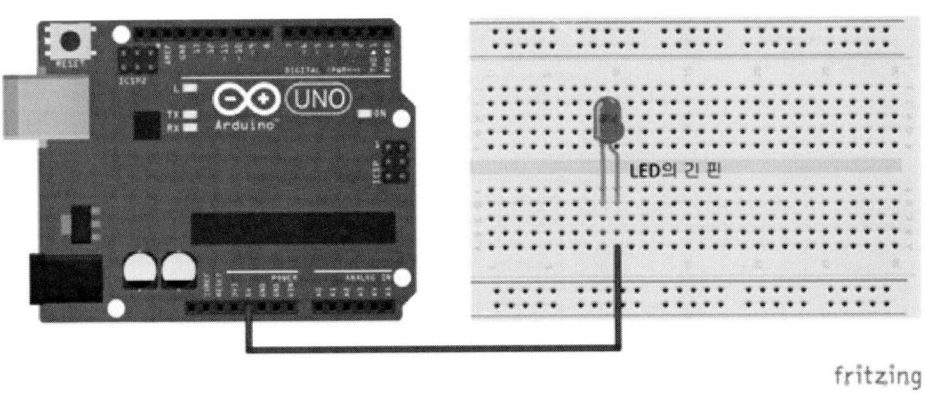

[단계 2] LED의 두 핀 중 짧은 핀을 330[Ω] 저항의 한쪽 핀에 연결합니다.

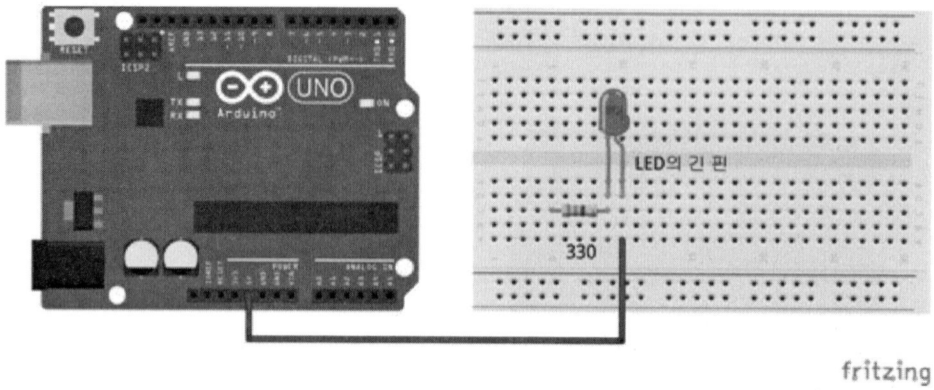

[단계 3] 아무것도 연결되지 않은 저항의 한 쪽 핀을 아두이노 보드의 GND 핀과 연결합니다.

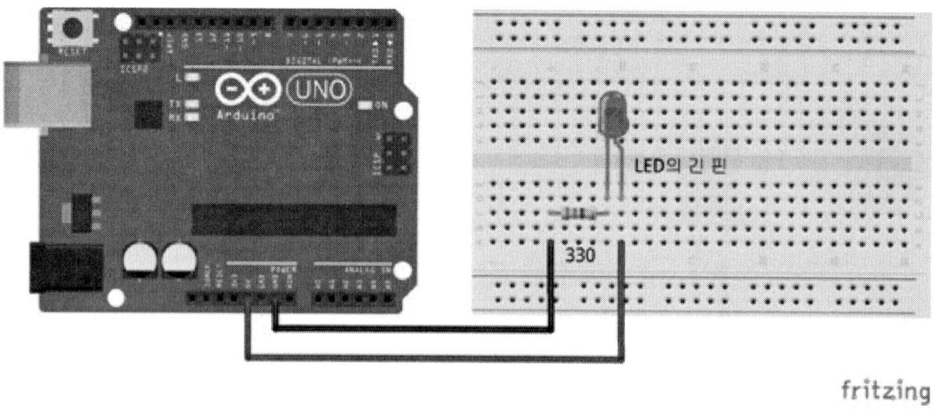

LED에 불이 들어오나요? ☺ 전류는 아두이노 보드 5[V] 핀에서 나와서 LED의 긴 핀으로 들어가 LED의 짧은 핀으로 나와서 저항을 거쳐 아두이노 보드의 GND(-)로 흘러 들어가고 있습니다.

2) 실습 B

브레드 보드에 익숙해지기 위해 회로를 한 번 더 꾸며 보겠습니다. 그림 1-26과 같이 회로를 구성하세요.

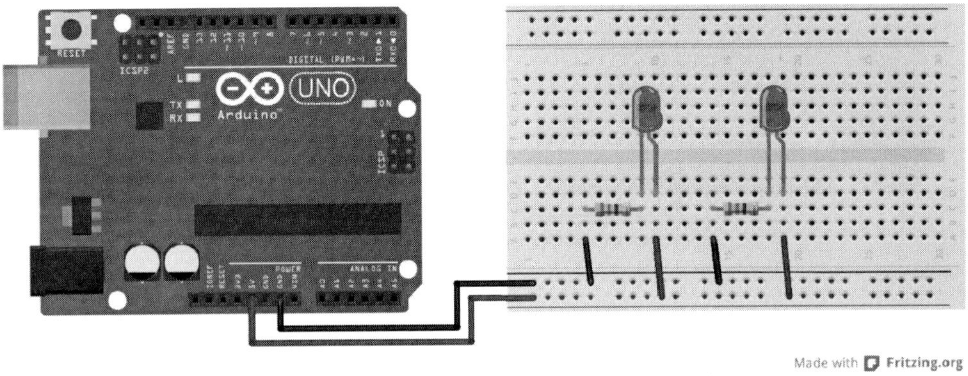

그림 1-26 LED 두 개 켜보기

[단계 1] 아두이노 5[V] 핀을 브레드 보드의 가로 방향으로 붉은 색 선이 그어진 구멍에 연결합니다.

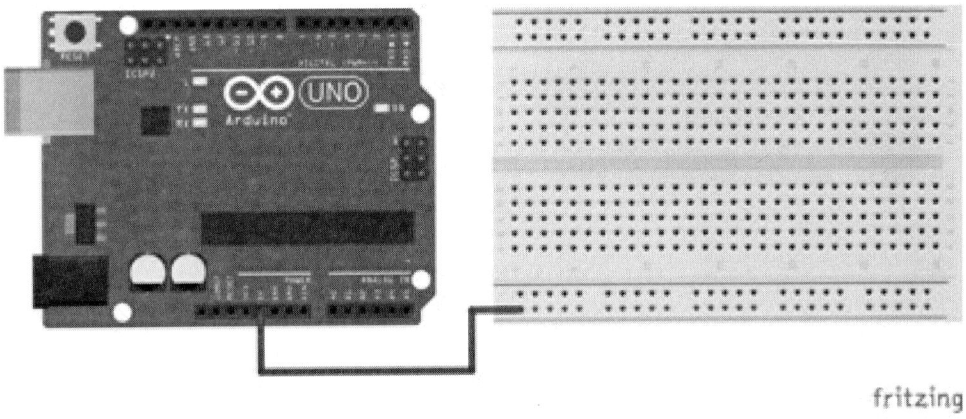

[단계 2] 아두이노 GND 핀을 브레드 보드의 가로 방향 파란 색 선이 그어진 구멍에 연결합니다.

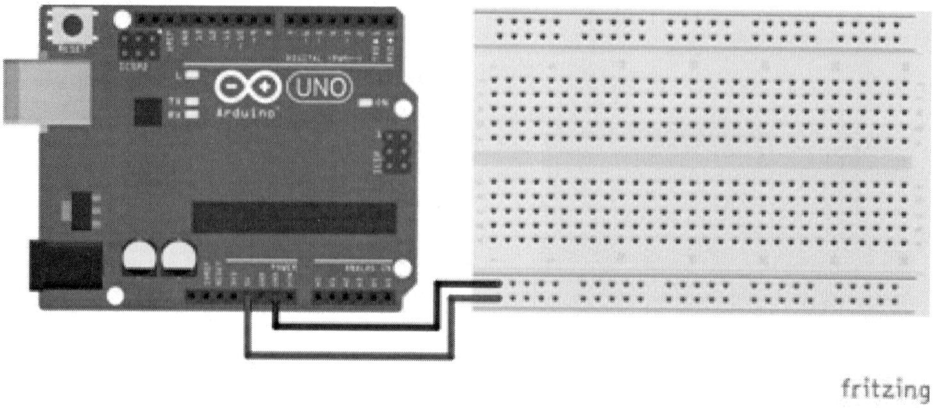

[단계 3] LED의 두 핀 중에서 길이가 긴 핀을 브레드 보드의 가로 방향으로 붉은 색 선이 있는 구멍에 연결합니다. 나머지 LED도 같은 방식으로 연결합니다.

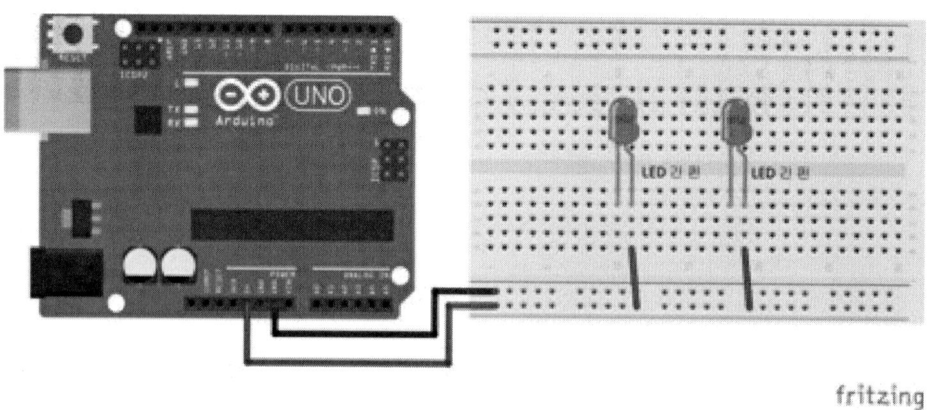

[단계 4] LED의 두 핀 중 짧은 핀을 330[Ω] 저항의 한쪽 핀에 연결합니다. 나머지 LED도 같은 방법으로 연결합니다.

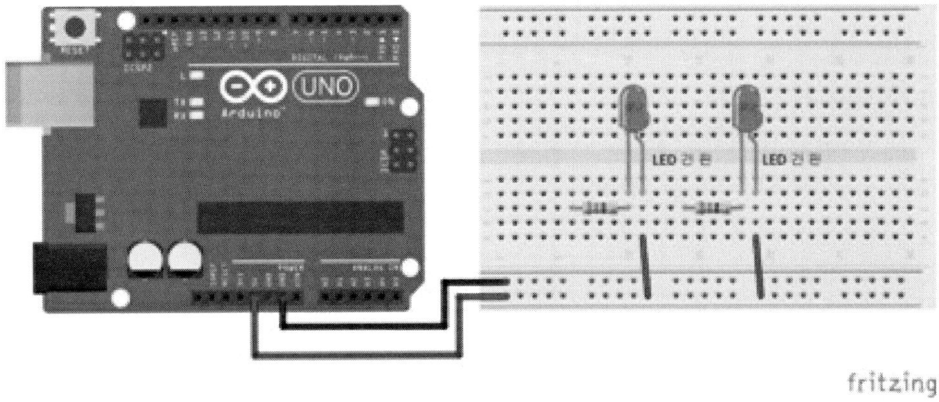

[단계 5] 아무것도 연결되지 않은 저항의 한 쪽 핀을 아두이노 가로 방향 파란색 선이 그어진 구멍에 연결합니다. 나머지 LED도 같은 방법으로 연결합니다.

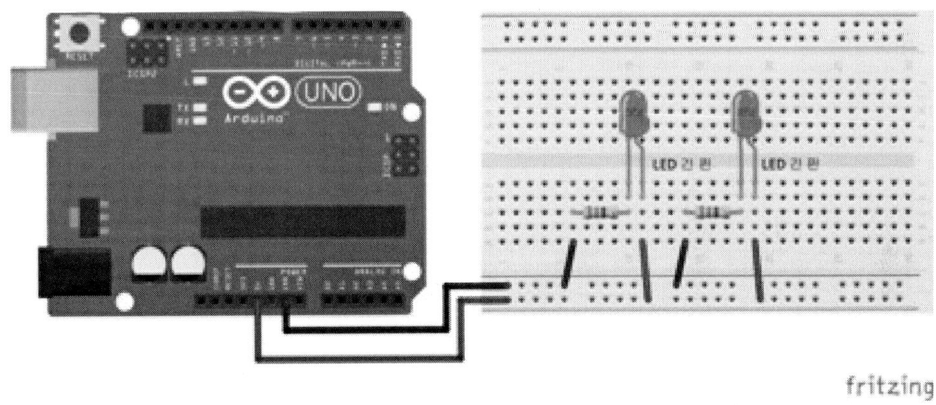

두 LED 모두 불이 들어오지요? ☺

아래 1.3.2에서 언급하는 전압, 저항, 전류의 관계를 이미 알고 계시다면 굳이 이 절의 내용을 살펴보실 필요는 없습니다. 전압, 저항, 전류라는 말에 다소 위축이 되신다면 제2장으로 바로 넘어가셔도 좋습니다. 이 책으로 공부를 하시다가 전압, 전류, 저항에 대해 학습이 필요할 때 다시 와서 이 절의 내용을 살펴보셔도 됩니다. 1.3.3에는 전압 분배에 대한 이야기를 하고 있습니다. 충분히 익숙하신 분들은 1.3.3의 내용도 건너뛰시면 되겠습니다.

1.3.2 전압, 저항, 전류의 관계 - Ohm(오옴)의 법칙

전압(voltage)은 전류(current)를 밀어주는 압력과 같다고 생각할 수 있습니다. 전압에 의해 전류는 도체인 전기 줄을 타고 흘러갑니다. 전류가 흐르는 도선에 아무런 저항이 없다면 전류는 그 도선을 타고 매우 거침없이 흘러 갈 것입니다. 전류가 흘러갈 때 전류의 흐름을 방해하는 소자를 저항(resistor)이라고 합니다. 다시 말해서, 도체에 일정 양의 전류가 흐르고 있다면 전류를 밀어주는 압력이 있다고 볼 수 있는데 그 압력을 전압이라고 하고 이때 전류의 흐름을 방해하는 요소를 저항이라고 합니다.

그런데 말이죠…!!

전압의 단위는 '볼트'라고 부르고 'V'로 표현합니다. 예를 들어 '5 볼트'는 '5[V]'라고 표현합니다. 1/1000 볼트는 1 밀리볼트라고 합니다. 1/1000[V]는 1[mV]라고 표현합니다.

전류의 단위는 '암페어'이라고 부르고 'A'로 표현합니다. 예를 들어 '2 암페어'는 '2[A]'라고 표현합니다. 1/1000 암페어는 1 밀리암페어라고 합니다. 1/1000[A]는 1[mA]라고 표현합니다.

저항의 단위는 '오옴'이라고 부르고 'Ω'로 표현합니다. 예를 들어 '8 오옴'은 '8[Ω]'이라고 표현합니다. 그리고 1000 오옴은 1 킬로오옴이라고 합니다. 1000[Ω]은 1[kΩ]이라고 표현합니다.

저항(R)이 있는 도체에 어느 정도 압력(V)으로 밀면 어느 정도의 전류(I)가 흐를까요? 전압(V)과 전류(I)와 저항(R) 사이에는 아래와 같은 법칙이 있습니다. 이를 오옴의 법칙이라 합니다.

$$V_R = I_R \times R \qquad \text{(식 1-1)}$$

위 식 1-1에서 V_R는 전압 값이고, I_R는 전류 값, R은 저항을 의미합니다. 숫자도 싫고 기호도 싫은데 기호가 보이니 '엥~'하는 생각이 들지도 모르겠습니다. 식 1-1은 분명 '수학나라' 말입니다. 식 1-1을 우리말로 바꾸면 "저항에 걸리는 전압(V_R)은 해당 저항 값(R)과 해당 저항에 흐르는 전류 값(I_R)의 곱과 같다"입니다. 더 어렵나요? 조금 더 읽어 내려가 보겠습니다. 식 1-1의 양변을 R로 나누면 식 1-2와 같이 다시 표현할 수 있습니다.

$$I_R = \frac{V_R}{R} \qquad \text{(식 1-2)}$$

식 1-2를 또 굳이 우리말로 바꾸면 "저항에 흐르는 전류 양(I_R)은 저항에 건 전압(V_R)을 해당 저항 값(R)으로 나눈 거와 같다"입니다. 왜 그러냐구요? 지구가 자전한다니까 자전하나

보다 하지 정말 자전하는 것을 느끼시나요? 오옴의 법칙을 증명하는 일은 이 책의 범위를 한참 뛰어넘거니와 별로 증명하고 싶지도 않습니다.☺ 이 책은 회로이론을 다루는 책이 아니므로 식 1-1과 식 1-2로 표현되는 오옴의 법칙을 받아들이기로 합니다.

식 1-2를 통해 도체에 흐른 전류의 양은 압력, 즉 전압이 커지면 증가한다는 것을 알 수 있습니다. 예를 들어 그림 1-25와 같이 저항의 값이 10[Ω]라고 하고 전압의 값이 3[V]라면 식 1-2에 의해 전류는 식 1-3과 같이 0.3[A]이 되는데 그림 1-26에 보인 것과 같이 압력 즉 전압만 두 배 증가시키면 전압 값은 6[V]이고 전류 값은 식 1-3에서 보는 것과 같이 0.6[A]가 됩니다.

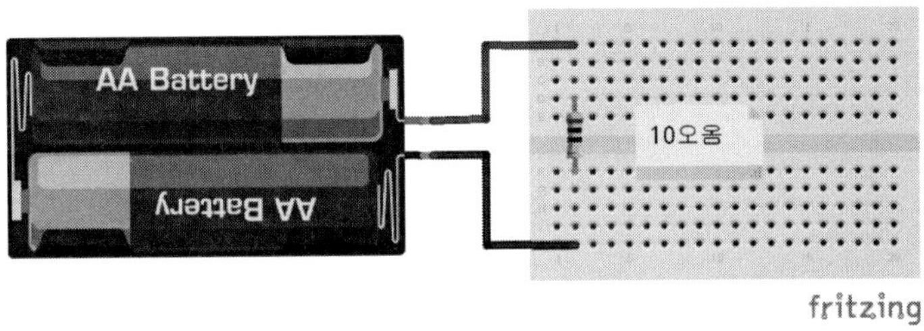

그림 1-27 저항에 전원 연결

$$I_R = \frac{3}{10} = 0.3[A] \quad \text{(식 1-3)}$$

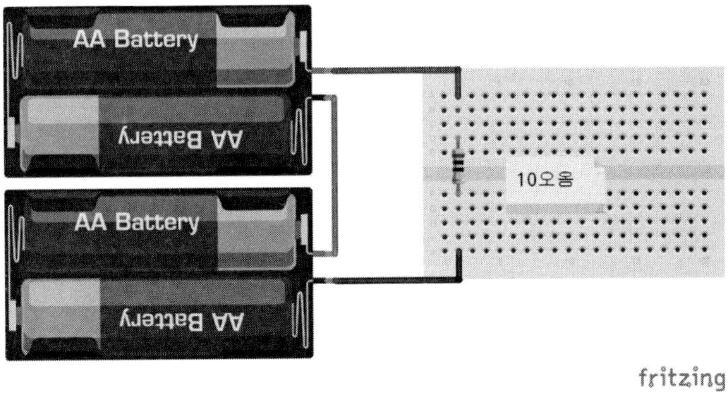

그림 1-28 저항에 전원 연결

$$I_R = \frac{6}{10} = 0.6[A] \quad \text{(식 1-4)}$$

전류의 흐름을 방해하는 저항에는 변화가 없다는 가정 하에 전압이 증가하면 전류도 증가함을 알 수 있습니다.

이번에는 전류를 흘려 보내는 압력, 전압은 일정한데 전류의 흐름을 방해하는 저항이 증가했다고 생각해보겠습니다. 식 1-3은 전압은 3[V]이고 저항은 10[Ω]인 경우 도체에 흐른 전류량을 계산한 것인데 도체의 저항이 10배 늘었다면 저항 값이 100[Ω]가 될 것입니다. 그러면 식 1-2에 근거하여 전류 값은 0.03[A]가 됩니다. 전압은 일정한데 저항 값이 증가하면, 즉 전류의 흐름을 방해하는 값이 증가하면 저항을 통과하는 전류 값은 줄어든다는 것을 알 수 있습니다.

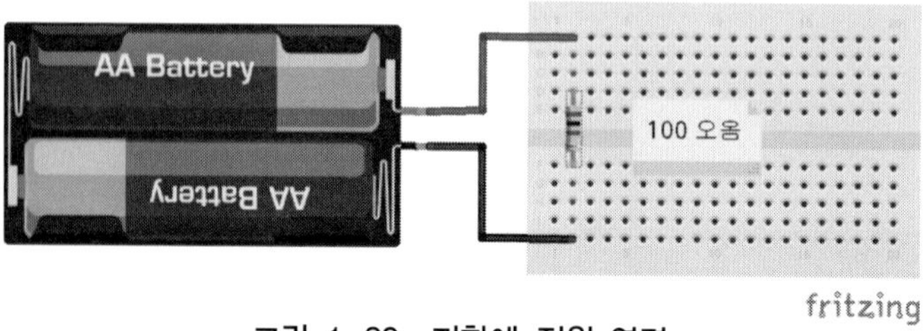

그림 1-29 저항에 전원 연결

1.3.3 전압 분배

약간은 공학적인 이야기를 잠깐 할까 합니다. 전압 분배에 대해 알아볼까 하는데 읽어 보시고 너무 어렵다고 생각되시면 바로 제 2장으로 넘어가셔도 좋습니다. 제 4장을 공부하시다가 가변저항의 구조와 역할에 대해 이해가 필요하실 때 그때 다시 여기로 오십시오☺.

전압 분배라는 말은 전압이 어떤 소자에 의해 나누어진다는 뜻입니다. 예를 들어 3[V]의 전압을 회로에 인가하게 되면 소자를 거치면서 전압이 나누어져 점점 값이 떨어진다는 말입니다. 그림 1-30과 같이 배터리로 회로에 전압을 걸면 소자를 거치면서 전압이 떨어져 0[V]가 된다는 것을 이르는 말이라고 생각하셔도 좋습니다.

전압 분배에 대한 개념을 이해하기 위해 그림 1-30의 회로를 가지고 이야기를 시작해 보겠습니다. 두 개의 저항이 그림 1-30의 회로와 같이 한 줄(직렬)로 연결되어 있을 경우 전체 저항 값은 두 저항의 값을 더한 것과 같습니다. 따라서 총 3[kΩ]의 저항 값을 갖습니다. 그렇다면 그림 1-30의 회로에서 두 개의 저항을 3[kΩ] 저항 한 개로 변경하면 그림 1-31과 같아집니다. 전원을 공급하는 배터리 측면에서는 1.5[kΩ] 저항 두 개가 직렬로 놓여 있는 것이나 3[kΩ] 저항 하나가 있는 것이나 같기 때문에 그림 1-30의 회로를 그림 1-31의 회로로 변경할 수 있습니다.

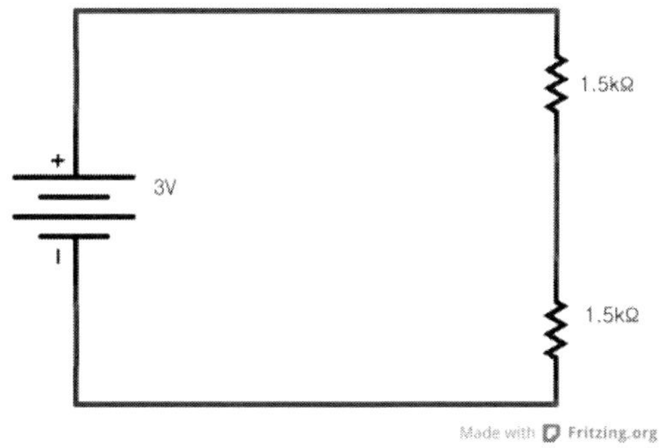

그림 1-30 두 개의 직렬 저항

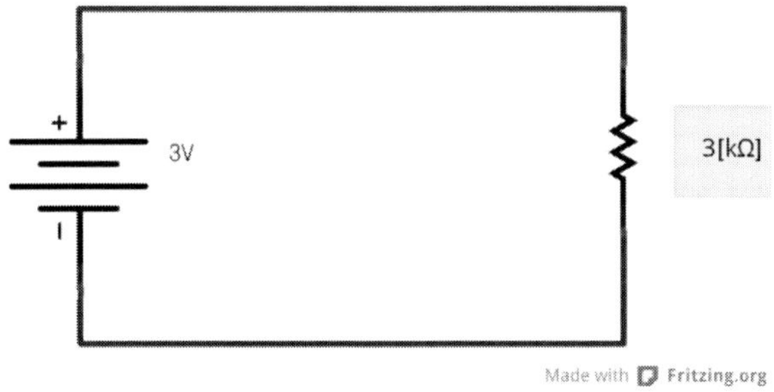

그림 1-31 두개의 직렬 저항을 하나의 저항으로 대체

그러면 그림 1-31의 회로에서 3[kΩ] 저항에 흐르는 전류의 양은 얼마일까요? 저항에 흐르는 전류 값을 계산하기 위해 식 1-2를 사용하겠습니다. 식 1-2에서 저항에 흐르는 전류 값은 저항에 인가된 전압과 해당 저항의 값을 알아야 합니다. 그림 1-31의 회로에서 3[kΩ] 저항에 인가된 전압은 3[V]이니 식 1-2에 대입해 보겠습니다. 그러면 식 1-5와 같이 계산되며 3[kΩ] 저항에 흐르는 전류(IR)는 0.001[A]가 됨을 알 수 있습니다.

$$I_R = \frac{V_R}{R} = \frac{3}{3000} = 0.001\,[A] = 1\,[mA] \qquad (식\ 1\text{-}5)$$

그림 1-31의 회로나 그림 1-30의 회로가 갖는 총 저항 값이 3[kΩ]으로 서로 같기 때문에 그림 1-30의 회로에서도 배터리에 의해 회로에 공급되는 전류의 양은 0.001[A]가 될 것입니다.

그림 1-30의 회로에는 1.5[kΩ] 저항이 두 개가 있는데 배터리의 + 단자 쪽에 연결된 1.5[kΩ] 저항을 R_1이라 하고 R_1으로 흘러 들어가는 전류를 I_{R1}이라고 하면 저항 R_1에 걸리는 전압은 얼마일까요? 이번에는 식 1-1을 적용해 보겠습니다. 식 1-6과 같이 1.5[V]라는 것을 알 수 있습니다.

$$V_{R_1} = I_{R_1} \times R_1 = 0.001 \times 1500 = 1.5[V] \quad \text{(식 1-6)}$$

그리고 1-30의 회로에서 배터리의 - 단자 쪽에 연결된 1.5[kΩ] 저항을 R_2라고 하고 이 저항에 걸리는 전압은 얼마일까요? 이번에는 식 1-1을 적용해 보겠습니다. 식 1-7과 같이 1.5[V]라는 것을 알 수 있습니다.

$$V_{R_2} = I_{R_2} \times R_2 = 0.001 \times 1500 = 1.5[V] \quad \text{(식 1-7)}$$

이번에는 그림 1-30의 회로와 모양은 같지만 두 저항의 저항 값이 각각 다른 경우에 대해 생각해 보겠습니다. 그림 1-32의 회로에서도 총 저항 값은 그림 1-30의 경우와 같이 3[kΩ]입니다. 그림 1-32에 보인 회로의 경우도 총 저항이 3[kΩ]이기 때문에 식 1-5를 적용했을 때와 같이 이 회로에 흐르는 전류는 0.001[A]입니다.

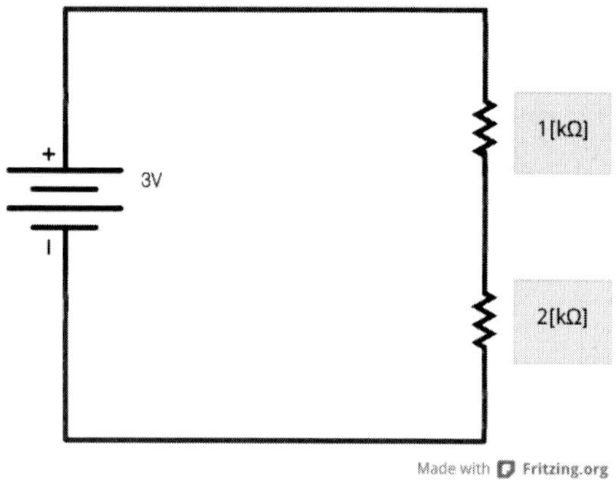

그림 1-32 저항 두 개로 구성된 회로

앞서 살펴봤던 것과 유사하게 그림 1-32의 회로에서 배터리의 + 단자 쪽에 연결된 1[kΩ] 저항을 R_1이라고 하고 배터리의 - 단자 쪽에 연결된 2[kΩ] 저항을 R_2라고 하겠습니다. 저항 R_1과 저항 R_2에 걸리는 전압은 얼마일까요? 이번에도 식 1-1을 적용해 보겠습니다. V_{R1}과 V_{R2}는 각각 식 1-8과 식 1-9의 해를 구할 수 있습니다.

$$V_{R_1} = I_{R_1} \times R_1 = 0.001 \times 1000 = 1[V] \quad \text{(식 1-8)}$$

$$V_{R_2} = I_{R_2} \times R_2 = 0.001 \times 2000 = 2[V] \quad \text{(식 1-9)}$$

그림 1-30의 회로에서 두 저항 값의 비율이 1 : 1인 경우였는데 걸리는 전압도 1 : 1이었습니다. 그림 1-32의 회로에서는 두 저항 값의 비율이 1 : 2인 경우였는데 걸리는 전압도 1 : 2입니다. 그렇다면 그림 1-33의 경우 배터리의 + 단자 쪽에 연결된 1[kΩ] 저항을 R_1이라고 하고 배터리의 - 단자 쪽에 연결된 5[kΩ] 저항을 R_2라고 한다면 V_{R1}과 V_{R2}는 각각 얼마일까요?

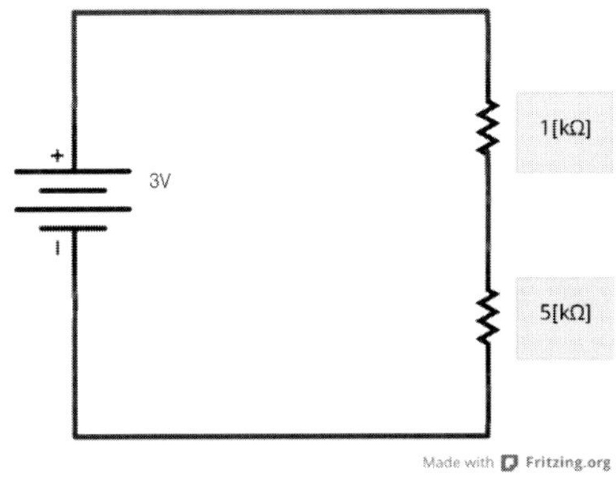

그림 1-33 저항이 두 개 직렬로 연결된 회로

위의 그림 1-33과 같은 구조의 회로에서 저항의 비율이 바뀌면 각 저항에 걸리는 전압도 변경된다는 것을 이해하셨기를 바랍니다.

그림 1-34에는 가변 저항의 모습을 보이고 있습니다. 소자의 이름에서 짐작할 수 있듯이 저항 값을 변경시킬 수 있는 소자입니다. 그림 1-34를 보면 그림 왼쪽에 핀이 3개 보입니다. 위쪽에 두꺼운 핀이 하나 나와 있는 것처럼 보이는데 그것은 가변 저항을 기판에 고정하기 위한 핀입니다.

그림 1-34 가변 저항

그림 1-35에는 가변 저항의 회로 기호를 보이고 있습니다. 그림 1-36에 보이는 것과 같이 그림 1-34에 보인 세 핀 중 가장자리의 두 핀이 그림 1-35의 A핀과 C핀에 해당합니다. 그림 1-34의 왼쪽에 보인 세 핀 중 가운데 핀이 그림 1-35의 B핀에 해당합니다.

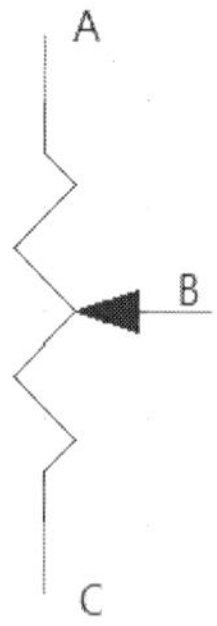

그림 1-35 가변 저항 회로 기호

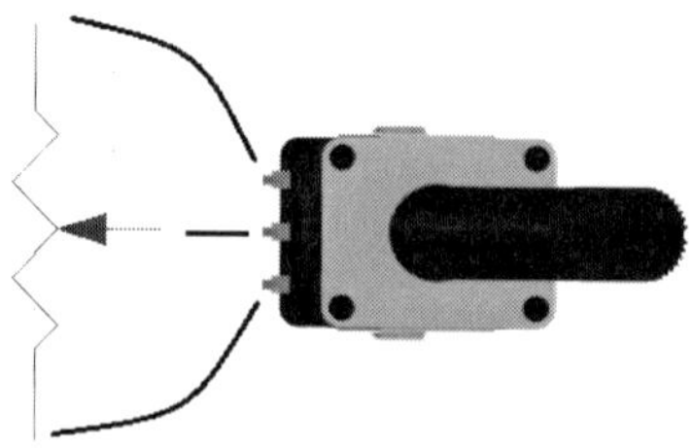

그림 1-36 가변 저항과 가변저항 기호의 관계

5[V] 배터리의 +극을 가변 저항 가장자리 두 핀 중 하나에 연결하고 -극을 가변저항의 다른 쪽 가장자리 핀에 연결한 하면 그림 1-37과 유사할 것입니다. 그림 1-37에서 사용한 배터리는 5[V] 배터리라고 가정하겠습니다. 그리고 가변 저항의 두 가장자리 핀 사이의 저항은 10[KΩ]이라고 가정하겠습니다.

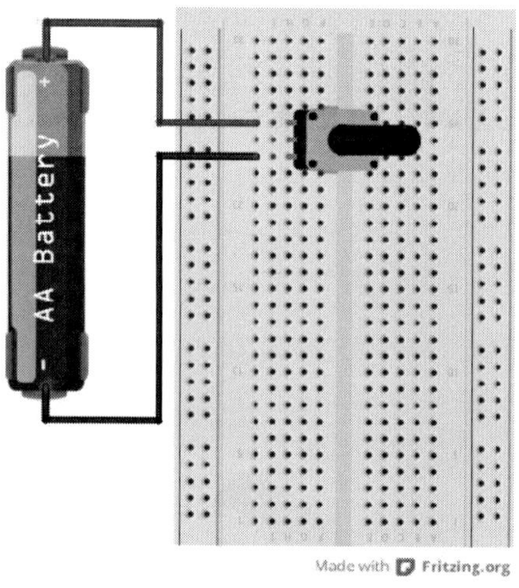

그림 1-37 배터리와 가변 저항

그림 1-37의 회로에서 가변 저항의 두 가장자리 핀 사이로 흐르는 전류의 양은 얼마인가요? 오옴의 법칙을 말하고 있는 식 (1-2)를 이용하여 가변 저항 두 가장자리 핀 사이로 흐르는 전류를 계산해보니 식 (1-10)의 결과를 얻었습니다.

$$I_R = \frac{V_R}{R} = \frac{5}{10000} = 5 \times 10^{-4} = 5 \times 10^{-1} \times 10^{-3} = 5 \times 10^{-1}[mA] = 0.5[mA] \quad (식\ 1\text{-}10)$$

그런데 가변저항은 저항 값이 변한다고 했는데 어떻게 변할 수 있는지 문득 궁금하지 않으십니까? 그림 1-36을 다시 보시겠습니다. 그림 1-36에서 가변 저항의 손잡이를 한쪽 방향으로 끝까지 돌리면 그림 1-35의 가변저항의 기호 그림에 보이는 화살표(B)가 저항의 위(A)쪽으로 끝까지 움직인다고 생각해보십시오. 가변저항의 손잡이를 한(A)쪽 방향으로 끝까지 돌리면 가변저항의 기호 그림에서 화살표(B)가 저항 끝(A)으로 이동합니다. 그러면 그림 1-35에서 A와 B점 사이의 저항은 최소값 0[Ω]이 됩니다. 또한 C점과 B점 사이의 저항값은 최대값이 됩니다. 다시 가변 저항 손잡이를 반대 방향으로 끝까지 돌리면 화살표(B) 모양은 C와 닿게 됩니다. 이때 A점과 B점 사이의 저항은 최대가 되며 C점과 B점 사이의 저항은 최소값 0[Ω]이 됩니다.

가변 저항의 손잡이를 잘 돌려서 A점과 B점 사이의 저항값과 C점과 B점 사이의 저항 값이 같게 맞췄다고 가정해 보겠습니다. 즉, 화살표로 가변 저항의 가운데를 정확히 가리키도록 맞췄다고 가정해보겠습니다. 이 경우 A점과 B점 사이의 저항 R_{AB}와 B점과 C점 사이의 저항 R_{BC}는 같습니다. 즉 R_{AB} 값과 저항 R_{BC} 값은 각각 5[kΩ]으로 저항 R_{AB} 값과 저항 RBC 값의 비율은 1 : 1이 됩니다. 이럴 때 그림 1-38에 보인 Vo 전압은 얼마일까요?

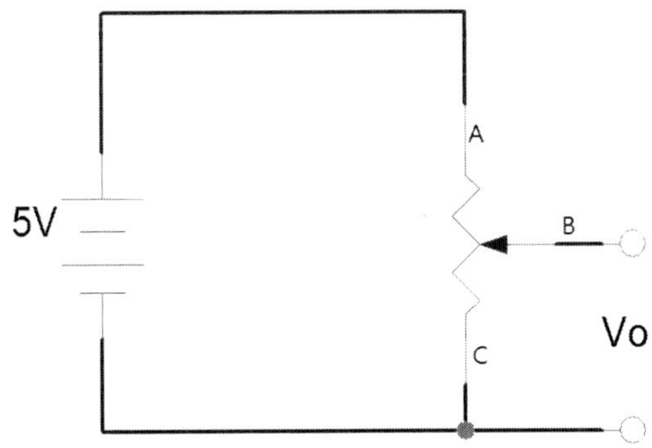

그림 1-38 회로도

제 2 장 디지털 출력과 입력

2.1 LED를 활용한 디지털 신호 출력

뭐든 처음이 제일 어렵습니다. 이하 내용을 천천히 그리고 집중해 주십시오. 그러면 아두이노의 절반을 이해한 것입니다. 과장이 좀 심했나요? 그만큼 중요한 내용이기 때문에 다소 난해 하더라도 정독해 주십시오. '별 내용 아닌데'라고 생각되시는 분들은 누워서 읽으셔도 좋습니다.☺ 한 번 더 읽었는데도 이해가 잘 안되시면 '이해하려고 하지 말고' 다음으로 넘어가십시오. 진도를 조금 더 나가면 자연스럽게 적응해가고 있는 자신의 모습을 보시게 될 것입니다.

이 절에서는 아두이노 보드가 보드 외부로 데이터를 내보는 과정을 살펴 볼 것입니다. 특히 디지털 신호를 출력하는 방법에 대해 알아보겠습니다.

1) 실습 내용 및 목표

아두이노 보드에 연결된 LED를 디지털 신호(HIGH/LOW)로 On/Off 시켜봄으로써 아두이노 보드 외부로 디지털 신호(HIGH/LOW)를 출력하는 방법을 알 수 있습니다.

2) 회로 구성

별도의 회로는 필요 없습니다. 아두이노 보드를 USB 케이블을 통해 컴퓨터와 연결하세요.

3) 스케치 작성

앞 장인 제 1장에서 통합개발환경 구축이 잘 이루어졌는지 확인하기 위해 예제 스케치를 보드에 업로드 했으며 업로드 된 스케치는 자동으로 실행되었습니다. 그때 사용한 스케치를 차근차근 살펴보겠습니다.

그림 2-1 아두이노 통합개발환경 툴바

그림 2-1에 보인 아이콘 메뉴에서 열기( ) 아이콘을 클릭한 후 01.Basics 아래 Blink 예제를 선택하십시오. 또는 주메뉴에서 '파일/예제/01.Basic/Blink'를 선택할 수 있습니다. Blink 스케치를 아두이노 보드에 업로드 하기 위해 업로드 아이콘( )을 클릭하십시오.

```
/*
  Blink - 1초 동안 LED를 켜고 그런 다음 1초 동안 LED를 끄는 동작을 반복한다.
*/

// 아두이노 보드의 13번 핀에는 이미 LED가 보드 상에 연결되어 있다.
  int led = 13;
// setup()함수는 보드가 reset되었을 때, 보드에 전원이 연결되었을 때 한 번만 수행된다.
void setup() {
  pinMode(led, OUTPUT);   // 디지털 핀 13번을 출력으로 동작하도록 설정
}

// loop()함수에는 반복적으로 수행할 내용을 기술
void loop() {
  digitalWrite(led, HIGH);    // led(13번 핀)에 HIGH를 출력 - LED를 켠다.
  delay(1000);                // 1000ms, 1초 기다린다.
  digitalWrite(led, LOW);     // led(13번 핀)에 LOW를 출력 - LED를 끈다.
  delay(1000);                // 1000ms, 1초 기다린다.
}
```

그림 2-2 아두이노 디지털입출력 핀 13번에 연결된 LED

4) 설명

이 스케치를 실행시키면 동작은 다음과 같습니다. 그림 2-2에 보인 것과 같이 아두이노 보드의 13번 핀에는 LED가 이미 달려 있습니다. 따라서 13번 핀에 전압을 인가하면 13번 핀에 연결된 LED는 불이 켜지고 13번 핀에 전압을 인가하지 않으면 해당 LED는 불이 꺼지게 됩니다. 이 스케치는 13번 핀에 전압을 5[V]를 인가한 후 1초 동안 대기하고 다시 13번 핀에 전압을 0[V] 인가한 후 1초 동안 대기는 동작을 반복하기 때문에 보드의 LED가 깜박이는 동작을 하는 것입니다.

이제 좀 더 세세한 부분을 살펴보겠습니다. 아두이노는 스케치가 실행될 때 /*과 */ 사이에 기술된 모든 것을 무시합니다. 다시 말해 /*과 */ 사이에 존재하는 내용은 아두이노 실행에 아무런 영향을 주지 않기 때문에 이런 저런 메모를 하는 공간으로 사용되며 주석이라고 부릅니다. 주석은 코드를 읽을 때, 프로그램이 하는 동작을 설명하거나 코드가 어떻게 동작하는지, 왜 그러한 방식으로 코딩되었는지 등을 설명하기 위해서 사용합니다. 스케치에 주석을 다는 것은 좋은 습관입니다. 코드를 수정했을 때마다 주석을 지속적으로 수정하는 것도 좋은 습관입니다. 주석을 달고 수정된 코드에 대해서도 지속적으로 주석을 갱신한다면 다른 사람들이 당신의 코드를 수정하거나 코드를 이해하는데 매우 도움이 됩니다.

짧은 한 줄짜리의 또 다른 스타일의 주석이 있는데 이 주석은 //로 시작하며 주석으로 인식되는 영역은 //로 시작된 곳부터 라인의 끝까지입니다. 예를 들어 아래 라인을 보면 'LED가 13번 핀에 연결되어 있음.'이라는 문구가 주석입니다.

```
int led = 13; // LED가 13번 핀에 연결되어 있음.
```

그런데 말이죠…!!

프로그램 공부 초기에 듣게 되는 말 중 하나가 '변수'라는 단어입니다. 변수라는 단어는 중학교 수학 시간에 처음 듣게 되는 말이 아닌가 싶습니다. 물론 '변수가 많아서 일이 어떻게 될지 모르겠다'라는 등 수학이 아닌 일상생활에서도 쓰는 말이죠. 중학교 수학 시간에 배운 변수 개념이랑 컴퓨터 프로그래밍에서의 변수는 같은 의미입니다.

```
x = 2
y = 3
z = x + y
```

z 값은 얼마입니까? 아두이노 스케치에서 변수를 사용하기 위해서는 변수가 저장할 값이 '정수'인지 '소수점을 가지고 있는 숫자인지' 등을 구분합니다. 이게 중학교 수학 시간에 배운 것과 살짝 차이 나는 부분입니다. 수학 시간에 아래와 같이 변수를 사용하게 되는데, 변수 x, y, z에 소수점이 있는 숫자를 집어넣든 소수점 없는 숫자를 집어넣든 변수는 그냥 변수였습니다.

```
x = 2
y = 2.5
z = x + y
```

그런데 컴퓨터 프로그래밍 언어 중 C언어를 사용할 때는 변수 x에 어떤 값을 할당하기 앞서 변수 x에 저장할 값이 소수점이 있는 숫자인지 소수점이 없는 숫자인지 사전에 명확히 표현해야 합니다.

```
int x;
x = 2;
```

'int x'라는 표현은 변수 x는 정수(소수점이 없는 숫자)를 저장할 것이다라고 사전에 선언을 하는 것입니다. 변수에 값을 할당하기 앞서서 미리 변수의 성격을 표현해 주는 것입니다.

```
float y;
y = 2.2;
```

'float y'라는 표현은 변수 y에 소수점이 있는 숫자를 저장할 것이라고 사전에 선언하는 것입니다. 변수에 값을 할당하기 앞서서 미리 변수의 성격을 표현해 주는 것입니다.

(1) 변수

변수는 데이터를 메모리에 저장하기 위한 장소입니다. 변수는 이름과 형(type)과 값을 갖습니다. 예를 들어, Blink 스케치에 있는 'int led = 13;' 코드는 이름이 led이고 형은 정수형(int)이고 변수 생성시 주어지는 값이 13인 변수를 선언한 것입니다. 변수 led은 LED가 아두이노 몇 번 핀에 연결되었는지를 알려주기 위해 사용되었습니다.

변수를 사용함에 있어서 장점은 LED를 다른 핀으로 옮기기가 쉬워진다는 것입니다. 프로그래머는 초기에 그 변수에 값을 부여하는 코드를 수정하기만 하면 됩니다. 즉 13번 핀에 달았던 LED를 12번 핀으로 옮기게 된다면 int led = 12;로 한번만 수정함으로써 led라는 변수가 갖는 값이 바뀌고 이는 코드 전체에서 led라는 변수가 사용되는 곳 전부에 변경된 값이 적용됩니다.

(2) 함수

함수란 이름이 부여된 코드의 조각입니다. 함수를 이렇게 생각할 수도 있을 것입니다. 서브루틴이나 프로시저라는 말로 불리기도 합니다. 함수를 공장에 비유해보겠습니다. 공장은 저마다 '이름'이 있을 것이고 공장에서 무슨 일을 하기 위해 공장에 알려줘야 할 사전 정보가 있을 수 있습니다. 이런 정보를 '인자'라고 부르겠습니다. 또 공장이 일을 마치고 나서 일을 시킨 사람에게 알려줘야 하는 정보가 없다면 'void 형' 공장이고 알려줘야 할 정보가 있다면 일을 시킨 사람에게 전달해주는 정보를 '리턴값'이라고 부릅니다. 리턴되는 값의 형태에 따라, 'int'형, 'float'형 등으로 구분될 수 있습니다. 예를 들어 앞선 Blink 예제에서 setup() 함수의 정의는 다음과 같습니다.

```
void setup()
{
   pinMode(led, OUTPUT); // led 핀을 출력 동작하도록 설정.
}
```

위 코드에서 첫 번째 줄, 'void setup()'의 표현에서 공장(함수)의 이름은 setup이고 공장에 작업을 요구하면서 바로 알려줘야 하는 정보(인자)는 없으며 일을 마치고 나서 작업을 요구한 쪽에 특별한 정보를 알려줄 필요가 없는(void) 공장이다라는 정보를 알려주고 있습니다.

setup() 공장(함수)이 해야 할 일은 {와 }로 쌓여진 부분인데, 여기서는 pinMode(ledPin, OUTPUT)라는 공장(함수)을 가동시키는 것입니다. 공장 안에 공장이 있다? 공장 안에 또 다른 공장이 있다고 생각해도 좋고 setup이라는 공장이 자신이 해야 할 일을 pinMode()라는 공장에 하청을 준 것으로 생각해도 좋을 것입니다. pinMode() 공장에 작업을 요구하면서 알려줘야 할 정보, 즉 인자는 두 개로 led과 OUTPUT입니다. 이 두 인자를 이용하여 pinMode() 공장은 자신이 해야 할 일을 수행하게 됩니다.

■ Setup()

setup() 함수는 전체 스케치가 수행되는 동안 처음 실행되는 함수입니다.

■ pinMode()

위 스케치의 경우 setup() 함수가 해야 할 일은 pinMode()함수를 실행시키는 것뿐입니다. pinMode() 함수는 인자를 두 개 필요로 하는데 첫 번째 인자는 핀 번호이고 두 번째 인자는 해당 핀의 동작설정을 지정합니다. pinMode(led, OUTPUT)을 실행시키면 변수 led의 값이 13이므로 13번 핀을 OUTPUT(출력)으로 동작하게 만듭니다.

■ loop()

loop() 함수는 '{' 중괄호를 연 곳에서 '}' 중괄호를 닫은 곳 안에 있는 명령들을 반복 수행합니다. 예를 들어, 아래 코드처럼 중괄호 안에 명령 A와 명령 B가 있다면 명령 A를 수행하고 나서 명령 B를 수행하고 다시 명령 A를 수행하고 명령 B를 수행하고 이 두 명령을 계속 반복 수행하게 됩니다.

```
loop() {
   명령 A;
   명령 B;
}
```

■ digitalWrite()

위 스케치의 경우 loop() 함수 내에서는 4개의 함수가 있습니다. 첫 번째 수행하게 되는 digitalWrite() 함수는 진정된 핀에 지정된 디지털 값(HIGH 또는 LOW)을 출력하는 함수입니다. 위 스케치의 loop() 함수에서 처음 실행되는 digitalWrite(led, HIGH)은 첫 번째 인자는 지정된 핀을 나타내면 두 번째 인자는 출력할 값을 나타냅니다. 따라서 digitalWrite(led, HIGH)는 변수 led에 13 값이 들어 있으므로 아두이노 보드의 13번 핀에 HIGH를 출력합니다. 다른 말로 13번 핀을 HIGH 상태로 만듭니다.

■ HIGH

디지털 값을 표현할 때 HIGH 또는 LOW라고 표현하기도 하고 1 또는 0이라고 표현하는데 실제 핀에 나타나는 전압은 얼마일까요? 아두이노 보드의 13번 핀을 HIGH 상태로 만들었다 혹은 13번 핀에 HIGH를 출력했다면 아두이노 우노 보드의 경우 5[V]의 전압이 출력됩니다. 디지털 장치에서 HIGH 상태일 때의 전압은 해당 보드에 인가된 구동 전압 값이라고 볼 수 있습니다. 그리고 어떤 핀에 LOW를 출력했다 혹은 LOW 상태로 만들었다면 그때 그 핀의 전압은 0[V]라고 생각할 수 있습니다. 디지털 신호를 입력 받는 경우는 좀 더 생각해야 하는 것이 사항이 있는데 그것은 디지털 입력을 이야기하는 절에서 좀 더 설명하기로 하겠습니다.

■ Delay()

위 스케치의 loop 함수는 digitalWrite(led, HIGH) 명령으로 led라는 변수에 지정된 핀(13번)의 상태를 HIGH로 만들어 이 핀에 연결된 LED에 불이 들어오게 했습니다. 그리고 delay(1000) 함수를 실행시킵니다. delay() 함수는 인자를 1개를 갖는데 그 인자 값만큼 시간을 지연시킵니다. 인자 값의 단위는 1/1000초인 ms이기 때문에 delay(1000)이라는 명령이 실행되면 아두이노 보드는 아무 것도 하지 않고 1000ms 즉 1초 동안 가만히 대기합니다. digitalWrite(led, HIGH)의 실행으로 LED에 불은 켜진 상태이고 delay(1000) 명령의 실행으로 LED에 불을 켠 상태를 1초 동안 유지하게 하게 되는 것입니다. Loop() 함수에서 그 다음 수행되는 함수는 digitalWrite (led, LOW) 그리고 delay(1000)입니다. digitalWrite(led, LOW)의 실행으로 LED가 꺼지고 delay(1000)의 실행으로 LED가 꺼진 상태를 1초 유지하게 됩니다. Loop() 함수는 이러한 과정을 반복 수행함으로써 LED가 1초 동안 켜져 있고 1초 동안 꺼져 있는 동작을 반복하게 됩니다.

5) 예제 A – 아두이노 보드 외부에 LED 연결하고 제어하기

[예제 A-1] 실습 내용 및 목표

아두이노 보드의 12번 핀에 LED를 연결하고 0.5초(500ms)동안 LED가 켜지고 0.5초(500ms) 동안 LED가 꺼지는 동작을 반복 수행하게 만들어보겠습니다.

[예제 A-2] 회로 구성

아두이노 보드의 12번 핀과 330[Ω] 저항을 연결합니다. 저항의 연결되지 않은 한쪽 핀을 LED의 +극성 핀에 연결합니다. LED의 -극성 핀을 아두이노 보드의 그라운드(GND)에 연결합니다.

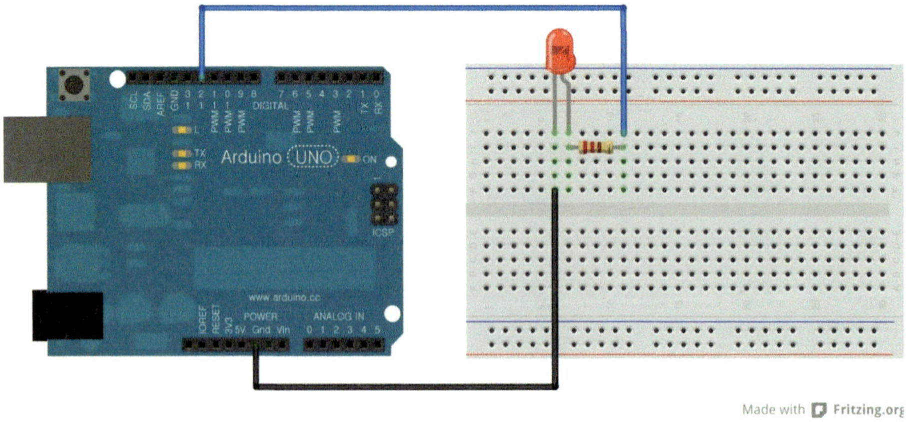

그림 2-3 LED를 활용한 디지털 출력

그런데 말이죠…!!

LED는 Light Emitting Diode의 약자로 대개 두 개의 다리를 갖고 있습니다. 순방향으로 전류를 흘려보내면(적합한 방향으로 전압을 인가하면) 불이 들어오는 소자입니다. LED의 두 다리 중 한쪽 다리가 길게 생산되는데 긴 다리에 + 극성을 인가하고 짧은 다리에 - 극성을 연결하면 불이 켜집니다. LED의 극성을 구분하는 다른 방법으로는 플라스틱으로 쌓여있는 LED 내부의 모양을 살펴봄으로써 알 수 있습니다. 더 넓은, 더 큰 모양을 하고 있는 쪽 다리가 - 극성이며 상대적으로 작은 모양을 하고 있는 쪽 다리가 + 극성입니다. **LED는 반드시 극성에 주의해서 연결해야 합니다.** LED의 극성을 제대로 연결하지 않는다면 LED가 정상 동작하지 않고 심지어 파손될 수도 있습니다.

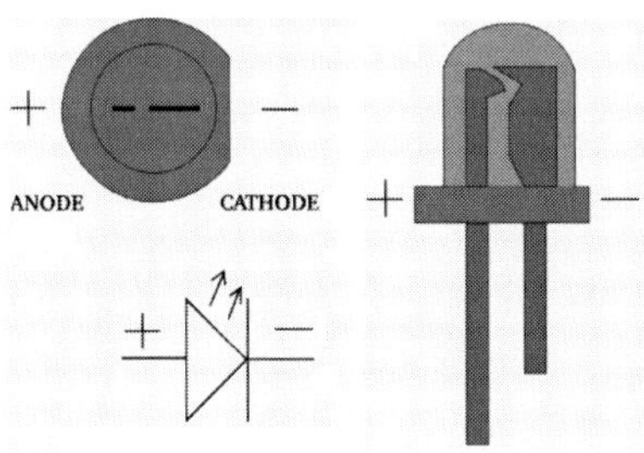

[예제 A-3] 스케치 작성

```
int led = 12;                    // 아두이노 보드의 12번 핀에 LED를 연결
void setup() {
  pinMode(led, OUTPUT);          // 변수 led에는 12가 할당된 상태이므로 12번 핀을 출력으로 설정
}
void loop() {
  digitalWrite(led, HIGH);
  delay(500);                    // 500ms 지연
  digitalWrite(led, LOW);
  delay(500);                    // 500ms 지연
}
```

[예제 A-4] 설명

스케치가 실행되면 처음 실행되는 setup() 함수에서 pinMode() 함수를 이용하여 아두이노 보드의 디지털 입출력 핀인 12번 핀을 출력 모드로 설정합니다.

```
pinMode(led, OUTPUT);
```

setup() 함수가 실행을 마친 뒤 loop() 함수가 실행되는데, loop() 함수에서는 digitalWrite(led, HIGH) 함수를 호출하여 12번 핀에 HIGH를 출력합니다. 다음으로 delay(500) 함수를 호출하여 500[ms] 즉 0.5초 대기합니다. 다시 digitalWrite(led, LOW) 함수를 호출하여 12번 핀의 상태를 LOW로 만들고 다시 delay(500) 함수를 이용하여 0.5초 대기합니다. 그런 다음 다시 loop() 함수의 처음으로 돌아가 loop() 함수 내에 있는 함수들을 반복적으로 수행합니다.

6) 예제 B – 두 개의 LED 교차 깜박이기

[예제 B-1] 실습 내용 및 목표

두 개의 LED가 교차하면서 깜박이게 만들어보겠습니다.

[예제 B-2] 회로 구성

아두이노 보드의 12번 핀에 330[Ω] 저항을 연결합니다. 아두이노 보드의 12번 핀과 연결된 저항의 반대쪽 핀을 LED의 +극성 핀에 연결합니다. LED의 -극성 핀을 아두이노 보드의 그라운드(GND)에 연결합니다. 아두이노 보드의 11번 핀과 330[Ω] 저항을 연결합니다. 아두이노 보드의 11번 핀과 연결된 저항의 반대쪽 핀을 LED의 +극성 핀에 연결합니다. 이 LED의 -극성 핀을 아두이노 보드의 그라운드(GND)에 연결합니다.

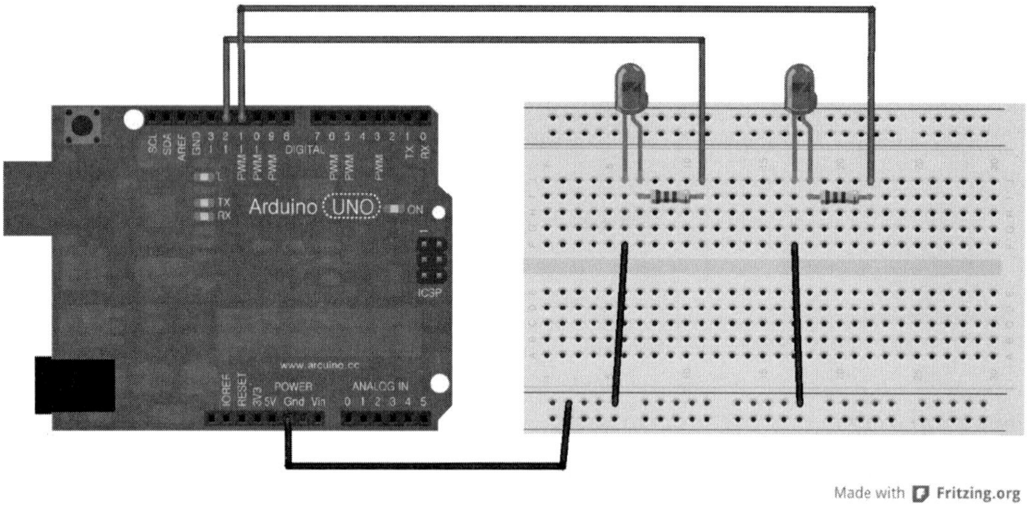

그림 2-4 두 개의 LED를 번갈아가며 켜기

[예제 B-3] 스케치 작성

```
int ledA = 12;                // 아두이노 보드의 12번 핀에 LED를 연결
int ledB = 11;
void setup() {
  pinMode(ledA, OUTPUT);  // ledA에는 12가 할당된 상태이므로 12번 핀을 출력으로 설정
  pinMode(ledB, OUTPUT);  // ledB에는 11이 할당된 상태이므로 11번 핀을 출력으로 설정
}

void loop() {
  digitalWrite(ledA, HIGH)    // 12번 핀에 연결된 LED on
  digitalWrite(ledB, LOW);    // 11번 핀에 연결된 LED off
  delay(500);                 // 500ms 지연
  digitalWrite(ledA, LOW);    // 12번 핀에 연결된 LED off
  digitalWrite(ledB, HIGH);   // 11번 핀에 연결된 LED on
  delay(500);                 // 500ms 지연
}
```

[예제 B-4] 설명

12번 핀에 연결된 LED가 불이 켜지기 위해서는 아두이노 보드 12번 핀에 + 전압이 인가되어 전류가 저항을 거친 후 LED의 + 극성 핀으로 들어와서 - 극성 핀으로 흘러 그라운드로 가야합니다. 즉 LED의 + 극성 핀으로 전류가 흘러 들어와서 - 극성 핀으로 흘러 나가면 LED에 불이 들어오는 것입니다.

위 스케치에서는 아두이노 12번 핀에 + 전압을 출력하는 동안 11번 핀에는 0 전압을 출력하기 때문에 12번 핀에 연결된 LED만 불이 들어오고 아두이노 11번 핀에 연결된 LED는 불이 들어오지 않습니다.

```
digitalWrite(ledA, HIGH);   // 12번 핀에 연결된 LED on
digitalWrite(ledB, LOW);    // 11번 핀에 연결된 LED off
```

delay() 함수를 사용하여 잠시 시간을 보낸 후 이번에는 반대로 아두이노 12번 핀에 0 전압을 출력하고 11번 핀에는 + 전압을 출력합니다. 따라서 12번에 연결된 LED는 불이 들어오지 않고 11번에 연결된 LED만 불이 들어오는 것입니다.

```
digitalWrite(ledA, LOW);    // 12번 핀에 연결된 LED off
digitalWrite(ledB, HIGH);   // 11번 핀에 연결된 LED on
```

7) 예제 C – 다른 LED 구동 방법

[예제 C-1] 실습 내용 및 목표

예제 A와 예제 B에서는 LED에 불이 들어오게 하기 위해 항상 그라운드(- 극성)을 연결해 놓고 아두이노 보드의 핀에서 전압을 + 전압을 출력해서 켰다가 0 전압을 출력해서 불을 끄는 형태로 동작시켰습니다.

이번 예제에서는 LED에 + 전압을 항상 연결해두고 아두이노 핀의 출력을 0 전압으로 만들어서 LED에 불이 들어오게 하는 실습입니다.

[예제 C-2] 회로 구성

아두이노 보드의 5V 핀과 저항을 연결합니다. LED의 + 핀을 저항과 연결합니다. LED의 - 극성 핀을 아두이노 12번 핀에 연결합니다.

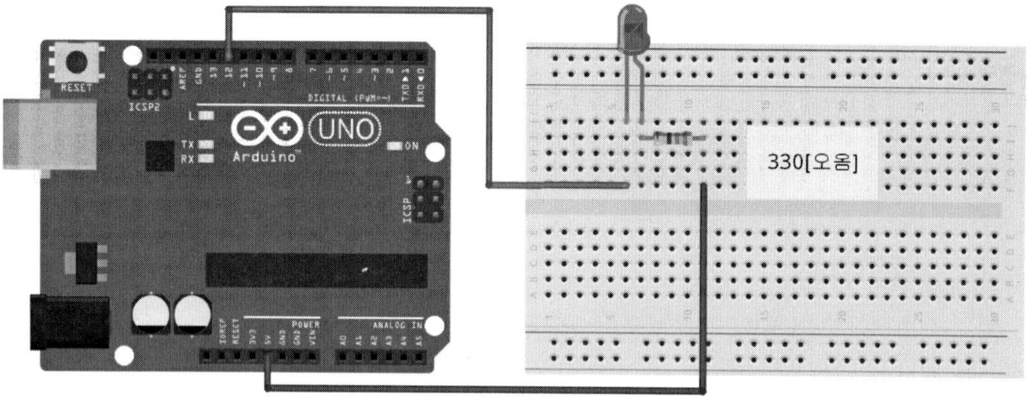

그림 2-5 LED 극성

[예제 C-3] 스케치 작성

```
void setup() {
    pinMode(12, OUTPUT);    // ledA에는 12가 할당된 상태이므로 12번 핀을 출력으로 설정
    digitalWrite(12, LOW);
    delay(2000);
}

void loop() {
    digitalWrite(12, HIGH);    // 12번 핀에 연결된 LED off
    delay(1000);               // 1000ms 지연
    digitalWrite(12, LOW);     // 12번 핀에 연결된 LED on
```

```
    delay(250);              // 250ms 지연
}
```

[예제 C-4] 설명

setup() 함수에서 12번 핀을 출력 모드로 설정합니다. 그러고 나서 12번 핀에 0 전압을 출력한 후 2초간 대기하고 있습니다. 12번 핀의 전압을 0으로 만들면, 아두이노 5V 핀에서 전류가 흘러 나와서 저항을 거쳐 LED의 +극성 핀으로 흘러 들어가고 LED의 -극성 핀을 거쳐 아두이노 12번 핀으로 흘러 들어갈 수 있기 때문에 LED에 불이 들어옵니다. 따라서 setup() 함수가 실행되면 2초 동안 LED에 불이 들어옵니다.

Loop() 함수에서 12번 핀을 HIGH 즉 +5 전압을 출력합니다. 그렇게 되면 LED의 두 핀에 같은 전압이 걸려 있어서 전류가 흐를 수가 없어서 LED에는 불이 들어오지 않게 됩니다. 전류는 높은 전압 쪽에서 낮은 전압 쪽으로, 전압 차가 있어야 흐르기 때문에 전류가 흐르지 않습니다. 앞서 제시한 예제 A와 B에서는 LED가 켜지게 하기 위해서는 digitalWrite(12, HIGH) 이렇게 명령하였으나 이번 C 예제에서는 LED를 켜기 위해 digitalWrite(12, LOW)와 같이 명령했습니다.

그런데 말이죠…!!

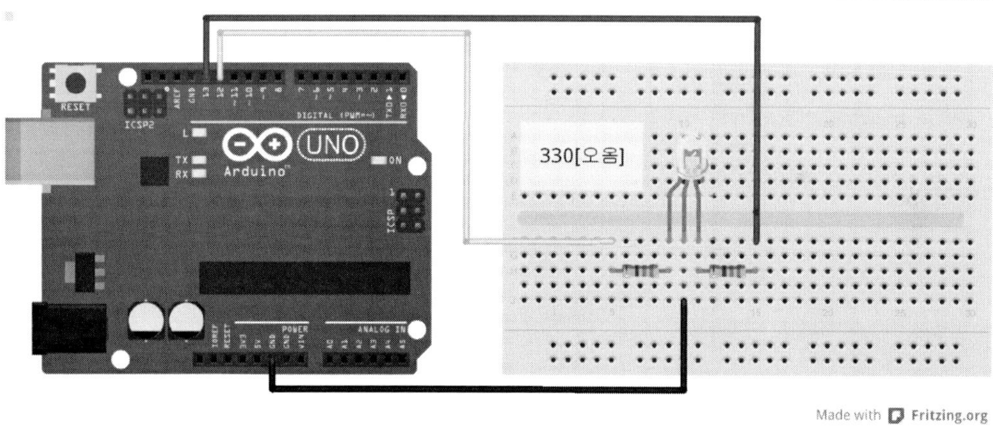

그림 2-6 2-Color LED

아두이노 배우기 키트에는 3색 LED 또는 2색 LED가 포함되어 있습니다. 아래 회로 결선도를 보시고 2색 LED 사용법을 유추해 보십시오. 아두이노 배우기 키트에 포함된 2색 LED의 가운데 핀은 제일 긴데요 이 핀이 -극성 핀입니다. 그 다음으로 긴 핀은 Red LED의 +극성 핀이고 제일 짧은 핀이 Yellow LED의 +극성 핀입니다.

2.2 스위치를 활용한 디지털 신호 입력

2.1절에서는 디지털 신호를 출력하는 방법에 대해 살펴봤습니다. 이번 절에서는 아두이노 보드가 디지털 신호를 읽어 들이는 방법을 알아보겠습니다.

1) 실습 내용 및 목표

아두이노 보드의 12번 핀에 푸시 버튼 스위치를 달고 그 스위치가 눌렸는지 여부를 판단함으로써 아두이노 디지털 입력 핀의 상태를 읽어옵니다. 스위치를 누르면 아두이노 보드의 13번 핀과 연결되어 있는 LED를 켜고 스위치를 누르지 않았다면 LED를 끄는 동작을 합니다.

2) 회로 구성

회로 구성은 그림 2-7과 같이 합니다. 스위치를 누르지 않으면 12번 핀은 LOW 상태가 되고 스위치를 누르면(닫으면) 12번 핀에 5[V]가 인가되어 12번 핀은 HIGH 상태가 됩니다. 아래 회로에서 사용한 저항의 값은 10[kΩ]입니다.

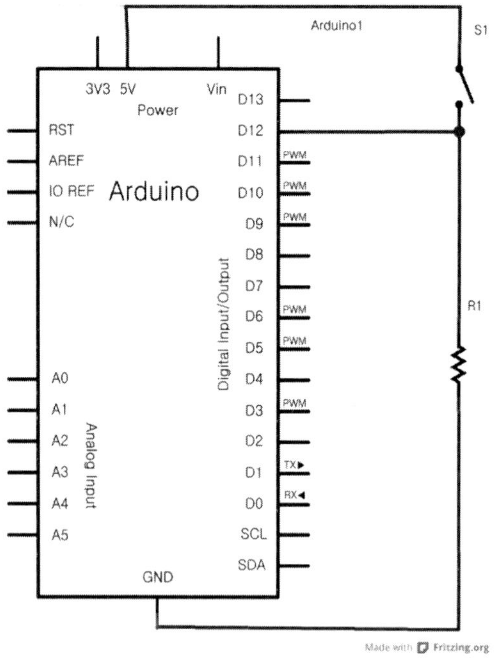

그림 2-7 회로도

그림 2-8에는 브레드 보드를 이용하여 그림 2-7의 회로를 꾸민 예를 보이고 있습니다.

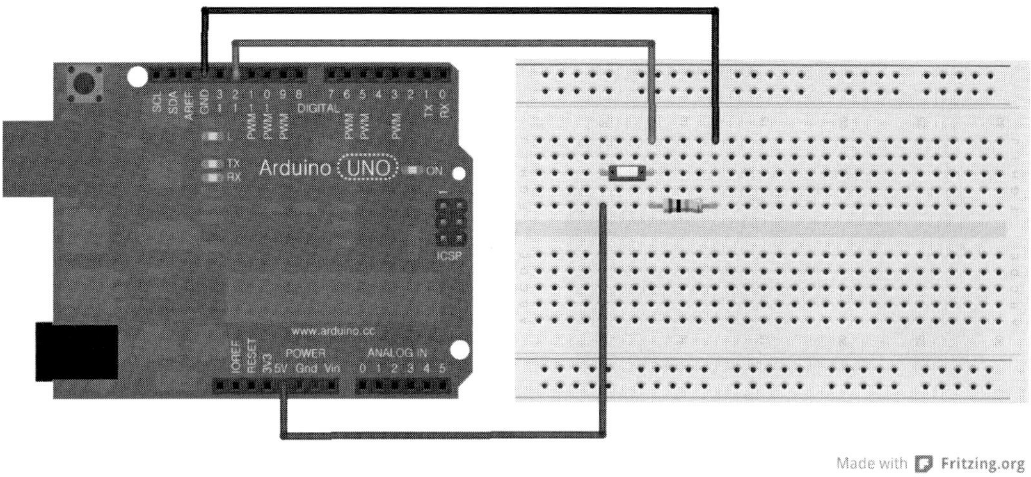

그림 2-8 푸시 버튼 스위치를 연결한 아두이노 보드

그런데 말이죠…!!

푸시버튼 혹은 스위치는 눌렀을 때 회로에서 두 점을 연결하는 부품입니다. 어떤 푸시 버튼은 다리가 4개가 있습니다. 한쪽 면에 2개와 마주보는 면에 2개의 다리를 가지고 있습니다. 스위치를 눌렸을 때 같은 면에 있는 두 다리가 연결되며 누르지 않았을 때 같은 면에 있는 두 다리 사이의 연결은 끊어집니다. 맞은 편에 있는 두 다리는 항상 연결되어 있습니다.(어떤 스위치는 평소에 두 점을 연력하고 있다고 누르면 두 점을 분리하는 형태의 스위치도 있습니다)

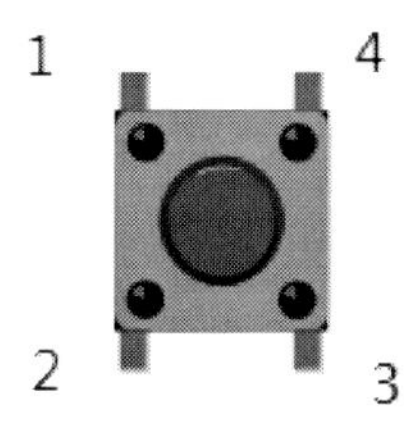

핀 번호를 위 그림과 같이 생각할 때, 1번과 2번은 스위치를 누르는 것과 무관하게 항상 연결되어 있습니다. 3번과 4번도 스위치를 누르는 것과 상관없이 항상 연결되어 있습니다.

그림 2-7과 같은 회로 구성을 다리가 4개인 푸시 버튼 스위치를 이용해서 그림 2-9와 같이 다시 구성해 보았습니다.

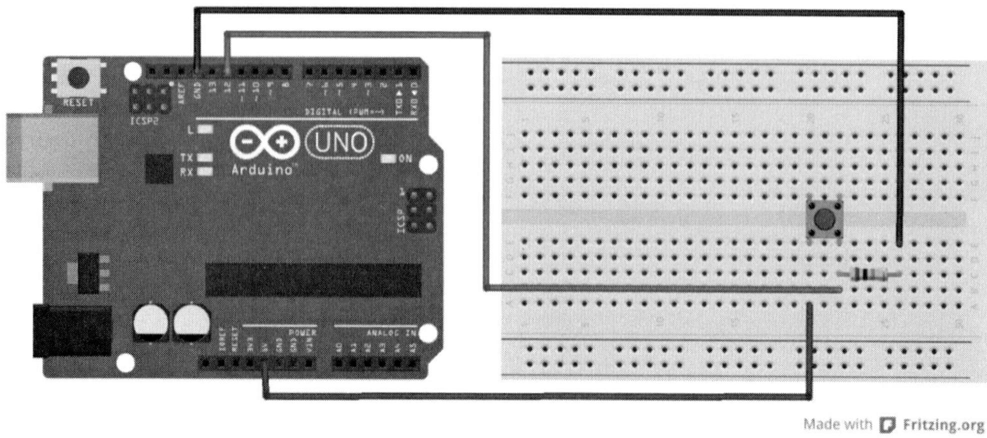

(a)

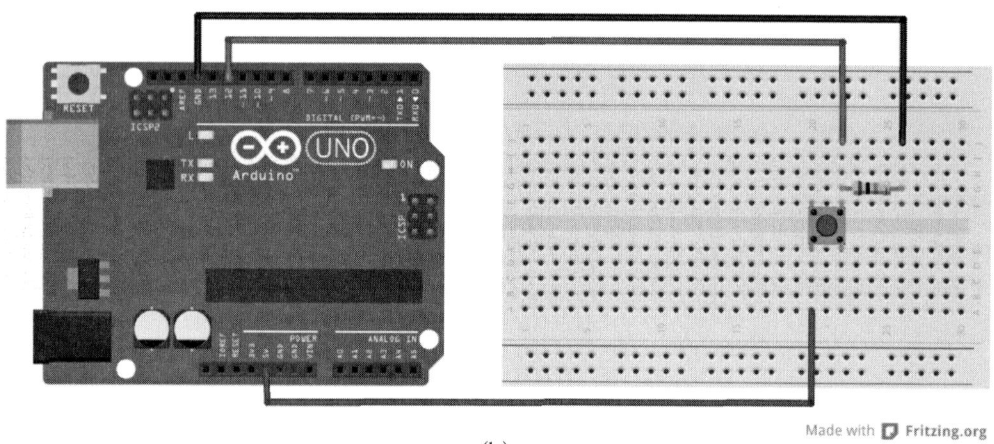

(b)

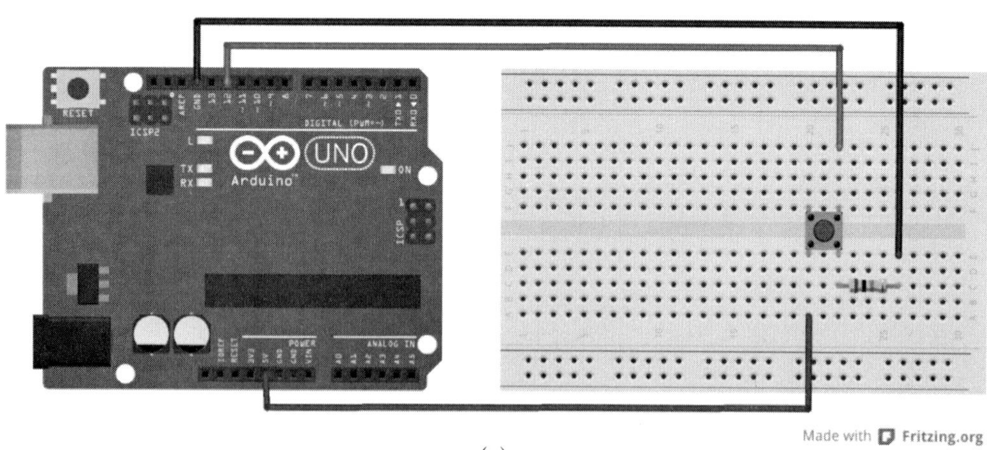

(c)

그림 2-9 다리가 4개인 푸시 스위치 활용

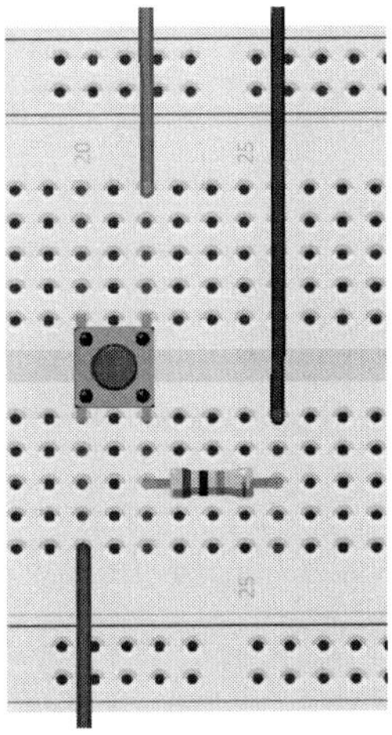

그림 2-10 그림 2-9의 (c)의 푸시 스위치 부분 확대

3) 스케치 작성

```
int led = 13;                // 아두이노 보드의 13번 핀에 연결된 LED
int push_sw = 12;            // 아두이노 보드의 12번 핀에 푸시 버튼(푸시 스위치) 연결

void setup() {
  pinMode(led, OUTPUT);      // 변수 led에는 13가 할당된 상태이므로 13번 핀을 출력으로 설정
  pinMode(push_sw, INPUT); // 변수 push_sw의 값이 12이므로 12번 핀을 입력으로 설정
}

void loop() {
  // push_sw의 값이 12이므로 12번 핀의 상태(HIGH 또는 LOW)를 읽어서
  // 변수, push_sw_state에 할당
  int push_sw_state = digitalRead(push_sw);

  // 12번 핀의 상태 값(HIGH 혹은 LOW)을 13번 핀에 출력
  // 결국 13번 핀에 연결된 LED는 12번 스위치 상태에 영향을 받음

  digitalWrite(led, push_sw_state);
}
```

4) 설명

스케치가 실행될 때 제일 먼저 실행되는 함수는 setup() 함수입니다. 위 스케치의 경우 setup() 함수는 두 가지 일을 합니다. 변수 led에는 값 13이 할당되어 있으므로 pinMode(led, OUTPUT) 함수는 13번 핀을 출력으로 설정하게 됩니다. 변수 push_sw에는 값 12 가 할당되어 있음으로

pinMode(push_sw, INPUT)은 12번 핀을 입력으로 설정하게 됩니다. LED를 달아 놓은 핀은 출력으로 설정하고 스위치를 달아놓은 핀은 입력으로 설정한 것입니다.

■ digitalRead()

loop() 함수에서는 digitalRead() 함수를 호출하고 있습니다. digitalRead() 함수는 핀의 상태 값(HIGH 혹은 LOW)을 읽어 오는 함수입니다. digitalRead() 함수에 전달되는 인자는 몇 번 핀의 상태를 읽어올지를 지정합니다. 위 스케치에서 digitalRead(push_sw)라고 사용되었는데, 인자로 넘긴 push_sw에는 값 12가 할당되어 있기 때문에 푸시 버튼 스위치가 연결된 12번 핀의 상태를 읽어 와서 그 값을 반환합니다. 반환된 값이 변수 push_sw_state에 할당되었습니다.

푸시 버튼 스위치가 연결된 핀의 상태 정보를 가지고 있는 변수 push_sw_state와 LED가 연결된 핀 번호를 저장하고 있는 변수 led와 함께 digitalWrite() 함수의 인자로 전달했습니다. digitalWrite(led, push_sw_state)를 호출하게 되면 변수 push_sw_state가 가지고 있는 상태 값을 변수 led가 지정하는 핀에 출력하게 됩니다.

그런데 말이죠…!!

핀이 전부 10개인 가상의 보드(혹은 마이크로컨트롤러)를 생각해 봅시다. 그 보드를 설계하는 사람은 10개의 핀 몇 개를 입력 핀으로 만들고 몇 개를 출력 핀으로 만들어야 할까요? 그 보드가 어떤 일을 하게 되느냐에 따라 필요한 입력 핀의 숫자와 출력 핀의 숫자는 다를 것입니다. 그래서 그 보드를 설계하는 사람은 핀을 입력으로 동작시킬 것인지 출력으로 동작시킬 것인지를 프로그래머가 직접 선택할 수 있도록 보드(마이크로컨트롤러)를 만들었습니다. 아두이노에서는 핀을 입력으로 동작하게 만들 것인지 혹은 출력으로 동작하게 만들 것인지를 pinMode() 함수를 사용하여 결정합니다.

5) 예제 A – 스위치 반전 동작

스위치를 누르면 불이 들어오고 스위치를 누르지 않으면 불이 꺼지는 예를 앞서 살펴보았습니다. 이번 응용 예제에서는 위 기능을 거꾸로 해보겠습니다. 스위치를 누르지 않으면 불이 들어오고 스위치를 누르면 불이 꺼지도록 말입니다.

[예제 A-1] 실습 내용 및 목표

디지털 신호는 HIGH 또는 LOW로 표현하기도 하고 1 또는 0으로 표현하기도 합니다. 디지털 신호 표현에 좀 더 익숙해집시다.

[예제 A-2] 회로 구성

회로 구성은 그림 2-8과 같이 꾸미겠습니다.

[예제 A-3] 스케치 작성

```
int led = 13;                // 아두이노 보드의 13번 핀에 LED를 연결
int push_sw = 12;            // 아두이노 보드의 12번 핀에 푸시 버튼(푸시 스위치) 연결

void setup() {
  pinMode(led, OUTPUT);      // 변수 led에는 13가 할당된 상태이므로 13번 핀을 출력으로 설정
  pinMode(push_sw, INPUT); // 변수 push_sw의 값이 12이므로 12번 핀을 입력으로 설정
}

void loop() {
  // push_sw의 값이 12이므로 12번 핀의 상태(HIGH 또는 LOW)를 읽어서
  // 변수, push_sw_state에 할당
  int push_sw_state = digitalRead(push_sw);

  // 12번 핀의 상태 값(HIGH 혹은 LOW)에 !을 연산을 수행 후 13번 핀에 출력
  // 결국 13번 핀에 연결된 LED는 12번 스위치 상태에 영향을 받음

  digitalWrite(led, !push_sw_state);
}
```

[예제 A-4] 설명

위 스케치와 '2.2 푸시 버튼을 활용한 디지털 입력'에서 본 스케치와 거의 다른 것이 없어 보입니다. 다만 digitalWrite(led, push_sw_state) 이 코드가 digitalWrite(led, !push_sw_state) 이렇게 변경되었습니다. digitalWrite() 함수로 전달되는 인자 push_sw_state가 ! push_sw_state로 변경되었습니다. 느낌표(!)가 변수 앞에 붙으면 변수의 상태를 뒤집습니다. 즉 HIGH면 LOW로 LOW면 HIGH로 참은 거짓으로 거짓은 참으로 변경됩니다. 예를 들어, 변수 push_sw_state의 값이 HIGH라면 !push_sw_state의 값은 LOW가 됩니다.

6) 예제 B – 스위치 회로 구성

이번 예제에서도 앞서 살펴본 응용 예제 A와 동일한 기능을 합니다. 응용 예제 A에서는 소프트웨어적으로 원하는 기능을 이끌어 냈다면 이번에는 푸시 스위치를 아두이노에 연결하는 회로를 변경해서 스위치를 누르지 않으면 불이 켜지고 스위치를 누르면 불이 꺼지도록 해보겠습니다.

[예제 B-1] 실습 내용 및 목표

저항과 스위치로 구성된 디지털 입력 회로를 여러 가지 형태로 구성할 수 있음을 이해합시다.

[예제 B-2] 회로 구성

그림 2-11과 같이 꾸미십시오. 그림 2-11에서 사용한 저항의 값은 10[kΩ]입니다.

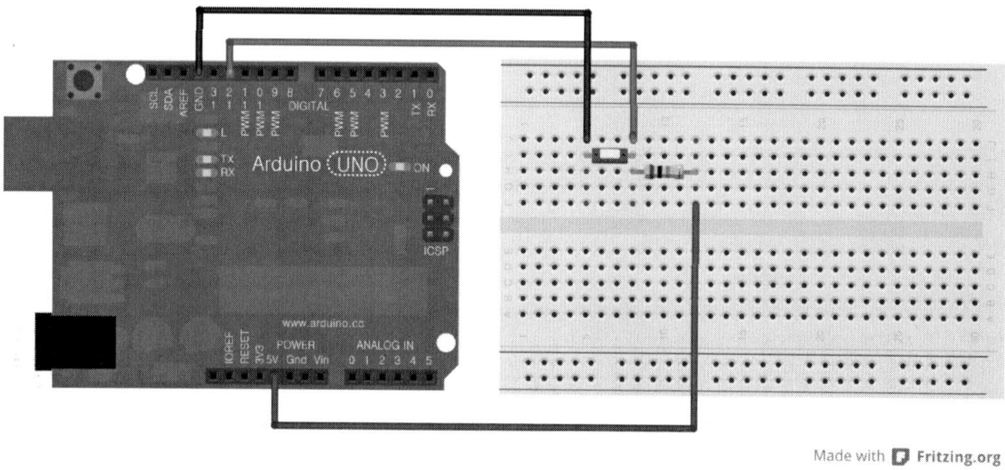

그림 2-11 푸시 스위치를 연결한 아두이노 보드

[예제 B-3] 스케치 작성

아래 스케치는 '2.2 스위치를 활용한 디지털 신호 입력'에서 본 스케치와 동일합니다.

```
int led = 13;                  // 아두이노 보드의 13번 핀에 LED를 연결
int push_sw = 12;              // 아두이노 보드의 12번 핀에 푸시 버튼(푸시 스위치) 연결

void setup() {
  pinMode(led, OUTPUT);        // 변수 led에는 13가 할당된 상태이므로 13번 핀을 출력으로 설정
  pinMode(push_sw, INPUT);     // 변수 push_sw의 값이 12이므로 12번 핀을 입력으로 설정
}

void loop() {
  // push_sw의 값이 12이므로 12번 핀의 상태(HIGH 또는 LOW)를 읽어서
  // 변수, push_sw_state에 할당
  int push_sw_state = digitalRead(push_sw);

  // 12번 핀의 상태 값(HIGH 혹은 LOW)을 13번 핀에 출력
```

```
  // 결국 13번 핀에 연결된 LED는 12번 스위치 상태에 영향을 받음
  digitalWrite(led, push_sw_state);
}
```

[예제 B-4] 설명

그림 2-7에는 그림 2-6에 해당하는 회로도를 보여주고 있습니다. 스위치를 누르지 않은 상태에서 아두이노 보드 12번 핀은 저항을 거쳐 전원 5[V]에 연결되어 있음을 확인할 수 있습니다. 스위치를 누른다면 아두이노 보드 12번 핀은 그라운드 0[V]에 연결됩니다. 즉 스위치를 누르면 아두이노 보드 12번 핀의 상태는 LOW가 되고 누르지 않으면 HIGH 상태가 됩니다. 따라서 스케치에서는 12번 핀의 상태를 읽어서 그대로 13번 핀에 출력하면 스위치를 눌렀을 때 LOW에 해당하는 0[V] 전압이 인가되고 스위치를 누르지 않으면 HIGH에 해당하는 5[V] 전압이 인가됩니다.

그런데 말이죠…!!

그림 2-7과 같이 저항을 이용하여 평소 핀의 상태를 HIGH로 만들어 놓을 수 있는데 이때 저항을 풀업(pullup) 저항이라고 합니다. 그림 2-3과 같은 회로에서와 같이 저항을 이용하여 평소 핀의 상태를 LOW로 만들어 놓을 수 있는데 이때 저항을 풀다운(pulldown) 저항이라고 합니다.

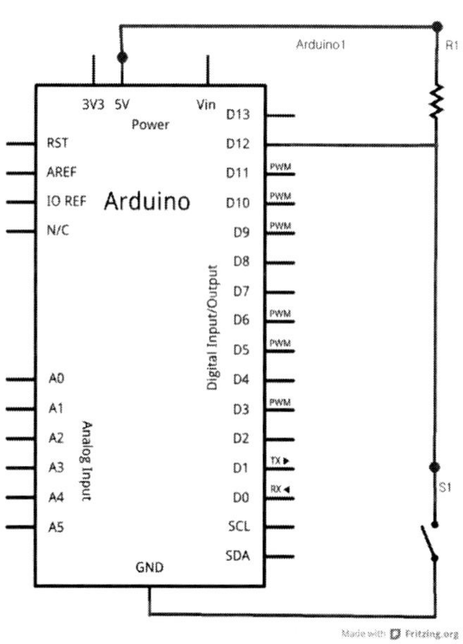

그림 2-12 그림 2-11에 부합하는 회로도

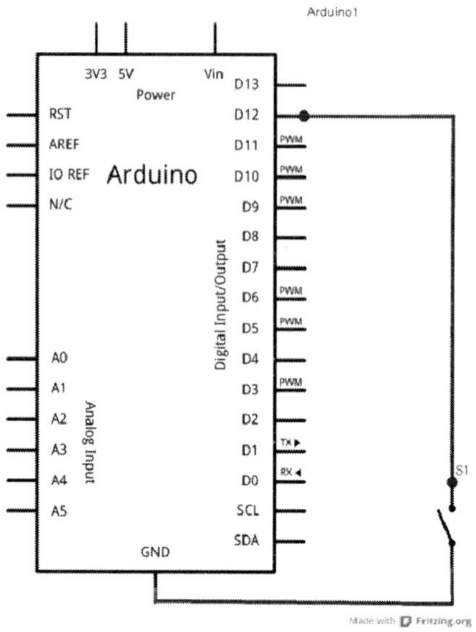

그림 2-13 풀업 저항 없는 스위치 연결

그림 2-12에서 저항을 뺀 회로를 그림 2-13에 보이고 있습니다. 그림 2-13의 회로도에서 스위치를 누르면 핀 12번의 상태는 그라운드 0[V], 즉 LOW가 됩니다. 그런데 스위치를 누르지 않는다면 12번 핀의 상태는 어떻게 될까요? LOW? HIGH?

디지털 상태는 HIGH 또는 LOW로 결정되어야 하는데 독자 여러분께서는 그림 2-13에서 스위치가 열려있을 때 12번 핀의 상태가 HIGH로 판단되십니까? 아니면 LOW로 판단되십니까? 아두이노 보드도 여러분과 마찬가지로 "이게 HIGH야 LOW야?" 고민을 하겠죠. 이 경우 핀의 상태는 HIGH도 아니고 LOW도 아닌 **그냥 아무 신호도 인가되지 않고 열려 있는 상태**가 되어 버리는 것입니다. 따라서 아두이노가 핀의 상태를 결정할 수 있도록 명확한 디지털 신호를 인가해 줘야 합니다.

그래서 그림 2-12의 경우 (풀업) 저항을 사용하여 평소 핀의 상태를 HIGH로 유지하도록 하였고 그림 2-7의 경우 (풀다운)는 저항을 이용하여 평소 핀의 상태를 LOW로 유지하도록 회로를 구성한 것입니다. 풀업 또는 풀다운에 대해서는 제 2부에서 한 번 더 설명하겠습니다.

7) 예제 C – 기울어짐 센서를 이용한 디지털 입력

[예제 C-1] 실습 내용 및 목표

기울기 센서를 활용하여 보드가 기울어졌는지를 파악하는 스케치를 작성해 봅시다. 브레드 보드를 수평으로 놓으면 LED는 Off 상태였다가 브레드 보드가 기울어지면 LED가 ON이 되는 동작을 할 것입니다.

[예제 C-2] 회로 구성

기울어짐 센서(tilt 스위치)는 극성이 없음으로 임의의 방향으로 꽂아도 무방합니다. 아래 스케치를 업로드 하여 동작을 확인한 다음 기울어짐 센서를 반대 방향으로 꽂아서 다시 실행시켜 보십시오. 여기에서 사용한 저항의 값은 10[kΩ]입니다.

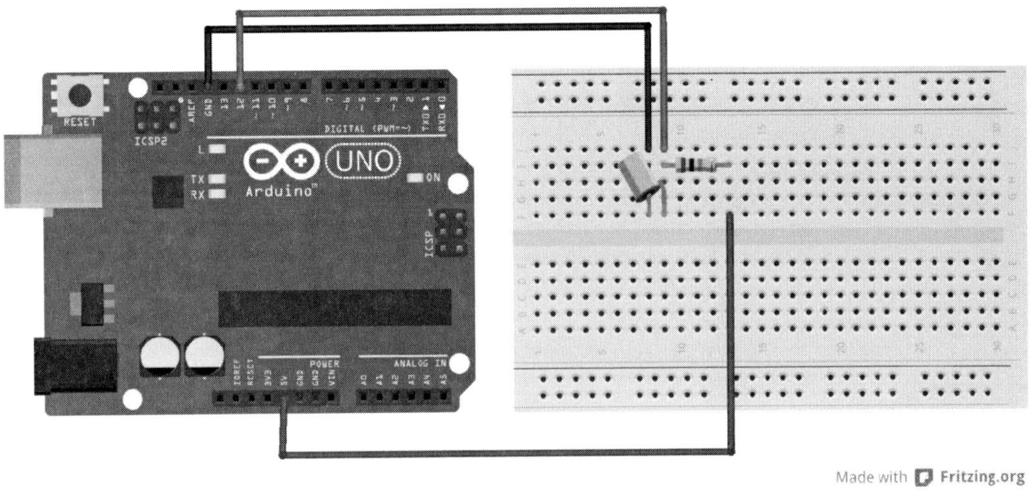

그림 2-14 기울기 센서 입력

그림 2-15에는 "아두이노 배우기 키트"에 포함되어 있는 기울기 센서의 모양을 보여주고 있습니다. 핀이 2개이며 한쪽 핀은 금색을 띠고 있습니다. 양쪽 핀을 구부려 'ㄷ' 모양으로 만들어서 브레드 보드에 꽂으시면 됩니다.

그림 2-15 기울기 센서

[예제 C-3] 스케치 작성

```
int led = 13;          // 아두이노 보드의 13번 핀에 LED를 연결
int tiltsw = 12;       // 아두이노 보드의 12번 핀에 기울어짐 센서(tilt 스위치)연결

void setup() {
```

```
  pinMode(led, OUTPUT);  // 변수 led에는 13가 할당된 상태이므로 13번 핀을 출력으로 설정
  pinMode(tiltsw, INPUT);  // 변수 tiltsw의 값이 12이므로 12번 핀을 입력으로 설정
}

void loop() {
  // tiltsw의 값이 12이므로 12번 핀의 상태(HIGH 또는 LOW)를 읽어서
  // 변수, tilt_sw_state에 할당
  int tilt_sw_state = digitalRead(tiltsw);

  // 12번 핀의 상태 값(HIGH 혹은 LOW)을 13번 핀에 출력.
  // 결국 13번 핀에 연결된 LED는 12번 기울어짐 센서의 상태에 영향을 받음

  digitalWrite(led, tilt_sw_state);
}
```

제 3 장

직렬통신 I

3.1 아두이노 보드에서 컴퓨터로 데이터 전송

아두이노 보드는 여러 다른 장치들과 데이터를 주고받을 필요가 생길 것입니다. 컴퓨터와 데이터를 주고받을 수도 있고 주변 센서들과 데이터를 주고받을 필요도 있을 것입니다. 또한 메모리를 보드 외부에 달고 그 메모리와 데이터를 주고받는 일이 생길 수도 있습니다. 이번 절에서는 컴퓨터와 아두이노 보드가 직렬통신으로 데이터를 주고받는 방법을 살펴보겠습니다.

1) 실습 내용 및 목표

아두이노 보드에서 USB 케이블을 이용하여 직렬통신으로 컴퓨터와 데이터를 주고받는 방법을 알아보겠습니다.

2) 회로 구성

별도의 회로 구성은 필요 없습니다. 아두이노 보드를 USB 케이블을 통해 컴퓨터와 연결하세요.

3) 스케치 작성

```
void setup() {
  Serial.begin(9600);  // 직렬통신을 준비한다. 전송속도는 9600bps
}

void loop() {
  Serial.println("Hi~"); // 직렬통신 포트로 "Hi~"를 출력한다.
  delay(1000);           // 1초 대기한다.
}
```

※ Serial.println()에서 ln은 In이 아닙니다. L의 소문자입니다.

위 코드를 실행시킨 후 툴바의 맨 오른쪽에 보이는 돋보기 모양의 아이콘을 클릭하세요. 이 아이콘은 '시리얼 모니터'라는 창을 띄우며 아두이노 보드로부터 받은 데이터를 화면에 보입니다.

그림 3-1

4) 설명

■ Serial.begin()

위 스케치의 setup() 함수에서 Serial.begin() 함수를 호출했습니다. 이 함수의 역할은 아두이노 보드가 직렬통신을 할 수 있도록 준비시키는 일을 합니다. Serial.begin() 함수로 인자를 하나 넘겼는데 위 스케치에서는 9600이라는 숫자를 넘겼습니다. 이 숫자의 의미는 1초에 9600 비트를 전송할 수 있는 속도로 데이터를 전송하라는 의미입니다.

■ Serial.println()

loop() 함수에서는 Serial.println() 함수를 실행시키는데 함수 이름에서 짐작할 수 있듯이 이 함수는 인자로 넘겨받은 값을 아두이노 보드의 직렬통신 포트에 출력합니다. 위 스케치에서는 "Hi~"라는 문장을 직렬통신 포트로 출력하게 됩니다. 컴퓨터에서 실행되고 있는 시리얼 모니터 프로그램이 컴퓨터의 직렬통신 포트로 들어오는 데이터, "Hi~"를 보여줍니다.

5) 예제 A – 직렬통신

[예제 A-1] 실습 내용 및 목표

아두이노 보드의 12번 핀에 스위치를 달아서 스위치를 누르느냐 누르지 않느냐에 따른 12번 핀의 상태 값을 컴퓨터로 전송하는 프로그램을 작성해봄으로써 직렬통신 방법에 대한 이해를 넓혀봅시다.

[예제 A-2] 회로 구성

회로는 그림 3-2와 같이 구성합시다. 그리고 아두이노 보드와 컴퓨터는 USB 케이블로 연결되어 있습니다. 여기에서 사용한 저항의 값은 10[kΩ]입니다.

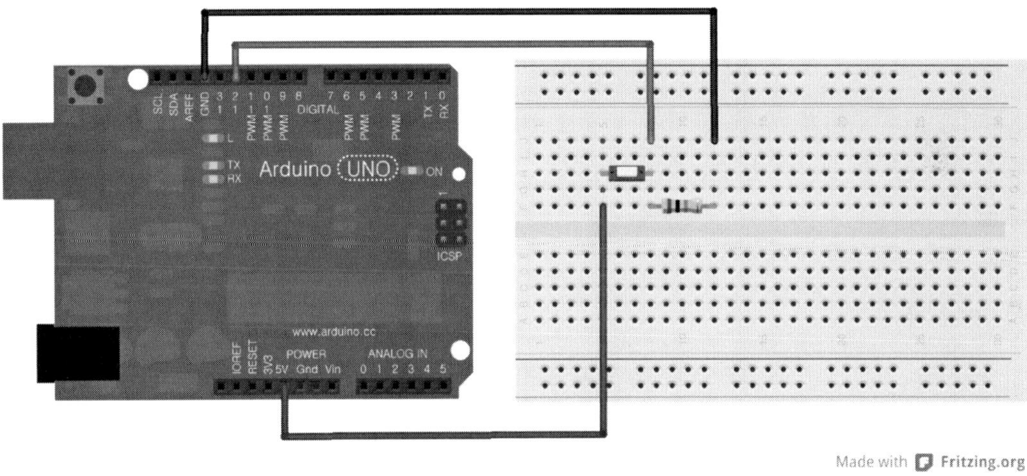

그림 3-2 스위치 연결

[예제 A-3] 스케치 작성

```
void setup() {
  Serial.begin(9600);      // 직렬통신을 준비한다. 전송속도는 9600bps
  pinMode(12, INPUT);    // 12번 핀을 입력 모드로 설정
}

void loop() {
  int buttonState = digitalRead(12);  // 12번 핀의 상태(값)을 읽어와 변수 buttonState에 저장
  Serial.println( buttonState );         // 12번 핀의 상태 값을 저장하고 있는 buttonState 값 출력
  delay(100);
}
```

[예제 A-4] 설명

위 스케치를 아두이노 보드에 업로드 하여 실행시키고 시리얼 모니터 프로그램을 실행시켜 보면, 스위치를 눌렀을 때 시리얼 모니터 프로그램에 HIGH를 뜻하는 1을 출력하고 스위치를 누르지 않았을 때는 LOW를 의미하는 0이 출력됨을 확인하실 수 있을 것입니다.

3.2 아두이노 보드에서 데이터 수신

3.1절에서는 아두이노 보드가 직렬포트를 통해 외부로 데이터를 전송하는 방법을 살펴보았습니다. 이 절에서는 컴퓨터가 아두이노 보드로 데이터를 전송했을 경우 아두이노 보드가 수신된 데이터가 있는지 파악하는 방법과 수신된 데이터를 읽어내는 방법에 대해 살펴보겠습니다.

이번 절의 내용은 조금 어려울 수 있습니다. 또한 아두이노 보드 활용법을 전체적으로 이해하는데 있어서 급하게 이해해야 하는 내용도 아니니 다음 절로 넘어가셔도 좋습니다. 아두이노 보드 외부로부터 데이터가 수신되는 데이터를 처리할 필요가 있을 때 살펴보셔도 늦지 않습니다.☺

1) 실습 목표

아두이노 보드는 USB 케이블을 통해 컴퓨터로부터 수신된 데이터 유무를 판단하는 방법과 수신된 데이터를 읽어 오는 방법을 알아보겠습니다.

2) 회로 구성

별도의 회로는 필요 없습니다. 아두이노 보드를 USB 케이블을 통해 컴퓨터와 연결하세요.

3) 스케치 작성

아래 스케치는 직렬포트로 수신된 데이터가 있는지 조사한 후 수신된 데이터가 있을 경우 그 데이터를 다시 컴퓨터로 전송하는 기능을 하게 될 것입니다.

```
void setup() {
  Serial.begin(9600);     // 직렬통신 준비, 전송 속도 9600bps
}
```

```
void loop() {
  byte incommingData;
  if ( Serial.available() > 0 ) {       // 수신된 데이터 개수가 0개를 초과하는가?
    incommingData = Serial.read(); // 수신된 데이터 1바이트를 읽어 incommingData에 저장
    Serial.write(incommingData);     // incommingData에 저장된 수신 데이터를 전송
  }
}
```

위 스케치를 아두이노 보드에서 실행시킨 후 시리얼 모니터 프로그램을 실행시키고 그림 3-3에서 동그라미 친 부분에 임의의 글자, 예를 들어 a를 입력하고 엔터를 치면 수신 데이터 창에 a라는 문자가 나타날 것입니다.

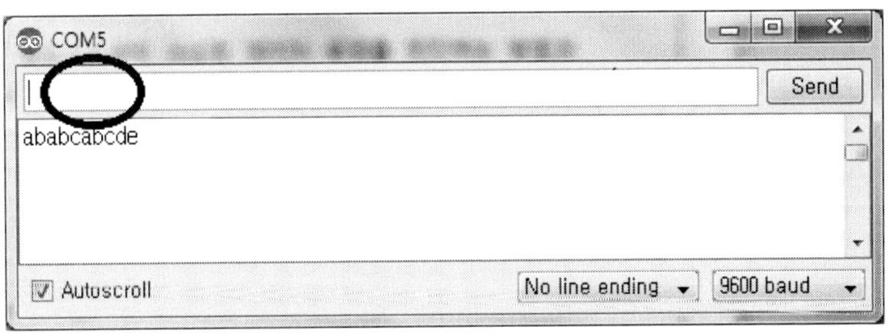

그림 3-3 시리얼 모니터 프로그램

4) 설명

■ Serial.available()

loop() 함수는 이미 알고 있는 것과 같이 loop() 함수 내부에 기술된 내용을 무한히 반복 수행합니다. Serial.available() 함수가 일을 마치고 반환하는 값은 수신된 데이터의 개수입니다. 아래 코드, if(){ }는 Serial.available() 함수가 반환한 값이 0을 초과한다면, 즉 반환 값이 1 이상이면 여는 중괄호({)와 닫는 중괄호(}) 사이에 있는 문장을 실행하라는 의미입니다. 다시 말해서 수신 데이터가 있으면 여는 중괄호({)와 닫는 중괄호(}) 사이에 있는 문장을 실행하라는 뜻입니다.

```
if ( Serial.available() > 0 )  {
}
```

그런데 말이죠…!!

프로그래밍 언어에 익숙하지 않으시다면, '지금까지는 어찌어찌 따라 왔는데… if 이건 뭐지?' 하는 분들도 있으리라 생각합니다. 이쯤에서 컴퓨터 나라 말을 하나 배워 보겠습니다. 아래 코드를 한번 보시죠. 컴퓨터 나라 말은 여러 종류가 있습니다. 영어가 있고 불어가 있고 독일어가 있는 것처럼 말입니다. 여러 가지 컴퓨터 나라 말 중에 우리는 'C' 언어로 아두이노와 이야기를 주고 받아왔습니다.

C 언어 중에 아래와 같은 말이 있습니다.

```
if ( 조건 ) {

}
```

위 말은 "만약, if (조건)이 만족 하면 {이런 일들}을 해라"라는 뜻입니다. 예를 들어 아래 코드를 보면

```
if ( a > b )
{
  b = a +2;
}
```

위 코드의 의미는 변수 a가 가지고 있는 값이 변수 b가 가지고 있는 값보다 더 크면 즉 소괄호 안의 (조건)이 만족하면 여는 중괄호({}와 닫는 중괄호(}) 사이에 있는 명령, b=a+2을 실행하라는 뜻입니다. 변수 a에는 3이 저장되어 있고 변수 b에는 1이 저장되어 있다고 가정해 보겠습니다. 변수 a의 값이 변수 b의 값 보다 큰가요? 대답이 "그렇다"면 조건을 만족한다면 여는 중괄호({}와 닫는 중괄호(}) 사이에 있는 명령이 실행됩니다. 이번에는 변수 a의 값은 3인데 변수 b의 값이 5라고 가정해 보겠습니다. 변수 a의 값이 변수 b의 갑 보다 큽니까? 대답이 "아니오"라면, (조건)을 만족하지 않는다면 여는 중괄호({}와 닫는 중괄호(}) 사이에 있는 문장은 실행되지 않습니다. 조건이 만족될 때, 조건에 대답이 "그렇다"일 때만 여는 중괄호({}와 닫는 중괄호(}) 사이에 있는 문장이 실행됩니다. 조건이 만족되지 않으면 아무 일도 하지 않고 if문 다음 문장으로 넘어갑니다.

■ Serial.Read()

만약 수신된 데이터가 1개 이상 있다면 위 스케치는 Serial.Read() 함수를 호출합니다. 이 함수는 수신된 데이터 1바이트를 반환합니다. incommingData = Serial.Read()라고 코딩함으로써 수신된 1바이트 데이터를 변수 incommingData에 저장합니다.

■ Serial.Write()

Serial.Write() 함수는 인자로 넘어온 데이터를 직렬 포트로 전송(출력)합니다. Serial.Write (incommingData)라고 코딩했기 때문에 incommingData에 저당된 데이터를 직렬 토프로 전송하게 되는 것입니다.

제4장 아날로그 입력과 출력

4.1 가변 저항을 활용한 아날로그 입력

아날로그 신호는 HIGH나 LOW로 형태로 표현되는 디지털 신호와 다르게 연속적인 값을 갖습니다. 아날로그 신호를 디지털 신호로 바꿔주는 장치를 Analog-to-Digital Convertor(ADC)라고 부릅니다. 아두이노 보드에 장착된 마이크로컨트롤러(MCU)는 내부에 ADC를 포함하고 있어서 아날로그 신호를 디지털 부호로 바꿔줄 수 있습니다.

아두이노 우노 보드의 마이크로컨트롤러 내부에 있는 ADC는 통상 0[V] ~ 보드의 구동 전압(아두이노 우노의 경우 5[V])까지의 구간을 1024개의 구간으로 나누어서 각 구간에 0에서 1023까지 숫자를 할당합니다. 표 4-1은 아날로그 신호를 디지털 부호로 바꾸는 관계를 보여주고 있습니다.

표 4-1 아날로그 신호와 10 비트로 부호화된 디지털 값

아날로그 신호 범위	숫자	10 비트 부호 표현
0 * 5/1024[V] 이상 ~ 1 * 5/1024[V] 미만	0	00 0000 0000
1 * 5/1024[V] 이상 ~ 2 * 5/1024[V] 미만	1	00 0000 0001
2 * 5/1024[V] 이상 ~ 3 * 5/1024[V] 미만	2	00 0000 0010
3 * 5/1024[V] 이상 ~ 4 * 5/1024[V] 미만	3	00 0000 0011
4 * 5/1024[V] 이상 ~ 5 * 5/1024[V] 미만	4	00 0000 0100
…	…	…
1023 * 5/1024[V] 이상 ~ 1024 * 5/1024[V] 미만	1023	11 1111 1111

표 4-2 디지털 부호를 이용하여 아날로그 전압 값 계산하기(소수점 4째 자리까지만 표현)

숫자	변환 방법 A	변화 방법 B
1023	1023 x 5/1024[V] = 4.9951[V]	1023 x 5/1023[V] = 5.0000[V]
…	…	…
4	4 x 5/1024[V] = 0.0195[V]	4 x 5/1023[V] = 0.0196[V]
3	3 x 5/1024[V] = 0.0146[V]	3 x 5/1023[V] = 0.0147[V]
2	2 x 5/1024[V] = 0.0098[V]	2 x 5/1023[V] = 0.0098[V]
1	1 x 5/1024[V] = 0.0049[V]	1 x 5/1023[V] = 0.0049[V]
0	0 x 5/1024[V] = 0.0000[V]	0 x 5/1023[V] = 0.0000[V]

표 4-2에는 ADC가 아날로그 신호를 숫자 0~1023(10 비트 부호) 변경해서 넘겨준 숫자를 가지고 실제 전압을 계산하는 방법 두 가지를 보여주고 있습니다. 변환 방법 A는 식 4-1과 같고 변환 방법 B는 식 4-2와 같습니다.

$$V_a = x \times 5/1024 \quad \text{(식 4-1)}$$

$$V_b = x \times 5/1023 \quad \text{(식 4-2)}$$

여기서 x는 ADC가 반환한 숫자(0~1023)이다. 상황에 따라 적절한 방법을 선택하면 되겠습니다. 필자는 식 4-1의 방법으로 변환하기를 권합니다.

1) 실습 목표

아두이노 보드의 아날로그 입력 핀에 아날로그 신호를 인가해서 전압 값을 계산해봄으로써 아날로그 신호를 디지털 부호로 변경되는 과정을 이해합니다.

2) 회로 구성

가변 저항과 아두이노 보드를 3개의 선으로 연결합니다. 먼저 가변 저항의 한쪽 가장자리 핀과 그라운드를 연결하세요. 아래 보드 구성도에서 검은색 선이 가변저항의 한쪽 가장자리의 핀과 그라운드를 연결하고 있습니다. 다음으로 선이 연결되지 않은 반대쪽 가장자리 핀과 아두이노 보드의 5[V]에 연결하세요. 보드 구성도에서 붉은색 선이 가변저항의 한쪽 가장자리 핀과 아두이노 보드의 5[V]를 연결하고 있습니다. 마지막으로 가변 저항의 가운데 핀과 아두이노 보드 아날로그 입력 0번과 연결하세요. 보드 구성도에서 파란색 선이 아두이노 보드의 아날로그 0번과 가변 저항 가운데 핀을 연결하고 있습니다.

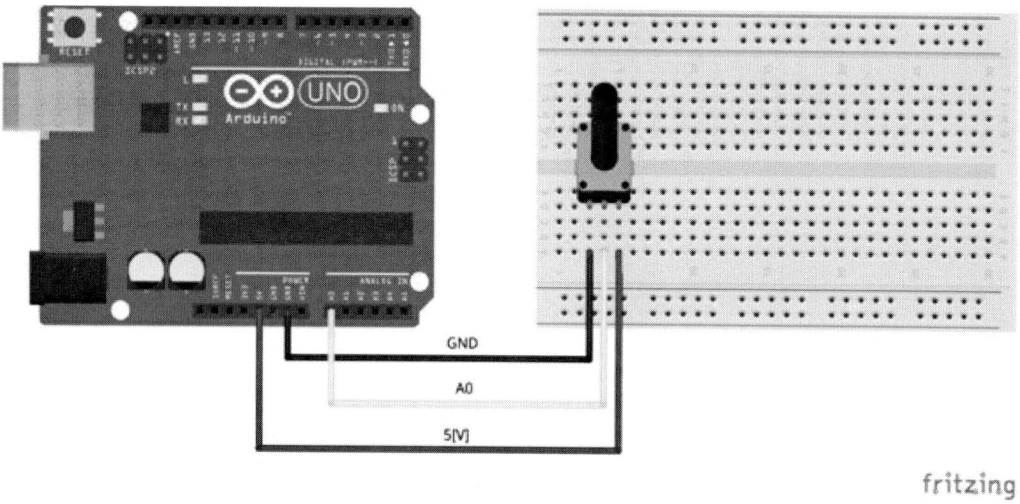

그림 4-1 가변 저항을 활용한 아날로그 신호 입력

가변저항의 손잡이를 돌리면 가변저항 가운데 핀과 가장자리 핀 사이의 저항 값이 변하게 됩니다. 가변 저항의 가운데 핀과 바깥쪽 핀 사이의 저항 값의 변화는 가변저항 가운데 핀에 걸리는 전압을 변하게 합니다. 아두이노 보드 5[V] 핀에 연결된 가변 저항의 핀과 가운데 핀 사이의 저항 값이 0[Ω]에 가까워지면 가변저항 가운데 핀에 걸리는 전압은 5[V]에 근접하게 됩니다. 반대로 가변저항 가운데 핀과 그라운드에 연결된 핀 사이의 저항 값이 0에 가까워지면 가변 저항 가운데 핀에 걸리는 전압은 0[V]에 가까워집니다. 다시 말해서 가변저항 가운데 핀과 그라운드에 연결된 핀 사이의 저항 값이 완벽하게 0[Ω]이라면 가변 저항 가운데 핀에 걸리는 전압은 0[V]입니다. 가변 저항 가운데 핀에 걸리는 전압을 아두이노 보드의 아날로그 입력 핀에 연결하고 가변 저항 손잡이를 돌려 저항 값을 변경하면 가변 저항 가운데 핀에 나타나는 전압은 0 ~ 5[V]가 됩니다. 이 전압을 읽어올 수 있게 아두이노 보드의 아날로그 입력 0(A0)핀에 연결합니다.

3) 스케치 작성

```
void setup() {
  Serial.begin(9600);
}

void loop() {
  // 아날로그 핀, A0 핀에서 전압값을 읽어 디지털 부호 값을 반환
  int sensorValue = analogRead(A0);
  Serial.print("sensor = " );
  Serial.println(sensorValue);        // 직렬 포트로 읽은 디지털 부호 값을 전송
  delay(200);
}
```

위 스케치를 아두이노 보드에 업로드 한 후 시리얼 모니터 프로그램을 실행시키십시요. 가변 저항을 돌려 보면서 시리얼 모니터에 나타나는 값의 변화를 확인하세요.

4) 설명

■ analogRead()

그림 4-1과 같이 회로를 만들고 가변 저항을 돌리면 가변 저항의 가운데 핀에 걸리는 전압은 0[V]에서 5[V]까지 변하게 됩니다. analogRead() 함수는 아날로그 입력 핀의 번호를 인자로 넘겨주면 그 핀에 걸린 저압에 부합하는 디지털 부호를 반환합니다.

가변저항을 돌려가면서 아두이노 보드의 아날로그 입력 핀 A0에 0[V]부터 5[V] 사이의 전압을 인가해보면 analogRead() 함수가 반환해 주는 값은 0부터 1023까지 변하는 것을 볼 수 있습니다.

그런데 말이죠…!!

이쯤에서 아두이노(우노) 보드의 핀들에 대해 한번 살펴보겠습니다. 그림 4-2를 보시겠습니다. 보드를 그림과 같은 방향으로 놓고 위쪽 핀들을 보면 "DIGITAL (PWM~)"이라는 글자가 보입니다. 아래쪽 핀들을 보면 "POWER"라는 말과 "ANALOG IN"이라는 말이 보입니다. ANALOG IN이라는 글자 밑에는 A0, A1, A2, A3, A4, A5라고 핀 번호가 쓰여 있습니다. A0부터 A5번까지가 아날로그 신호를 읽어 들일 수 있는 핀입니다. 나머지 다른 핀들에서는 아날로그 신호를 읽을 수 없습니다.

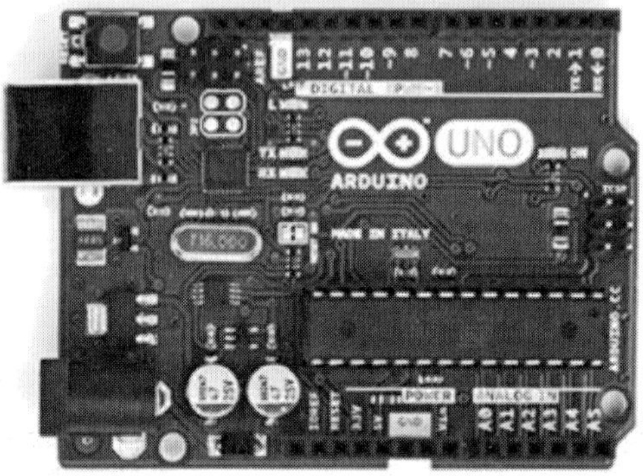

그림 4-2 아두이노 우노 보드

아두이노 보드 위쪽을 보면 DIGITAL(PWM~)이라고 쓰인 곳에 해당하는 핀들이 디지털 데이터를 입출력 할 수 있는 핀들입니다. 핀 번호 앞에 틸드(~)가 붙어 있는 핀이 있는데 이런 핀들은 일반적인 디지털 데이터 입출력도 할 수 있고 아두이노에서 아날로그 출력이라고 부르는 PWM (Pulse Width Modulation) 출력도 가능한 핀이라는 뜻입니다. PWM에 대해서는 아날로그 출력을 다루는 절에서 설명하겠습니다.

그런데 말이죠…!!

아두이노 우노 보드의 ADC가 0[V]부터 보드 구동 전압인 5[V]의 전압 구간을 1024개로 나누어 각 구간별로 디지털 부호를 생성한다고 말씀드렸는데, 아날로그 신호의 입력 전압 구간을 바꾸려면 어떻게 해야 할까요?

analogReference() 함수와 아두이노 우노 보드의 AREF 핀에 주목하면 아날로그 신호의 입력 전압 구간을 변경할 수 있습니다. 아두이노 보드의 AREF 핀에 원하는 전압을 인가하고 예를 들어 3.3[V]를 인가하고 스케치에서 analogReferece(EXTERNAL) 함수를 실행시키면 아두이노 보드는 0[V]부터 AREF 핀에 인가된 전압까지를 아날로그 신호 입력 범위로 간주하고 그 구간을 1024개로 나누어서 아날로그-디지털 변환을 수행합니다. 그림 4-3은 그림 4-1과 조금 다른데, 가변저항을 돌려서 발생시킬 수 있는 전압 범위가 0~3.3[V]가 되며 ADC가 아날로그 입력 신호의 전압 범위를 0~3.3[V]로 인지하도록 AREF 핀에 3.3[V]가 인가된 모습을 보여주고 있습니다.

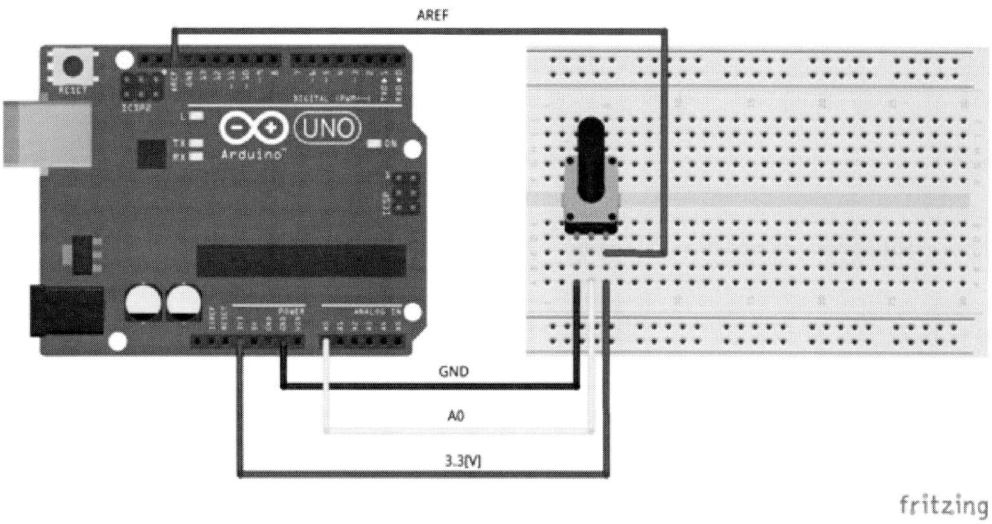

그림 4-3 아날로그 신호 전압 범위 변경

5) 예제 A – 전압값 알아내기

[예제 A-1] 내용 및 목표

analogRead() 함수를 실행시켜 반환받은 디지털 부호(숫자)를 가지고 전압 값을 추정해봄으로써 근사 전압 값을 구할 수 있는 스케치를 만들어 보겠습니다.

[예제 A-2] 회로 구성 및 부품

그림 4-1과 같이 구성합니다.

[예제 A-3] 스케치 작성

```
void setup() {
    Serial.begin(9600);
}

void loop() {
  // 아날로그 핀, A0 핀에서 전압값을 읽어 디지털 부호 값을 반환
    int sensorValue = analogRead(A0);
    Serial.print("sensor = " );
    Serial.println(sensorValue * 5.0/1024);    // 직렬 포트로 읽은 디지털 부호 값을 전송
    delay(200);
}
```

[예제 A-4] 설명

0[V] ~ 5[V] 전압이 0 ~ 1023 사이의 숫자로 선형적으로 매핑되었기 때문에 앞서 설명한 바와 같이 식 4-2를 적용하여 실제 전압 값을 추정했습니다.

4.2 센서를 활용한 아날로그 입력

아두이노 보드가 어떤 동작을 한다면 세 단계의 구분 동작으로 나누어 볼 수 있습니다. 마치 의사들이 환자를 대할 때 하는 행동과 유사하게 말입니다. 의사는 먼저 **진찰**을 합니다. 환자의 상태가 어떤지 물어보기도 하고 어떤 검사를 하기도 합니다. 그리고 그 결과를 바탕으로 **판단**을 내린 후 상황에 적합한 **처방**전을 써주지요.

의사 : “어디가 아파요?”
환자 : “머리가 아프고 열이 나고 온 몸이 쑤시고 그럽니다. 기침도 심하고요.”
의사 : (감은 잡았지만 청진기를 잡으며) “웃옷을 올려 보세요.”

의사는 환자의 상태를 **진찰**, 검사, 센싱 했습니다. 그런 다음 ‘음 독감이군’ **판단**한 후 **처방**전을 써 줍니다. 아두이노 보드가 주변 밝기를 검사(**진찰**)해서 어둡다고 **판단**되면 이에 상응하는 처리(**처방**)로 불을 켜는 일을 수행하는 것은 의사가 환자를 대하는 과정과 유사성이 있습니다. 물론 아두이노가 항상 이런 패턴으로 일을 하는 것은 아니겠습니다만 여러 가지 응용 상황에서 아두이노는 주변 상황을 검사하게 됩니다. 아두이노가 어떤 작업을 수행할 때 센서들은 주변 상황을 검사하는 일, 주변 상황을 감지하는 일을 하게 됩니다.

4.2절에서 주변 상황 변화를 감지하여 자신의 저항 값이 변경되는 타입의 센서와 감지된 양에 따라 센서의 출력 전압이 변경되는 형태의 센서들에 대해 먼저 학습하게 될 것입니다. 두 경우 모두 센서의 출력은 아날로그 형태입니다. 그러나 센싱한 정보를 디지털 값으로 출력하는 센서도 많습니다. 센서 출력이 디지털 값인 센서 사용법에 대해서는 제 2부에서 다루게 될 것입니다.

4.2.1 조도센서(CDS)를 활용한 아날로그 입력

주변 밝기에 따라서 저항 값이 변하는 소자가 있다. 이 소자를 CDS라고 부르는데 이 소자를 활용하여 주변 밝기를 감지해 보자.

1) 실습 내용 및 목표

조도 센서 CDS를 활용하여 주변 밝기 변화를 아두이노가 인식하게 만드는 실습입니다. 이 실습을 통해 아두이노의 아날로그 입력 핀에 인가된 전압 값을 읽을 수 있게 됩니다. 그리고 검출한 양에 비례해서 저항 값이 변하는 형태의 센서 활용법을 익힐 수 있습니다.

2) 회로 구성

조도센서인 CDS는 저항과 마찬가지로 극성이 없습니다. CDS의 한쪽 핀을 전원 5[V]에 연결하고 나머지 한쪽 핀은 저항 10[kΩ]의 한쪽 핀에 연결합니다. 저항의 남은 핀을 그라운드에 연결합니다. 저항과 CDS를 연결한 곳을 아두이노 아날로그 입력 핀 A0에 연결합니다.

그림 4-4 조도센서 활용

3) 스케치 작성

아래 스케치를 업로드 한 후 시리얼 모니터 프로그램에 출력되는 값을 살펴봅시다. 조도센서를 손으로 가린 후 시리얼 모니터 프로그램에 출력되는 값과 조도 센서를 손으로 가리지 않았을 때 나타나는 값을 비교합니다.

```
void setup() {
  Serial.begin(9600);
}

void loop() {
  int sensorValue = analogRead(A0);
  Serial.print("sensor = " );
  Serial.println(sensorValue);
  delay(200);
}
```

조도 변화에 따른 아두이노 아날로그 입력 핀 A0에 걸린 전압 값을 변화를 보기 위해서는 아래와 같이 스케치를 수정합니다.

```
void setup() {
  Serial.begin(9600);
}

void loop() {
  int sensorValue = analogRead(A0);
  Serial.print("sensor = " );
  Serial.println(sensorValue * 5.0/1024);
  delay(200);
}
```

4) 예제 A – 어두워지면 자동으로 불(LED)을 켜는 아두이노

[예제 A-1] 실습 내용 및 목표

주변이 어두워지면 LED를 켜고 주변이 밝으면 LED를 끄는 실습을 해보겠습니다.

[예제 A-2] 회로 구성

회로 구성은 그림 4-5와 같이 구성합니다. 그림 4-4와 같이 구성된 회로에 LED를 추가하겠습니다. 아두이노 보드의 13번에 LED와 저항을 직렬로 그라운드에 연결합니다. CDS와 연결된 저항 값은 10[kΩ]을 사용합니다.

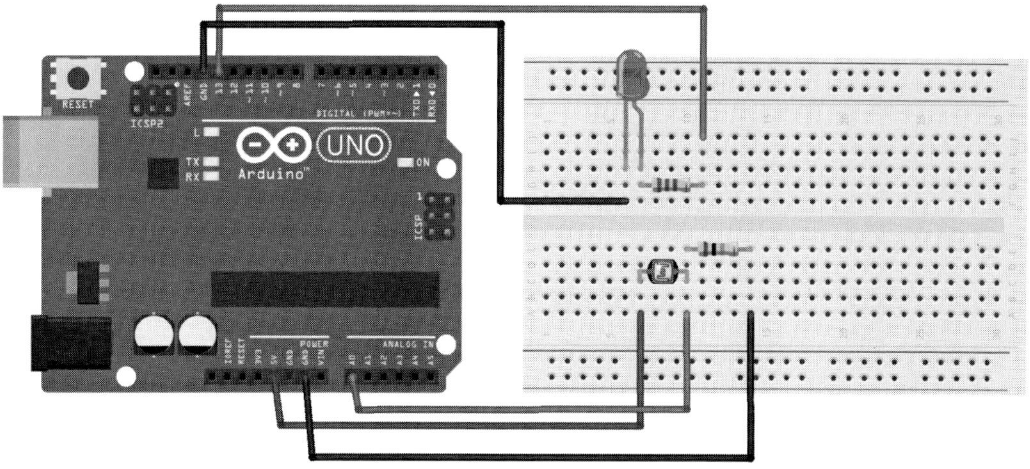

Made with Fritzing.org

그림 4-5 주변 밝기에 따른 LED On/Off

"아두이노 배우기 키트"에 포함된 조도센서(Cds)는 그림 4-6과 흡사한 모양입니다.

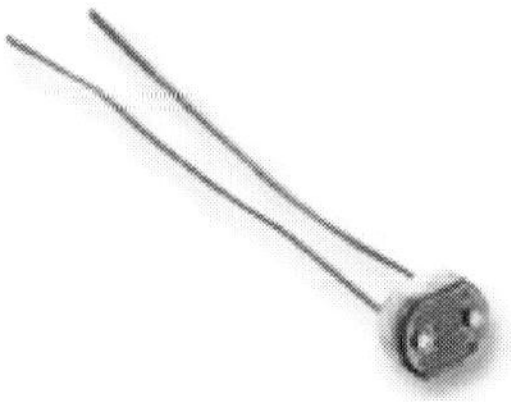

그림 4-6 Cds 모양

[예제 A-3] 스케치 작성

아래 스케치는 미완성입니다. 물음표가 있는 부분을 적절하게 수정하여 업로드 후 원하는 동작을 하는지 확인해보세요.

```
void setup() {
  Serial.begin(9600);
  pinMode(13, OUTPUT);
}

void loop() {
  int sensorValue = analogRead(A0);
  if (sensor ??) {
    digitalWrite(13, HIGH);
```

```
  } else {
    digitalWrite(13, LOW);
  }
  delay(200);
}
```

4.2.2 온도센서(thermistor)를 활용한 아날로그 입력

서미스터라는 소자는 주변 온도에 따라 저항 값이 변하는 소자입니다. 온도에 따른 저항 값의 변화가 선형적이지 않기 때문에, 그러니까 주변 온도가 1도 오르면 저항 값이 4[Ω]씩 오른다는 식의 관계가 아니기 때문에 서미스터를 사용하여 주변 온도가 몇 도다라고 명확히 표현하기는 쉽지 않습니다.

1) 실습 내용 및 목표

이번 실습에서는 온도 변화에 따른 서미스터 저항 값의 변화를 전압의 변화로 변경하여 아두이노의 아날로그 입력 핀에 인가할 것입니다. 아두이노 아날로그 입력 핀에 인가된 전압 값의 변화가 있을 때 온도가 변했다는 것만을 인지해 보도록 하겠습니다. 그리고 검출한 양에 비례해서 저항 값이 변하는 형태의 센서 활용법을 익힐 수 있습니다.

2) 회로 구성

회로 구성은 그림 4-4 회로에서 조도센서인 CDS를 제거하고 그 자리에 서미스터를 꽂으면 됩니다.

3) 스케치 작성

스케치는 앞서 사용했던 아래와 같은 스케치를 사용하겠습니다. 아래 스케치를 업로드 한 후 시리얼 모니터 프로그램에 출력되는 값을 확인해 보십시요. 서미스터를 손으로 쥐어보세요. 그러면 시리얼 모니터 창에 출력되는 값이 변하는 것을 확인하실 수 있습니다.

```
void setup() {
  Serial.begin(9600);
}

void loop() {
```

```
  int sensorValue = analogRead(A0);
  Serial.print("sensor = " );
  Serial.println(sensorValue);
  delay(200);
}
```

4.2.3 온도센서(TMP36)를 활용한 아날로그 입력

앞서 살펴본 온도센서(서미스터)와 달리 온도센서 TMP36은 주변 온도에 변화에 따라 센서 자체의 출력 전압이 변하는 온도센서입니다. 온도센서 TMP36은 50도씨를 기준으로 주변 온도가 1도씨 상승할 때마다 센서의 출력 전압은 10[mV]씩 상승하며 온도가 1도씩 내려갈 때마다 출력 전압은 10[mV]씩 작아집니다. 그림 4-7에는 온도센서 TMP36의 주변 온도에 따른 출력 전압 그래프를 보이고 있습니다.

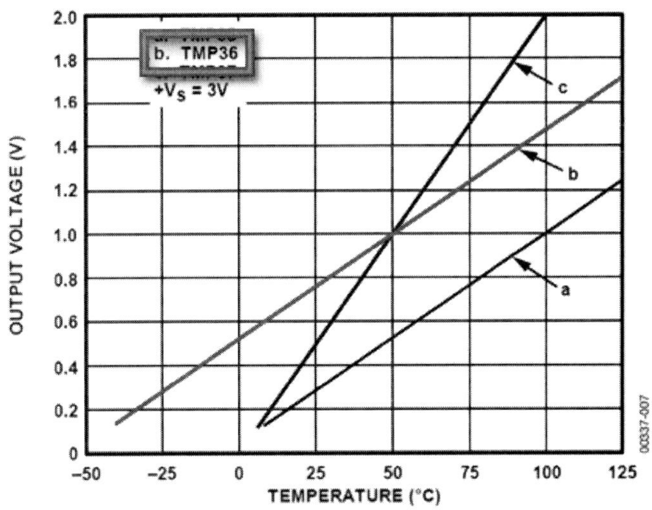

Figure 6. Output Voltage vs. Temperature

그림 4-7 온도센서 TMP36의 주변 온도에 따른 출력 전압

1) 실습 내용 및 목표

온도센서 TMP36의 출력 전압 값을 파악하여 온도 값을 산출해봅시다. 이 실습을 통해 검출한 정보를 아날로그 전압 값 형태로 출력하는 센서를 활용할 수 있게 됩니다.

2) 회로 구성

회로 구성은 아래 그림 4-8과 같이 구성하십시요. 온도측정센서 TMP36은 반원 형태를 띄는데 곡면을 뒤로 하고 평평한 면을 바라볼 때 왼쪽 핀은 전원 공급 핀이며 오른쪽 핀은 그라운드 핀입니다. 가운데 핀이 센서의 출력 핀입니다. 그림 4-9를 참고하면서 그림 4-8과 같은 회로를 구성하세요. 온도측정센서 TMP36의 전원 핀은 아두이노 보드 5[V] 핀에 연결하고 TMP36의 그라운드 핀은 아두이노 보드 그라운드에 연결하십시오. TMP36의 출력 신호 핀은 아두이노 보드 아날로그 입력 핀 A0에 연결하시면 됩니다. 결선에 주의하십시오. 결선이 잘못되었을 경우 온도측정센서 TMP36은 심한 열을 발생시키게 되며 심지어 망가질 수도 있습니다.

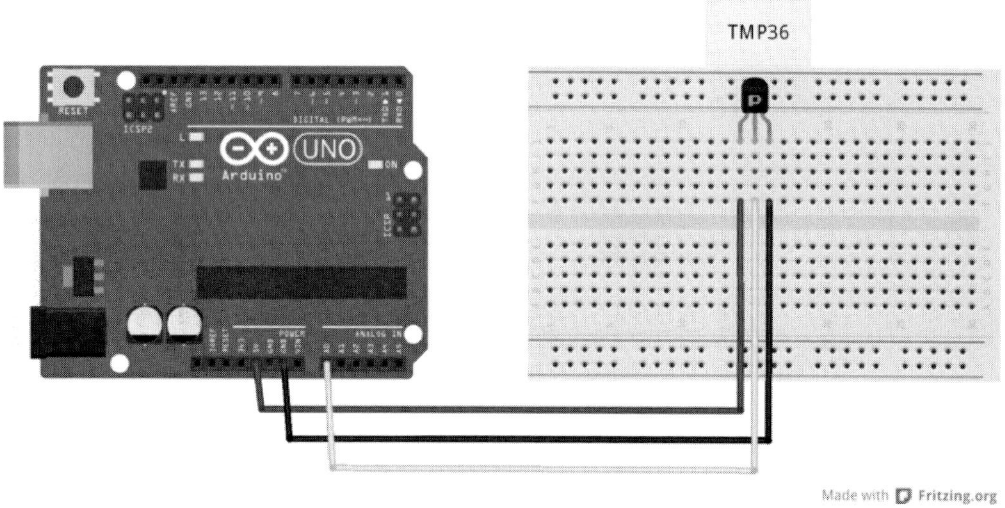

그림 4-8 온도센서 TMP36을 아두이노에 연결하기

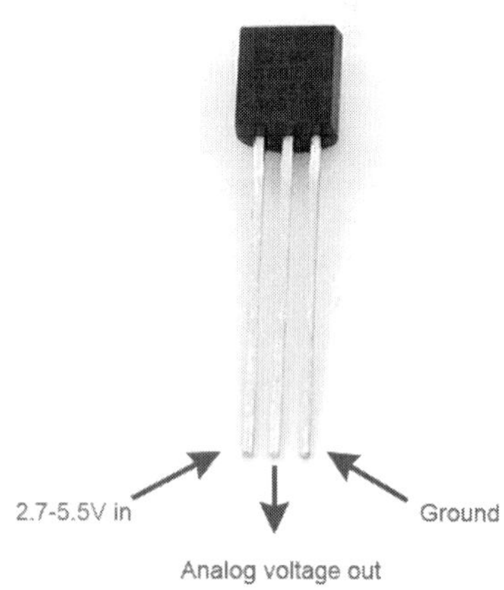

그림 4-9 온도센서 TMP36의 핀 설명

3) 스케치 작성

```
const int TMP36_pin = A0;

void setup()
{
  Serial.begin(9600);
}

 void loop()
{
  int sensorValue = analogRead(TMP36_pin);
  float mVoltage = sensorValue * 5000.0/1024.0;
  float temperatureC = (mVoltage - 500) / 10.0;

  Serial.print(temperatureC);
  Serial.println(" degrees C");

  delay(1000);
}
```

4) 설명

위 스케치를 업로드 한 후 시리얼 모니터 창을 실행시키십시오. 시리얼 모니터 창에 나타난 온도 값이 예상했던 값 보다 터무니없이 높거나 낮게 출력될 경우 온도측정센서(TMP36)를 조심스럽게 만져 보십시오. 만약 온도측정센서가 뜨겁다면 서둘러 아두이노 보드와 연결해 놓은 전원선을 제거하십시오. 그러고 나서 회로 결선을 다시 확인하시기 바랍니다. 온도측정센서가 열을 내지는 않는다면 스케치 코드를 맞게 입력하였는지 확인하시기 바랍니다.

4.2.4 거리측정센서(GP2Y0A21YK)를 활용한 아날로그 입력

거리측정센서를 이용하여 물체와의 거리를 측정하는 실습을 해보겠습니다. 이 실습에서 사용하는 거리측정센서는 Sharp사의 GP2Y0A21YK를 사용합니다.

1) 실습 내용 및 목표

Sharp사의 거리측정센서(GP2Y0A21YK)는 센서와 센서 전방에 놓인 물체까지의 거리가 변함에 따라 센서의 출력 전압이 달라지는 형태의 센서입니다.

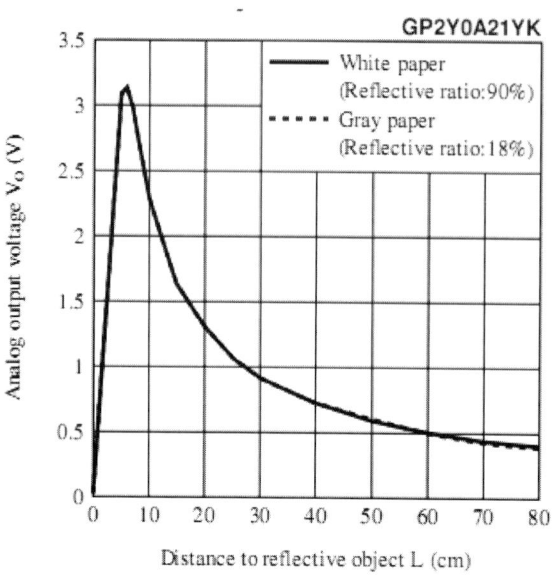

그림 4-10 거리측정센서(GP2Y0A21YK)의 거리에 따른 출력 전압

이 센서를 이용하여 센서 전방의 물체와 센서 사이의 거리를 측정하는 실습을 해보겠습니다. 이 실습을 통해 아날로그 신호를 읽어오는 과정에 대해 이해의 폭을 더 넓히시기 바랍니다.

2) 회로 구성

이 센서를 구동하기 위해서는 선을 세 가닥 연결해야 합니다. 하나는 Vcc, 하나는 GND, 하나는 거리에 따라 전압이 변하는 아날로그 신호가 출력되는 선입니다. 아래 센서를 정면으로 바로 볼 때 그러니까 렌즈 쪽을 보면서 커넥터는 아래 방향으로 두면 맨 오른쪽 핀이 Vcc, 가운데가 GND, 맨 왼쪽이 신호선입니다. 신호선을 아두이노 보드의 A0 핀에 연결하고 전원 공급을 위한 두 선을 5[V] 핀과 GND 핀에 각각 연결합니다. 결선에 주의하셔야 합니다.

그림 4-11 Sharp사의 거리측정센서(GP2Y0A21YK)

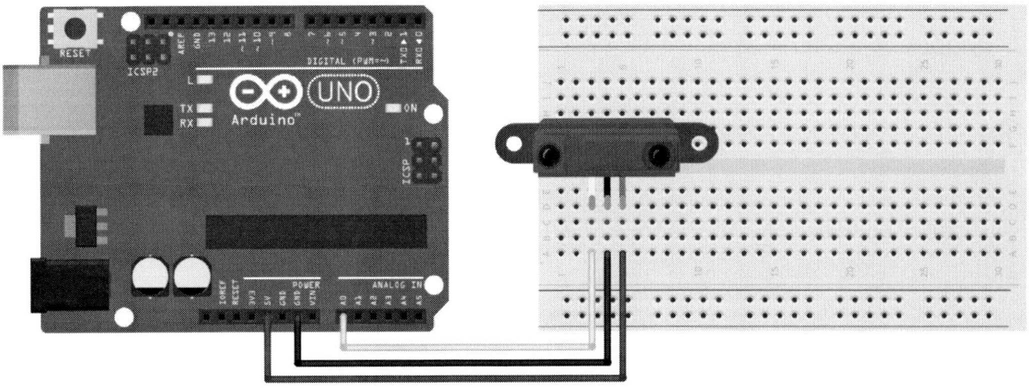

그림 4-12 거리측정센서 회로 구성

3) 스케치 작성

```
void setup()
{
  Serial.begin(9600);
}

void loop()
{
  float X;
  float V =   analogRead(A0) * 5.0/1024.0;
  if( V  < 0.75 ) {
      X = ( 27.0/(V - 0.08) ) - 1.8;
  } else {
      X = ( 34.0/(V + 0.08) );
  }
  Serial.println(X);
delay(200);
}
```

4) 설명

그림 4-10에 보인 거리에 따른 출력 전압 곡선을 식 하나로 모델링하지 않고 출력 전압이 0.75[V]를 기준으로 그 이상일 때와 이하일 때로 나누어서 식 두 개로 출력 전압 곡선을 모델링하였습니다. 거리로 따지면 약 40cm 이상일 때는 식 4-3으로 모델링하였고 40cm 이하일 때는 식 4-4로 모델링하였습니다.

$$x = \frac{27.0}{V-0.08} - 1.8 \qquad \text{(식 4-3)}$$

$$x = \frac{34}{V+0.08} \qquad \text{(식 4-4)}$$

이 스케치를 업로드 한 후 아두이노 통합개발환경의 시리얼모니터를 실행시켜 보십시오. 그리고 센서 앞에 장애물을 놓고 센서와의 거리를 가깝게 또는 멀어지게 해보십시오. 이번 실습에서 사용한 센서가 측정할 수 있는 거리는 통상 10cm ~ 80cm로 봅니다.

4.3 아날로그 출력(PWM)

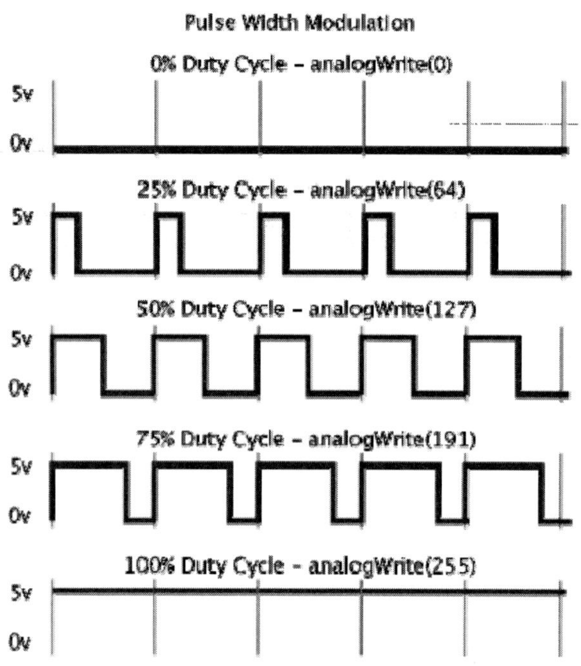

그림 4-13 아날로그 출력 신호(PWM)

아두이노는 디지털 입력과 출력을 위해 digitalRead() 함수와 digitalWrite() 함수를 제공하고 있습니다. 또한 아날로그 입력을 위해 analogRead() 함수를 제공하고 있습니다. 아두이노가 아날로그 출력을 위해 지원하는 analogWrite() 함수는 엄밀하게 말해서 아날로그 신호를 출력하는 것은 아닙니다. 펄스폭을 변경하여 출력하는 것을 아날로그 출력이라고 부르고 있습니다. 그림 4-13을 보시면 "50% Duty Cycle"이라는 표현이 있는데 이는 신호가 출력됨에 있어서

HIGH 구간과 LOW 구간이 50 : 50인 연속적인 펄스를 말합니다. 또 "75% Duty Cycle"이라는 표현이 있는데 이 신호는 HIGH 구간과 LOW 구간이 75 : 25인 연속적인 펄스를 말합니다.

이렇게 신호의 HIGH 구간 비율을 변경시키게 되면 평균적으로 출력되는 평균 에너지 양을 조금씩 늘리거나 줄일 수 있기 때문에 아두이노에서는 펄스폭을 바꾸서 전압의 평균 값을 다양하게 표현할 수 있기 때문에 아날로그 출력이라고 이름 붙인 것으로 보입니다. 그림 4-13을 다시 보겠습니다. 엄밀한 표현은 아니지만 맨 위 파형의 경우 HIGH 구간이 0%이면 전달되는 평균 전압은 0이라고 생각할 수 있습니다. 가운데 파형은 HIGH 구간이 50%이므로 평균 전압은 2.5[V]라고 볼 수 있고 맨 아래 파형의 경우 HIGH 구간이 100%이므로 평균 전압이 5[V]라고 볼 수 있을 것입니다.

4.3.1 아날로그 출력으로 LED 밝기 조절

1) 실습 내용 및 목표

아날로그 출력, PWM 신호를 이용하여 LED의 밝기를 조절해 보겠습니다. 이 실습을 통해 PWM 신호의 펄스 폭의 넓고 좁음이 소자에 미치는 영향을 생각해 볼 수 있습니다.

2) 회로 구성

아두이노 보드 9번 핀에 저항과 LED를 직렬로 그라운드에 연결합니다. 이 회로에서 사용한 저항의 값은 330[Ω]입니다.

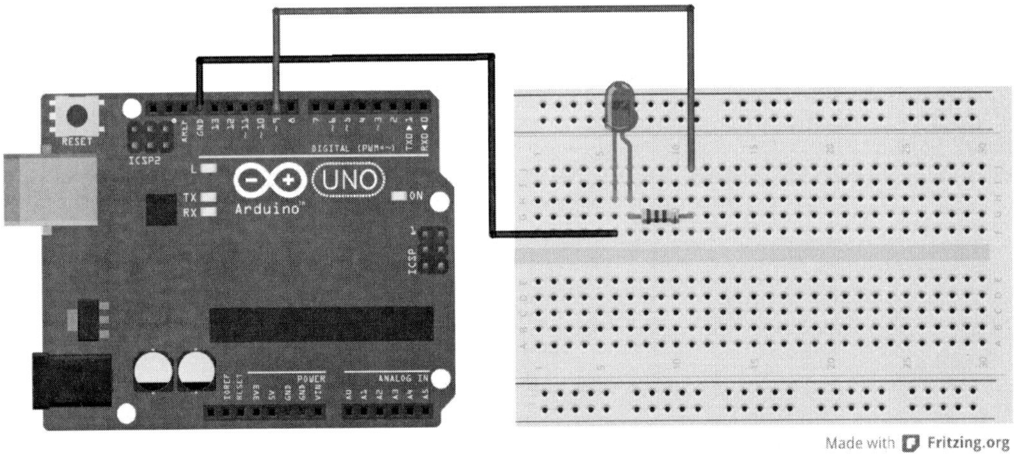

그림 4-14 아날로그 출력(PWM) 신호 제어

3) 스케치 작성

아래 스케치를 업로드 후 LED의 밝기 변화를 살펴보십시오.

```
int LEDpin = 9;

void setup()
{
}

void loop()
{
  analogWrite(LEDpin, 255);
  delay(1000);
  analogWrite(LEDpin, 63);
  delay(1000);
}
```

4) 설명

■ analogWrite()

loop() 함수에서는 analogWrite() 함수를 호출한 후 1초 지연하고 다시 analogWrite() 함수를 호출한 후 1초 지연하기를 반복 수행하도록 되어 있습니다. analogWirte() 함수는 두 개의 인자를 받는데 첫 번째 인자는 아날로그 신호를 출력할 핀 번호이며 두 번째 인자는 출력 신호의 HIGH 구간 비율을 얼마로 설정할 것인지를 알려줍니다. HIGH 구간이 0%이기를 원한다면 analogWrite() 함수의 두 번째 인자 값을 0이고 HIGH 구간이 50%이기를 원한다면 두 번째 인자 값은 127이고 HIGH 구간이 100%이기를 원한다면 두 번째 인자 값을 255로 설정하면 됩니다. 즉 0%부터 100%를 0부터 255로 매핑했다고 생각하시면 됩니다. 그리고 한번 설정된 펄스 폭 비율은 변경하라는 명령이 없는 한 지속적으로 지정한 펄스폭 비율을 갖는 신호가 출력됩니다. 펄스 하나만 출력되고 멈추는 것이 아니라 펄스 열이 출력되는 것입니다.

```
analogWrite(LEDpin, 255);
delay(1000);
```

위 두 코드가 실행되었다면 LED는 최대 밝기로 1초 동안 그 상태를 유지할 것입니다. 그리고 아래 코드가 실행되면 펄스의 HIGH 구간이 25%이므로 LED는 다소 어둡게 보일 것입니다.

```
analogWrite(LEDpin, 63);
delay(1000);
```

5) 예제 A – 가변 저항 조절에 따른 LED 밝기 변화

[예제 A-1] 실습 내용 및 목표

가변 저항을 이용하여 LED 밝기를 조절해 보겠습니다. 가변 저항을 한쪽 방향으로 끝까지 돌리면 LED는 꺼지고 반대 방향으로 끝까지 돌리면 LED는 가장 밝게 켜지는 실습을 해보겠습니다.

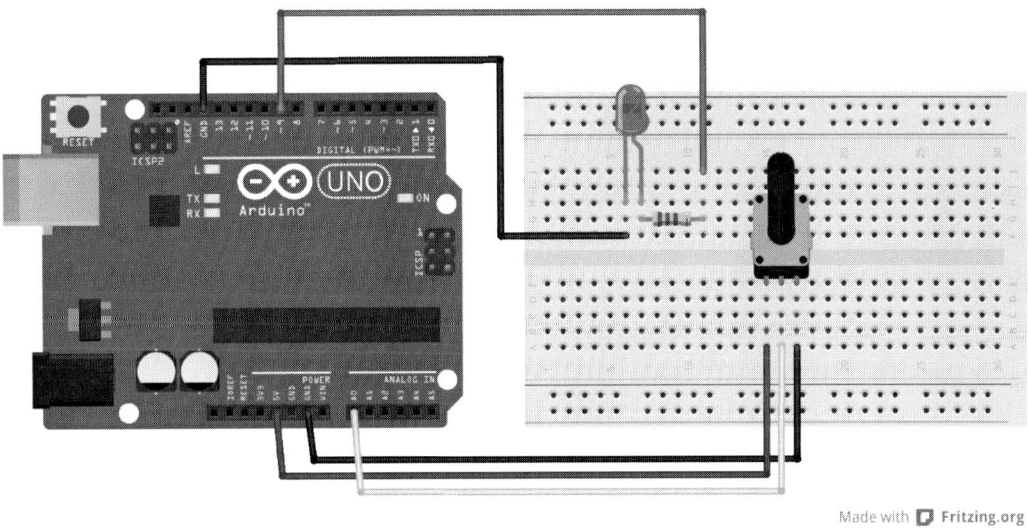

그림 4-15　가변저항으로 LED 밝기 조절

[예제 A-2] 회로 구성

그림 4-14의 회로에 가변저항을 하나 달겠습니다. 가변 저항의 가운데 핀을 아날로그 입력 핀 A0에 연결하십시오. 완성된 회로는 그림 4-15에 보이고 있습니다.

[예제 A-3] 스케치 작성

```
int LEDpin = 9;

void setup()
{
}
```

```
int LEDpin = 9;

void setup()
{
}
```

```
void loop()
{
  int sensorValue =  analogRead(A0);
  brightness = map(sensorValue, 0, 1023, 0, 255);
  analogWrite(LEDpin,brightness);
  delay(100);
}
```

```
void loop()
{
  int sensorValue =  analogRead(A0);
  brightness = sensorValue/4;
  analogWrite(LEDpin,brightness);
  delay(100);
}
```

[예제 A-4] 설명

loop() 함수에서 아날로그 입력 핀 A0에서 전압 값을 읽어 옵니다. 가변 저항을 한쪽 끝까지 돌려서 가변저항의 가운데 핀에 걸리는 전압이 0[V]라면 analogRead() 함수는 값 0을 반환할 것이고 가변 저항을 반대쪽으로 끝까지 돌려서 가운데 핀에 걸리는 전압이 5[V]라면 analogRead() 함수는 1023의 값을 반환할 것입니다.

analogWrite() 함수의 두 번째 인자의 값에 따라 LED의 밝기가 변하는데 이 인자가 가질 수 있는 숫자 범위는 0부터 255입니다. 따라서 analogRead() 함수가 반환하는 값의 범위 0~1023을 0~255로 변환하여 analogWrite() 함수에 전달하면 가변 저항을 돌리는 것에 비례해서 LED의 밝기가 변하게 되는 것입니다.

■ Map()

map() 함수는 다섯 개의 인자를 요구하는 함수입니다. 첫 번째는 인자는 변환할 값을 가지고 있는 변수이고 두 번째와 세 번째 인자는 각각 변환할 값을 가지고 있는 변수가 가질 수 있는 최하 값과 최고 값입니다. 위 스케치에서 sensorValue라는 변수는 0부터 1023까지의 숫자를 가질 수 있기 때문에 map(sensorValue, 0, 1023, …)이라고 표현한 것입니다. 그리고 네 번째와 다섯 번째 인자는 변환할 숫자 범위의 최하 값과 최고 값입니다. 0~1023 범위에 있는 숫자를 0~255 범위로 매핑하려고 하기 때문에 map(sensorValue, 0, 1023, 0, 255)라고 표현한 것입니다.

제5장 모터 구동 I

5.1 DC 모터 속도 제어

아두이노 보드에 서서히 익숙해지면서 여러분들 중 몇몇 분은 아두이노를 활용하여 뭔가를 움직이게 하고 싶다는 생각이 들었을 것입니다. 어쩌면 '무선 조정 자동차'와 같은 것을 만들려고 아두이노를 배우기 시작했을지도 모르겠네요. 그래서 이번에는 DC 모터를 구동시키기 위한 회로와 간단한 스케치를 살펴볼 것입니다. 여기서 언급하는 내용은 DC 모터를 구동하기 위한 기초 지식이 될 것입니다.

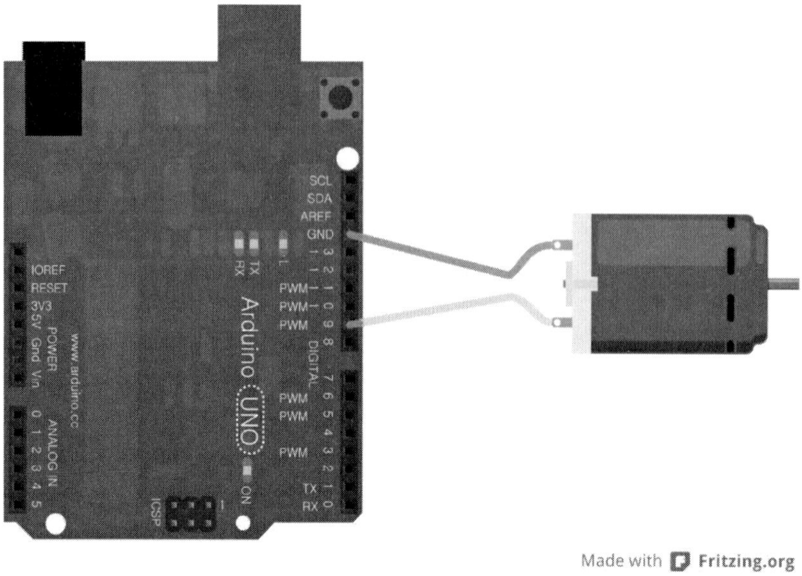

그림 5-1 잘못된 회로 구성

먼저 그림 5-1과 같은 회로 구성을 보겠습니다. 그림 5-1에서는 모터의 한쪽 다리는 그라운드(-)에 연결하고 나머지 한쪽 다리를 9번 핀에 연결했습니다. 아두이노 보드의 출력 핀들은 아두이노 보드에 장착된 마이크로컨트롤러인 Atmega328의 핀과 직접 연결되어 있습니다. 아두이노 보드의 9번 핀도 마찬가지로 마이크로컨트롤러의 특정 핀과 연결되어 있습니다. 모터에 연결된 핀의 상태를 HIGH로 만들면 즉 9번 핀에 전압(+)을 인가하면 모터가 돌기 시작할 것이라고 생각할 수 있습니다. 모터가 구동하기 위해서는 많은 양의 전류가 필요한데 9번 핀에서 흘러 나올 수 있는 전류 양, 즉 마이크로컨트롤러의 특정 핀에서 흘러나올 수 있는 전류 양이 모터를 돌리기 충분하다면 모터는 돌기 시작할 것입니다. 그러나 마이크로컨트롤러의 출력 핀에서 흘러 나올 수 있는 전류 양은 그리 많지 않습니다. 많은 전류를 요구하는 모터를 구동시키기에 턱없이 부족한 양입니다.

비유가 적절하지 않을 수 있습니다만, 이렇게 생각해 보죠. 아두이노 보드는 사람이고 전류는 우리 몸에 흐르는 피라고 생각해 봅시다. 그리고 우리는 헌혈을 하고 있다고 가정해 봅시다. 적당한 양의 피가 흘러 나갈 때는 몸에 무리가 가지 않습니다. 그런데 "모터 흡혈귀"가 나타나 몸에 비유한 아두이노 보드의 마이크로컨트롤러에서 엄청난 양의 전류를 순식간에 빨아간다면 마이크로컨트롤러에 이상 증상이 발생할 것입니다. 정리해서 다시 말씀드리면 그림 5-1과 같이 회로를 구성하면 아두이노 보드가 밀어줄 수 있는 전류 양이 많지 않아서 모터를 구동시키기 어렵고 잘못하면 아두이노 보드가 오동작 할 수 있습니다.

따라서 모터에 전류를 공급해줄 소자가 필요합니다. 아두이노의 출력 핀은 모터에 전류를 공급해 주는 소자를 제어하는 신호만 주는 회로를 그림 5-2에 보이고 있습니다. 이 책에서는 전자회로에 대한 넓은 지식을 요구하지 않습니다. 기본 개념을 이해하는 것을 목적으로 이야기를 해나가고 있습니다. 회로 구성에 대해서 이해하지 못해도 좋습니다. 다만 '이렇게 모터를 구동하는 구나'라는 이해만 하시면 되겠습니다.

1) 실습 내용 및 목표

모터 구동회로의 필요성을 이해하시고 PWM 신호를 이용하여 모터 속도 제어를 해볼 것입니다.

2) 회로 구성

※ 트랜지스터(MSP222A)와 온도측정센서(TMP36)의 모양이 매우 유사합니다. 주의가 요구됩니다.

회로 구성은 그림 5-2와 같이 하시면 됩니다. 트랜지스터는 반원 모양에 핀이 셋 달린 소자입니다. 트랜지스터를 평평한 면이 보이도록 브레드 보드에 꽂으세요. 아두이노 보드 9번 핀은 저항을 거쳐 트랜지스터(MSP2222A)의 가운데 핀에 연결합니다. 사용된 저항의 값은 2[kΩ]을 사용하시거나 아두이노의 9번 핀과 트랜지스터(MSP2222A) 소자의 맨 왼쪽 핀을 저항 없이 연결하셔도 됩니다. 트랜지스터의 왼쪽 핀은 아두이노 보드의 그라운드 연결합니다. 모터의 한쪽 핀은 트랜지스터의 오른쪽 핀에 연결하고 모터의 나머지 한 핀은 5[V] 전원에 연결합니다.

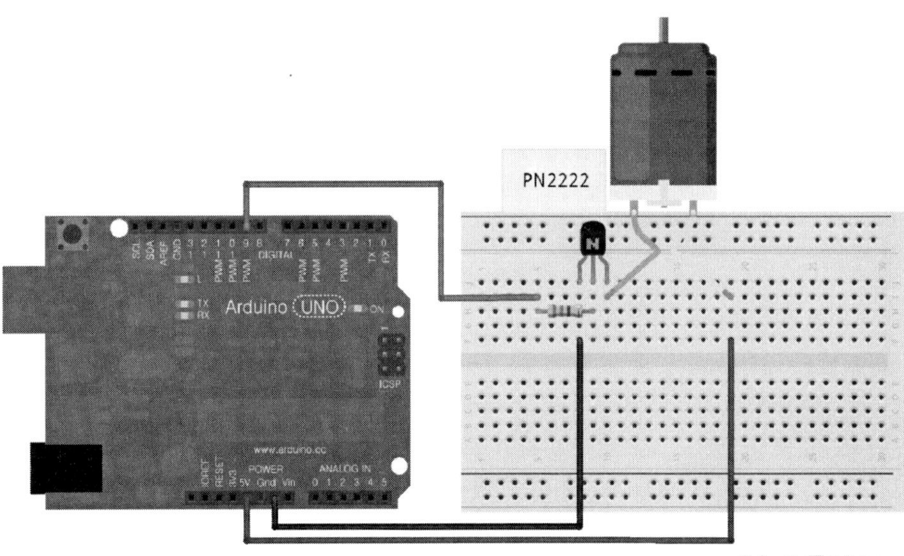

그림 5-2 트랜지스터(MSP2222A)를 이용한 모터 구동 회로

3) 스케치 작성

```
int MotorSpeedControlpin = 9;

void setup()
{
  pinMode(MotorSpeedControlpin, OUTPUT);
  analogWrite(MotorSpeedControlpin, 255);
}

void loop()
{
}
```

4) 설명

아두이노 보드의 9번 핀은 아날로그 출력(PWM)이 가능한 핀입니다. 그림 5-2의 회로 구성에 따르면 아두이노 9번 핀의 상태가 HIGH이면 트랜지스터(MSP2222A)는 전류를 흘리고 9번 핀의 상태가 LOW면 트랜지스터(MSP2222A)는 전류를 흘리지 않습니다. 따라서 9번 핀의 상태가 HIGH에 머물러 있는 동안 트랜지스터는 모터로 전류를 흘리므로 9번 핀이 HIGH 상태에 머무는 비율이 얼마냐에 따라 모터의 속도는 빨라집니다.

앞서 살펴본 바와 같이 analogWrite() 함수의 두 번째 인자의 값은 0부터 255까지이며 펄스폭변조(PWM) 신호의 HIGH 구간 비율을 나타냅니다. 두 번째 인자의 값이 0이면 펄스폭변조(PWM) 신호의 HIGH 구간은 0%이며 두 번째 인자 값이 255이면 펄스폭변조(PWM) 신호의 HIGH 구간은 100%가 됩니다. 두 번째 인자의 값이 127이면 9번 핀이 HIGH로 머물러 있는 비율이 50%가 됩니다. 펄스폭변조(PWM) 신호의 HIGH 구간 비율을 조절하여 트랜지스터가 모터에 전류를 흘리는 시간을 조절할 수 있습니다.

그런데 말이죠…!!

위에서 보인 스케치는 모터의 속도를 바꾸기 위해 매번 스케치를 수정해야 합니다. analogWrite() 함수의 두 번째 인자 값을 변경한 후 업로드를 다시 해야 모터 속도가 변경되는 것을 확인할 수 있습니다. 그래서 모터 속도를 바꾸기 편한 스케치를 아래 보입니다. 시리얼 모니터 프로그램에서 원하는 속도 값을 아두이노 보드로 전송하면 됩니다. 여기서 속도라고 표현된 값은 PWM의 펄스폭을 결정하는 0부터 255까지의 숫자를 의미합니다.

```
#define   INIT_SPEED  60
int speed = INIT_SPEED;
```

```
int MotorSpeedControlpin = 9;

void setup() {
  Serial.begin(9600);
  pinMode(MotorSpeedControlpin, OUTPUT);
  analogWrite(MotorSpeedControlpin, speed);
  Serial.print("Current speed : ");
  Serial.println(speed);

}
void loop() {
  if ( Serial.available() ) {
    speed = Serial.parseInt();
    if (speed < 0 || speed >255) {
      Serial.println("Out of range");
      Serial.print("Current speed : ");
      Serial.println(INIT_SPEED);
      analogWrite(MotorSpeedControlpin, INIT_SPEED);
    } else {
      Serial.print("Current speed : ");
      Serial.println(speed);
      analogWrite(MotorSpeedControlpin, speed);
    }
  }
}
```

그런데 말이죠…!!

위 스케치를 보면 if문의 조건을 표현하는 소괄호 안에 "||" 이런 문자가 있습니다. "||"은 "|"을 두 번 쓴 것입니다. "|"은 키보드의 백슬러쉬(₩)키입니다. Shift 키와 ₩키를 동시에 누르면 | 문자가 입력됩니다. 그리고 "||"의 의미는 '또는'입니다. 아래 예를 보시겠습니다.

```
if( a> 3 || b > 5 ) {

}
```

if( ){ }에서 중괄호 내의 명령이 실행되려면 소괄호 내에 표현된 조건이 만족해야한다고 앞서 설명했습니다. 위 코드를 보면 조건이 두 개가 있네요. 변수 a가 가지고 있는 값이 3보다 크냐? 또 변수 b가 가지고 있는 값이 5보다 크냐? 묻고 있습니다. 이 두 물음 중 하나만 만족해도 조건이 만족한 것으로 처리하기 위해 (a> 3 또는 b>5)의 의미를 나타내기 위한 표현이 (a >3 || b>5)인 것입니다.

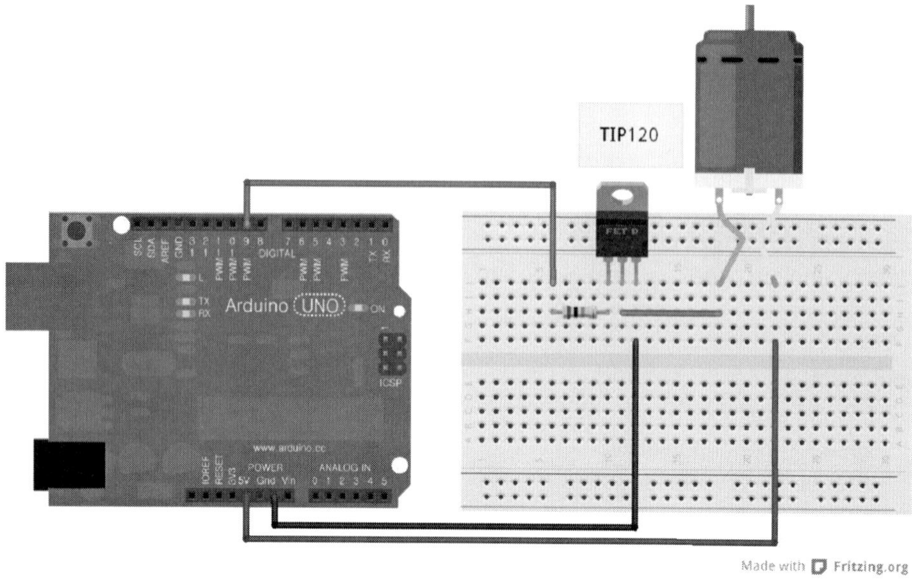

그림 5-3 TIP120을 이용한 모터 구동

모터 구동 회로는 다양한 소자를 이용하여 구성할 수 있습니다. 전류를 공급한다는 측면에서 모델명 MSP2222A인 트랜지스터가 TIP120보다는 약하지만 소형 모터를 구동시킬 목적이라면 모델명 MSP2222A 트랜지스터로도 충분합니다. 그림 5-3의 회로를 구성한 후 앞서 보인 스케치 둘 중 아무거나 구동시켜 보십시오. 이번 절의 요점은 다음과 같습니다.

1) 모터를 구동하기 위해서는 부가적으로 모터 구동 회로가 필요하고
2) 모터의 속도를 제어하기 위해서 아날로그 출력(PWM) 신호를 이용할 수 있다는 것을 확인했습니다.

그런데 말이죠…!!

그림 5-2나 그림 5-3의 회로 구성으로는 모터를 양방향으로 구동할 수 없습니다. 모터를 양방향으로 구동시키는 방법에 대해서는 제 2부에서 설명하겠습니다.

5.2 서보 모터 위치 제어

우리가 흔하게 알고 있는 모터는 전류를 흘려주면 모터 축이 연속으로 회전을 합니다. 그러나 일반적인 서보 모터는 회전축이 일정 각도만큼 회전 후 그 위치를 유지하는 모터를 말합니다. 소형 로봇의 팔을 서보 모터로 제어하는 것을 볼 수 있는데 주어진 각도만큼 회전하는 서보 모터의 특징을 이용한 것입니다.

서보 모터는 세 개의 선이 나와 있습니다. 전원 공급을 위한 2개의 선과 모터의 회전 각도를 지시하기 위한 신호 선입니다. 서보 모터의 회전 각도는 통상 0도에서 180도 회전하는데 신호 선으로 공급되는 펄스의 폭(길이)에 의해 회전 각도가 결정됩니다. 펄스폭이 1ms 미만이면 서보 모터는 한쪽 끝으로 회전하고 펄스폭이 2ms를 초과하면 반대쪽 끝으로 회전합니다.

1) 실습 내용 및 목표

아두이노 보드로 서보 모터를 구동하는 스케치를 작성할 것입니다. 서보 모터의 회전 각도를 제어할 수 있습니다.

2) 회로 구성

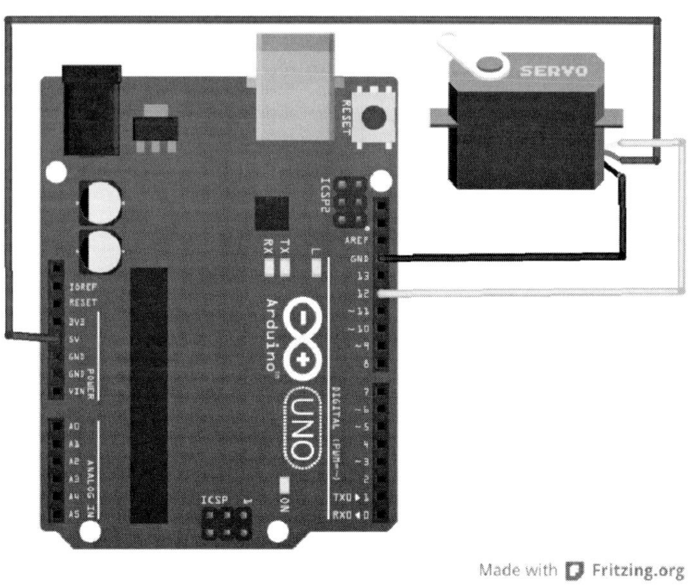

그림 5-4 서보 모터

♣ 아두이노 배우기 키트에 포함된 서보모터의 경우 서보모터에 달려 있는 세 가닥의 케이블의 색은 갈색, 빨간색, 주황색입니다. 갈색은 그라운드, 빨간색은 전원, 주황색은 신호선입니다.

서보 모터의 붉은 색 선을 아두이노 5[V]에 연결하고 서보 모터의 검은(또는 갈색) 선은 아두이노의 그라운드에 연결합니다. 그리고 서보 모터의 노란색(또는 주황색) 선을 아두이노의 12번 핀에 연결했습니다. 선 연결에 주의하세요.

3) 스케치 작성

```
#include <Servo.h>
Servo myservo;

void setup()
{
    myservo.attach(12);
}

void loop()
{
    myservo.write(0);
    delay(1000);

    for(int i = 0; i <= 180; i+= 10) {
     myservo.write(i);
     delay(50);
    }
    delay(1000);
}
```

그런데 말이죠…!!

위 스케치에서 for()은 어떤 일을 반복적으로 시킬 때 사용하는 말입니다. for() 문은 아래와 같은 구조를 갖습니다.

```
for( 변수에 값 할당; 조건 ; 변수 값 변경) {
}
```

for()문의 소괄호 안쪽을 두 개의 ;으로 세 영역으로 나눕니다. 첫 번째 영역은 변수에 값을 할당하는 영역이고 두 번째 영역은 중괄호가 싸고 있는 내부에 쓰여 있는 명령을 수행할 것인지 판단하는 조건을 기술하는 부분입니다. 세 번째 영역은 변수의 값을 바꾸는 영역입니다.

```
for(int i = 0; i < 180; i = i + 1)
{
```

```
Serial.println(i);
}
delay(1000);
```

위 코드의 동작은 다음과 같습니다. for() 문이 처음 시작할 때

[단계 1] 변수 i에 0을 할당(저장)합니다.
[단계 2] 중괄호가 감싸고 있는 명령을 실행할 것인지 판단하기 위해 조건, i < 180이 만족하는 조사합니다.
[단계 3] 조건을 만족하면 중괄호가 감싸고 있는 명령인 Serial.println(i)를 실행합니다. 조건을 만족하지 않으면 for()은 더 이상 수행되지 않고 다음 명령으로 넘어갑니다. 위 코드의 경우는 delay(1000)을 수행합니다.
[단계 4] [단계 3]에서 조건을 만족하여 중관호가 감싸고 있는 명령이 실행되었다면 '변수 값 변경' 영역이 수행됩니다. 위 코드의 경우 변수 i의 값을 하나 증가시키고 있습니다.
[단계 5] 그런 다음 [단계 2]로 넘어갑니다.

4) 설명

위 스케치에서는 Servo 라이브러리를 사용하여 서보 모터의 회전 각도를 제하고 있습니다.

■ attach()

setup() 함수에서 attach() 함수를 이용하여 서보 모터의 신호 선을 몇 번 핀에 연결하였는지를 지정합니다. attach() 함수의 인자 값이 서보 모터의 신호 선이 연결된 핀 번호입니다.

■ Write()

loop() 함수에서 서보 모터의 위치를 제어하고 있습니다. write() 함수는 동일한 이름으로 여러 상황에서 사용되고 있는데 여기서의 write() 함수는 Servo 객체로 선언한 myservo와 밀접한 write() 함수입니다. 이 write() 함수의 인자는 회전하기를 원하는 각도 값입니다. Loop() 함수의 첫 번째 코드와 두 번째 코드는 myservo.write(0); delay(1000);인데 서보 모터에게 0도로 회전하라는 명령 후 delay() 함수를 사용한 이유는 모터가 0도까지 회전할 때까지 잠시 기다리는 것입니다. 서보 모터마다 회전 속도가 다르기 때문에 얼마나 기다려야 하는지는 사용하는 모터 특성에 따라 다를 것입니다. 또한 모터가 초기에 90도 위치에 있었는지 혹은 180도 위치에 있었는지에 따라서도 0도까지 회전하는데 걸리는 시간은 다를 것입니다.

그런데 말이죠…!!

서보 모터를 제어하기 편리하도록 아두이노는 Servo라는 라이브러리를 제공하고 있습니다. 이 라이브러리에는 서보 모터의 회전 각도를 지정하기 위한 write() 함수 외에도 몇 가지 함수가 더 있습니다.

read() 함수는 서보 모터 축의 현재 각도를 반환합니다. 다시 말해서 가장 최근 write() 함수를 사용해서 지정한 각도를 반환합니다.

5) 예제 A – 가변저항으로 서보모터 위치 제어

[예제 A-1] 실습 내용 및 목표

가변저항으로 서보 모터의 각도를 조절하는 하는 실습입니다. 가변 저항을 한쪽 방향으로 끝까지 돌리며 서보 모터는 0도로 이동하고 가변 저항을 반대 방향으로 끝까지 돌리면 서보 모터는 180도로 이동하는 스케치를 작성합니다.

[예제 A-2] 회로 구성

서보 모터의 검은색(혹은 갈색선)을 그라운드에 연결합니다. 빨간색 선은 전원 5[V]에 연결합니다. 그리고 노란색(혹은 주황색)을 아두이노의 12번 핀에 연결합니다. 가변 저항의 세 핀 중 가운데 핀을 아날로그입력 A0 핀에 연결합니다. 가변 저항의 양쪽 핀을 각각 하나는 그라운드에 하나는 전원에 연결합니다. 그림 5-5에 회로를 구성한 예를 보이고 있습니다.

[예제 A-3] 스케치 작성

```
#include <Servo.h>
Servo myservo;

void setup()
{
   myservo.attach(12);
   myservo.write(0);
   delay(1000);
}

void loop()
{
   int sensorValue = analogRead(A0);
   int angle = map( sensorValue, 0, 1023, 0, 180);
```

```
    myservo.write(angle);
    delay(50);
}
```

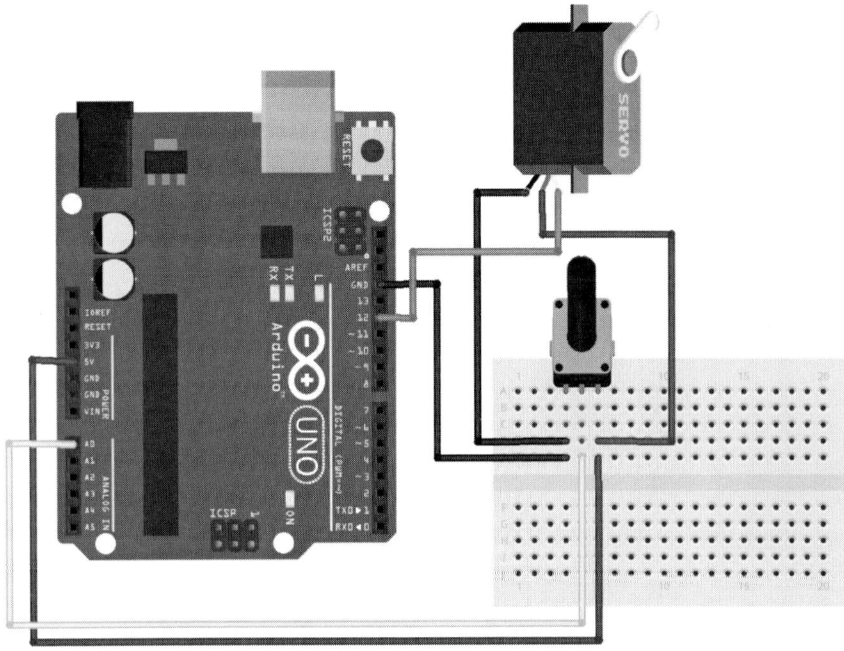

그림 5-5 가변 저항으로 서보 모터 위치 조절하기

제6장 아두이노로 멜로디 연주

6.1 단일 음 출력

아두이노에 스피커를 달아서 소리가 나게 해보겠습니다. 본 실습에서는 스피커를 대신하여 부저를 사용하겠습니다.

1) 실습 내용 및 목표

일정한 주기의 펄스열을 발생시키는 tone() 함수 사용법과 tone() 함수의 동작을 멈추게 하는 noTone() 함수를 이용하여 단일 주파수의 소리를 발생시키는 실습을 해보겠습니다.

2) 회로 구성

회로 구성은 그림 6-1과 같습니다.

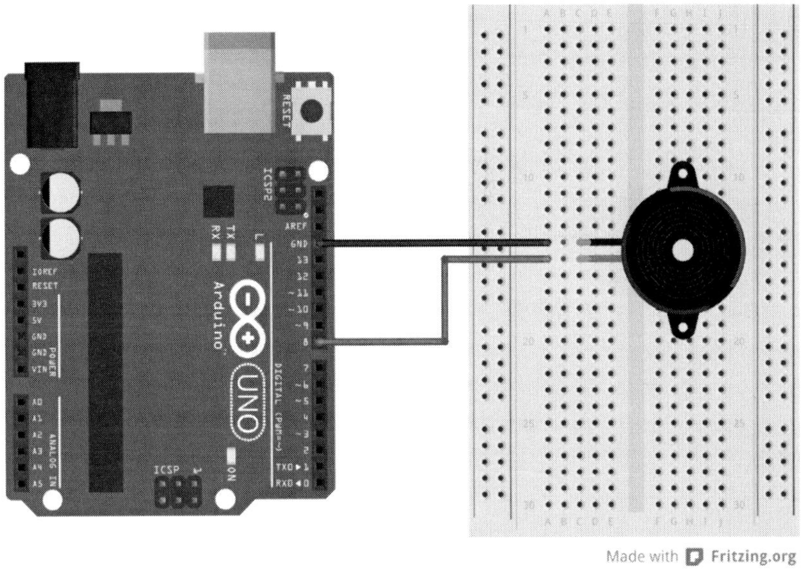

그림 6-1 부저를 연결한 회로

3) 스케치

```
void setup() {
}
void loop() {
    tone(8, 1000, 500);
    delay(500);
    noTone(8);
    delay(500);
}
```

4) 설명

■ tone()

원하는 높이(주파수)의 신호를 원하는 시간만큼 발생시키는 기능을 합니다. tone() 함수의 첫 번째 인자는 신호를 출력할 핀 번호를 지정하고 두 번째 인자는 신호의 주파수, 세 번째 인자는 지속 시간을 의미합니다.

■ noTone()

tone() 함수의 동작을 멈추게 합니다. 함수에 전달하는 인자는 동작을 멈추게 할 핀 번호를 지정합니다.

6.2 멜로디 연주

아두이노에 스피커를 달아서 간단한 음악을 연주해 보도록 하겠습니다. 본 실습에서는 스피커를 대신하여 부저를 사용하겠습니다.

1) 실습 내용 및 목표

아두이노가 제공하는 tone() 함수를 이용하여 간단한 멜로디를 연주하는 스케치를 구동시켜 보겠습니다.

2) 회로 구성

회로 구성은 그림 6-1과 같습니다.

3) 스케치

아래 스케치는 아두이노 통합개발환경에서 제공하는 예제 스케치입니다. 아두이노 통합개발환경에의 주메뉴에서 파일/예제를 선택하고 02.Digital 아래 toneMelody를 선택하시면 열립니다. 예제 스케치에 있는 주석의 일부는 삭제했습니다.

```
#include "pitches.h"

int melody[] = {
  NOTE_C4, NOTE_G3,NOTE_G3, NOTE_A3, NOTE_G3,0, NOTE_B3, NOTE_C4};
int noteDurations[] = { 4, 8, 8, 4, 4, 4, 4, 4 };

void setup() {
    for (int thisNote = 0; thisNote < 8; thisNote++) {
    int noteDuration = 1000/noteDurations[thisNote];
    tone(8, melody[thisNote],noteDuration);
    int pauseBetweenNotes = noteDuration * 1.30;
    delay(pauseBetweenNotes);
    noTone(8);
  }
}

void loop() {
 }
```

4) 설명

악보를 보면 음을 연주하기 위해 음의 높이(주파수)와 음의 길이(유지 시간) 정보를 음표로 표현하고 있습니다. 전역 변수 melody[]에는 음의 높이(주파수) 정보를 가지고 있고 전연 변수 noteDuration[]은 음의 길이(유지 시간) 정보를 가지고 있습니다. tone() 함수에 음의 높이와 음의 길이 정보를 인자로 전달하여 음표를 연주하게 됩니다. 표 6-1에 보인 음표 각각에 대해 tone() 함수가 음표를 연주합니다. 그리고 표 6-1에의 NOTE_XX는 pitch.h 파일에 그 값(주파수 값)이 정의되어 있습니다.

표 6-1 음표의 높이와 길이

	음표0	음표1	음표2	음표3	음표4	(음표5)	음표6	음표7
음의 높이	NOTE_ C4	NOTE_ G3	NOTE_ G3	NOTE_ A3	NOTE_ G3	0	NOTE_ B3	NOTE_ C4
음의 길이	4	8	8	4	4	4	4	4

위 스케치의 int noteDuration = 1000/noteDurations[thisNote] 명령에서 1000 이외 값으로 바꿔서 실행시켜 보십시오. 그리고 int pauseBetweenNotes = noteDuration * 1.30에서 1.30 대신 다른 값으로 변경한 후 스케치를 실행시켜 보십시오.

5) 예제 A – 아두이노로 음악 연주하기

[예제 A-1] 실습 내용 및 목표

그림 6-2에 보인 음악을 연주하는 스케치를 제시할 것입니다.

[예제 A-2] 회로 구성

그림 6-1과 동일하게 구성하시면 됩니다.

그림 6-2 음악, '그대로 멈춰라' 악보

[예제 A-3] 스케치

음악에 대해 문외한이라 아래 스케치는 꽤나 엉성합니다. 아래 스케치는 네이버 카페, "아두이노 배우기" 게시판에 있습니다.(http://cafe.naver.com/studyonarduino/67)

```
#include "pitches.h"

int melody[] = {
    NOTE_G4, NOTE_E4, NOTE_C4, 0, NOTE_D4, NOTE_E4, NOTE_F4, NOTE_D4, NOTE_B2, 0,
NOTE_C4, NOTE_C4, NOTE_C4, NOTE_E4, NOTE_E4, NOTE_G4, 0, 0, 0,

    NOTE_G4, NOTE_E4, NOTE_C4, 0, NOTE_D4, NOTE_E4, NOTE_F4, NOTE_D4, NOTE_B2, 0,
NOTE_A2, NOTE_A2, NOTE_A2, NOTE_B2, NOTE_B2, NOTE_C4, 0, 0, 0,
```

```
  NOTE_A4, NOTE_A4, NOTE_A4, NOTE_A4, NOTE_A4, NOTE_A4, NOTE_G4, NOTE_G4,
NOTE_G4, NOTE_G4, NOTE_G4, NOTE_F4, NOTE_F4, NOTE_F4, NOTE_F4, NOTE_F4, NOTE_E4,
NOTE_E4, NOTE_F4, NOTE_F4, NOTE_G4, 0, 0,

  NOTE_G4, NOTE_E4, NOTE_C4, 0, NOTE_D4, NOTE_F4, NOTE_G4, NOTE_D4, NOTE_B2, 0,
NOTE_C4, NOTE_C4, NOTE_C4, NOTE_E4, NOTE_E4, NOTE_G4,0, 0, 0,

  NOTE_G4, NOTE_E4, NOTE_C4, 0, NOTE_D4, NOTE_E4, NOTE_F4, NOTE_D4, NOTE_B2, 0,
NOTE_A2, NOTE_A2, NOTE_A2, NOTE_B2, NOTE_B2, NOTE_C4,0, 0, 0

};

int noteDurations[] = {
  4, 4, 4,  4, 5, 16, 8, 8, 4, 4, 4, 8, 8, 4, 4, 2, 8, 4, 1,
  4, 4, 4,  4, 5, 16, 8, 8, 4, 4, 4, 8, 8, 4, 4, 2, 8, 4, 1,
  4, 4, 8, 8, 8, 8,  4, 8, 8, 4, 4, 4, 8, 8, 4, 4, 8, 8, 8, 8, 8, 8, 4,
  4, 4, 4, 4, 5, 16, 8, 8, 4, 4, 4, 8, 8, 4, 4, 8, 8, 4, 1,
  4, 4, 4, 4, 5, 16, 8, 8, 4, 4, 4, 8, 8, 4, 4, 8, 8, 4, 1
};

void setup() {
  for (int thisNote = 0; thisNote < 99; thisNote++) {
    int noteDuration = 1000/noteDurations[thisNote];
    tone(8, melody[thisNote],noteDuration);
    int pauseBetweenNotes = noteDuration * 1.30;
    delay(pauseBetweenNotes);
    noTone(8);
  }
}
void loop() {

}
```

제7장 자동차 후방 감지기 만들기

여기까지 배운 내용을 활용하여 자동차 후방 감지를 만들어 보겠습니다. 자동차 후방 감지기의 주요 동작은 후진하는 상황에서 장애물이 일정 거리 내로 들어올 경우 "삐~삐~"하는 알람을 출력합니다. 장애물과의 거리가 가까워질수록 알람의 박자가 빨라지다가 장애물과의 거리가 기준 이하일 때는 "삐~"하는 음을 연속으로 발생합니다.

1) 실습 내용 및 목표

자동차 후방 감지를 구현해봄으로써 거리측정센서와 부저, LED의 사용법에 대해 다시 한 번 생각해 보면서 프로그래밍에 조금 더 익숙해지게 될 것입니다.

2) 회로 구성

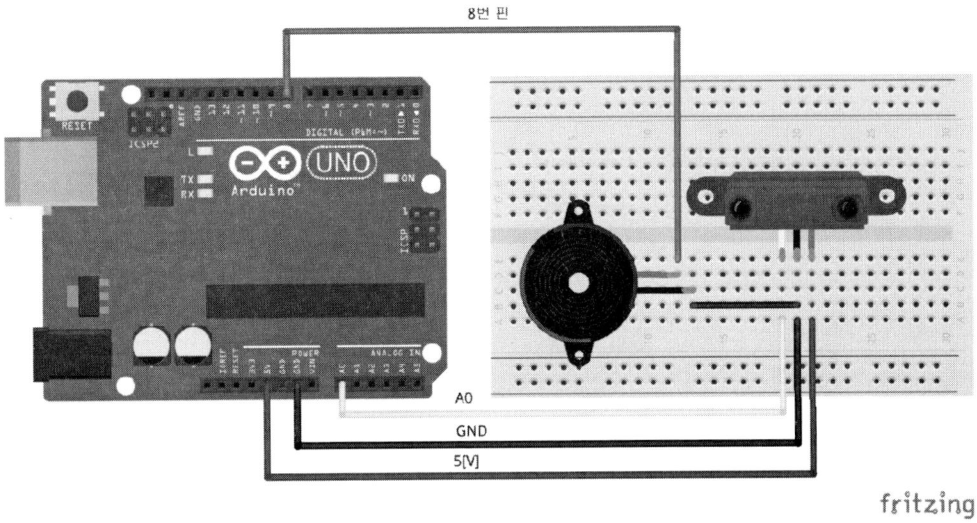

그림 7-1 후방 감지기 회로

3) 스케치

```
void setup()
{
  Serial.begin(9600);
}

void loop() {
   float distance;
   float V = analogRead(A0) * 5.0/1024.0;
   if( V < 0.75 ) {
     distance = ( 27.0/(V - 0.08) ) - 1.8;
   } else {
     distance = ( 34.0/(V + 0.08) );
   }
   Serial.println(distance);

   if ( 10 < distance && distance < 80 ) {     // 장애물과의 거리가 10~80cm이면
          if ( distance > 20 ) {              // 장애물과의 거리가 20cm를 초과하는 범위에 들면
               tone(8, 3000, 200);          // 3[kHz] 톤을 200[ms] 발생, "삐" 소리를 한 번 냄.
               delay( (int)(distance * 10) );
   } else {
         tone(8, 3000); // 장애물과의 거리가 20[cm]이하일 때 지속적으로 "삐~~~~" 소리 냄.
```

```
    }
  }
  delay(200);
}
```

4) 설명

장애물까지의 거리가 10~80 범위에 들어오면 감지기는 소리를 내기 시작합니다. 장애물까지의 거리가 20~80cm 이내 일 경우 3[kHz]의 단일 톤을 그러니까 "삐"하는 소리는 0.2초(200[ms]) 발생시킵니다. 그리고 다시 "삐" 소리는 발생하시는 주기는 거리가 가까워질수록 짧아집니다. 장애물까지의 거리가 10~20cm일 경우는 "삐~~~~~~~~"하며 지속적으로 소리를 냅니다.

5) 예제 A – 후방감지기에 경고등 부착

[예제 A-1] 실습 내용 및 목표

앞서 살펴본 후방 감지기는 장애물과의 거리에 따라 알람을 울리는 기능만 있었습니다. 장애물과의 거리가 가까워짐에 따라 경고등도 깜박거리는 동작을 시켜 보겠습니다.

[예제 A-2] 회로 구성

그림 7-1과 동일하게 구성하시면 됩니다.

[예제 A-3] 스케치 작성

```
void setup()
{
pinMode(13, OUTPUT);
}

void loop() {
  float   distance;
  float V =   analogRead(A0) * 5.0/1024.0;
  if( V  < 0.75 ) {
    distance   = ( 27.0/(V - 0.08) ) - 1.8;
  } else {
    distance   = ( 34.0/(V + 0.08) );
  }
```

```
    Serial.println(distance);

  if ( 10 < distance &&  distance < 80 ) {     // 장애물과의 거리가 10~80cm 이내면
    if (   distance > 20 ) {          // 장애물과의 거리가 20~80cm를 초과하는 범위에 들면
          tone(8, 3000, 200);        // 3[kHz] 톤을 300[ms] 발생, "삐" 소리를 한번 냄.
          digitalWrite(13, HIGH);
          // ("삐" 소리가 지속되는 시간+무음으로 대기하는 시간) 동안 기다림.
          delay( (int)(distance * 10) );
          digitalWrite(13,   LOW);
    } else {
         digitalWrite(13, HIGH);
        // 장애물과의 거리가 20[cm]이하일 때는  지속적으로 "삐~~~~~~~~~~~~" 소리 냄.
         tone(8, 3000); }
  } else {
      digitalWrite(13, LOW);
      noTone(8);
  }
  delay(200);
}
```

제 2 부

아두이노 활용

제 2부에서는 1부의 아두이노 입문 단계의 내용을 넘어 한 걸음 더 나갈 것입니다. 제 2부에서는 모터 구동에 대해 조금 더 알아보고 LCD 활용법, 인터럽트와 폴링, 내부 EEPROM 사용법, 가상 직렬 포트 만드는 법, 소자간 통신을 위한 SPI와 TWI에 대해서도 알아 볼 것입니다. 그리고 아두이노 보드의 기능을 확장시키는 쉴드에 대해서도 알아볼 것입니다.

2부에서 여러 가지 주제가 언급됩니다만 한 걸음씩 차근차근 가신다면 결코 먼 길이 아닐 것입니다. 자~ 아두이노 배우기 2부를 시작해 보겠습니다.

제 8 장

LCD 구동

8.1 LCD

제 2부의 시작은 LCD를 가지고 시작하겠습니다. LCD는 Liquid Crystal Display의 약자로 액정디스플레이라고도 부릅니다. 글씨나 숫자를 출력할 수 있는 디스플레이 장치라고 생각하시면 되겠습니다. 제 1부에서 TMP36이라는 온도 센서를 활용하여 온도를 측정했고 그 값을 컴퓨터로 전송하여 시리얼 모니터 프로그램에서 확인했습니다. 이제 측정한 온도를 액정디스플레이(LCD)에 출력해보겠습니다.

아두이노 공식 홈페이지(arduino.cc)에서는 LCD를 쉽게 사용할 수 있는 라이브러리를 제공하고 있습니다. 여기서 제공하는 라이브러리는 Hitachi HD44780 LCD 제어 칩으로 제어되는 LCD를 지원합니다. 그림 8-1과 같이 LCD의 뒷면에 HD44780 LCD 제어 칩이 보이면 아두이노가 지원하는 LCD 라이브러리를 사용할 수 있습니다. LCD 뒷면에 HD44780 LCD 제어 칩이 명확히 보이지 않으나 HD44780 제어 칩과 호환되는 소자가 숨어 있는 경우도 많습니다.

그림 8-1 HD44780 LCD 제어 칩을 갖는 LCD

1) 실습 내용 및 목표

아두이노와 LCD를 연결하는 방법을 파악하고 LCD를 이용하여 글자를 출력해 보겠습니다.

2) 회로 구성

아래 그림 8-2에 보이는 LCD의 핀 번호는 왼쪽부터 1번, 2번, 3번, … 순입니다. LCD의 1번 핀에 그라운드를 연결합니다. 2번 핀에는 5[V]를 인가합니다. 3번 핀은 가변 저항 가운데 핀으로 연결합니다. LCD의 4번 RS 핀은 아두이노 12번 핀에 연결합니다. LCD의 5번 핀인 R/W 핀은 그라운드에 연결합니다. LCD의 6번 핀인 E 핀은 아두이노 11번 핀에 연결합니다. LCD의 11번, 12번, 13번, 14번 핀을 각각 아두이노의 5번, 4번, 3번, 2번 핀에 연결합니다. 회로 결선이 다소 복잡합니다. 잠시 후에 뒤에서 저랑 같이 회로 결선을 하겠습니다.

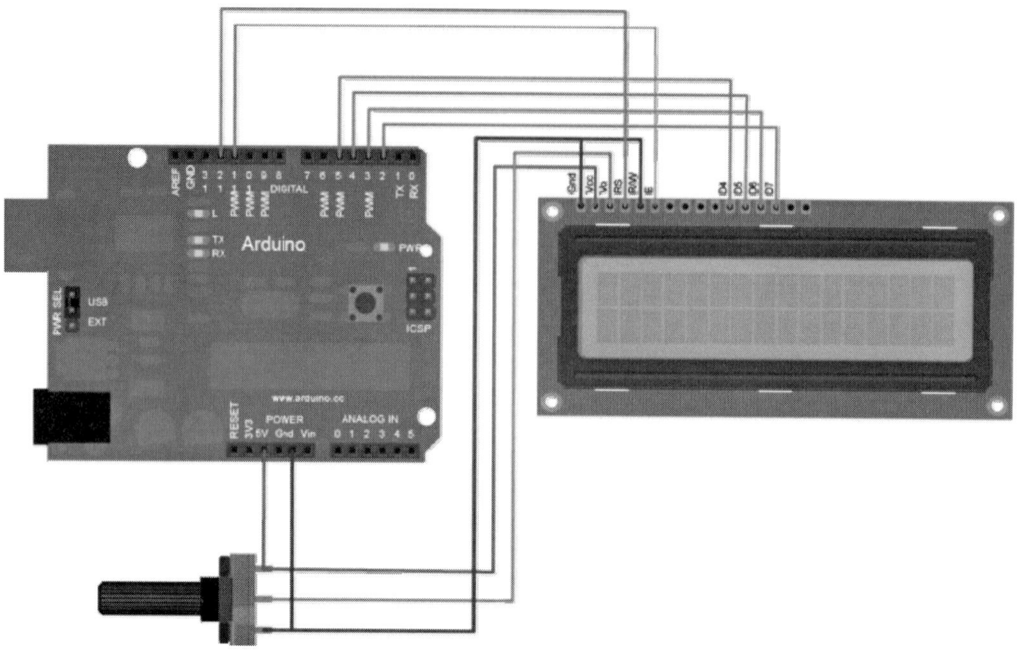

그림 8-2 LCD를 아두이노에 연결

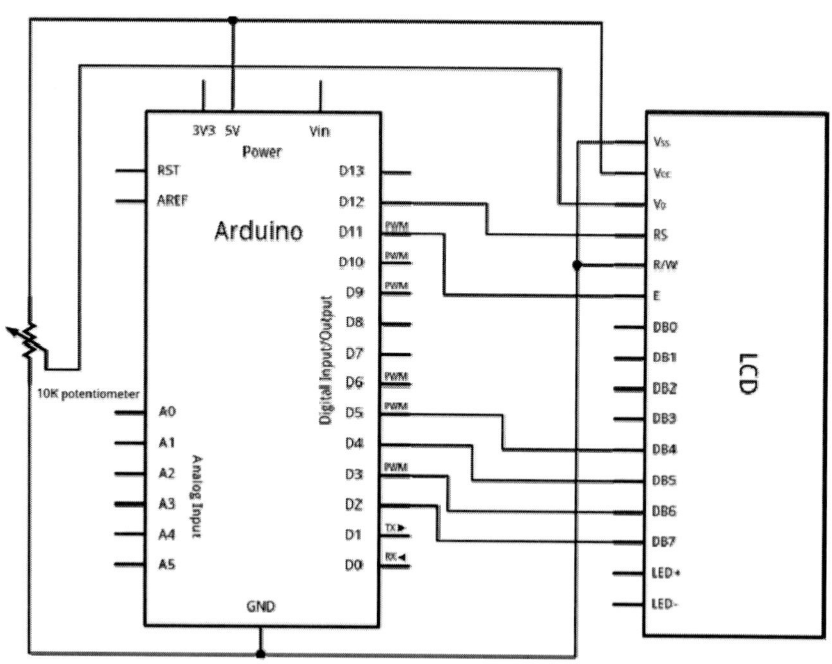

그림 8-3 LCD와 아두이노 연결 회로도

본 실습에서 사용하는 LCD의 외관은 그림 8-4와 같습니다. 그리고 핀 번호는 그림 8-5에서 보는 바와 같이 LCD 창을 바라볼 때 왼쪽부터 1, 2, 3, … 입니다. 그리고 표 8-1에는 핀 번호와 해당 핀 기능에 대한 설명을 보이고 있습니다. LCD 핀에 대한 설명이나 기능에 대해 굳이 이해하려고 하시지 말고 그림 8-3의 회로를 구성하는데 문제가 없다면 표 8-1에 대해서는 크게 신경 쓰지 마시고 넘어가시길 바랍니다.

그림 8-4 LCD

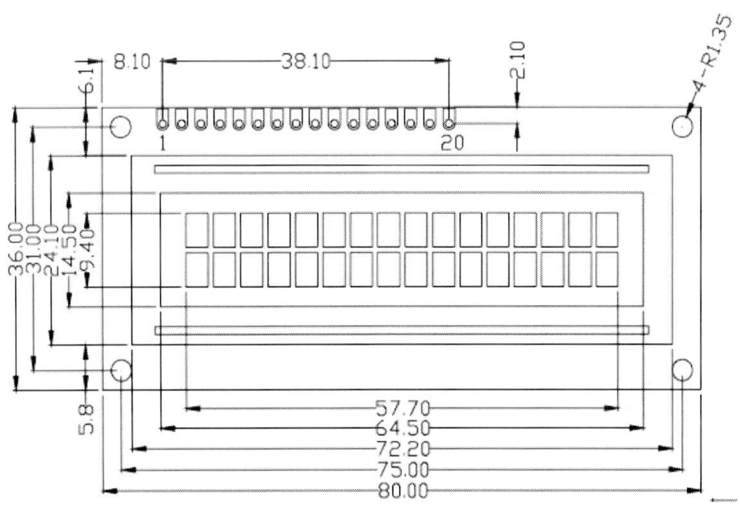

그림 8-5 핀 번호

표 8-1 LCD의 핀과 핀 기능

핀 번호	심벌	설명	기능
1	Vss	그라운드	0V
2	Vcc	전원 공급	+5V
3	Vee	LCD 밝기 조절용 전압	
4	Rs	명령/데이터 레지스터 선택	0:명령, 1:데이터
5	R/W	읽기/쓰기 선택	0:쓰기, 1:읽기
6	E	활성화 여부	
7	DB0	데이터 입출력 라인	8비트:DB0~DB7
8	DB1		
9	DB2		
10	DB3		
11	DB4		
12	DB5		
13	DB6		
14	DB7		
15	LED+	LED+를 위한 전원 공급	+5V
16	LED-	LED-를 위한 전원 공급	0V

회로 결선을 단계별로 저와 같이 해보시겠습니다.

[단계 1] 전원 관련 핀 결선(그림 8-6)

① LCD의 1번 핀과 5번 핀을 아두이노 GND v핀에 연결합니다.

② LCD의 2번 핀을 아두이노 5V 핀에 연결합니다. 그리고 그림과 같이 가변 저항의 오른쪽 핀도 아두이노 5V 핀에 연결합니다.

③ LCD의 3번 핀을 가변저항 가운데 핀에 연결합니다.

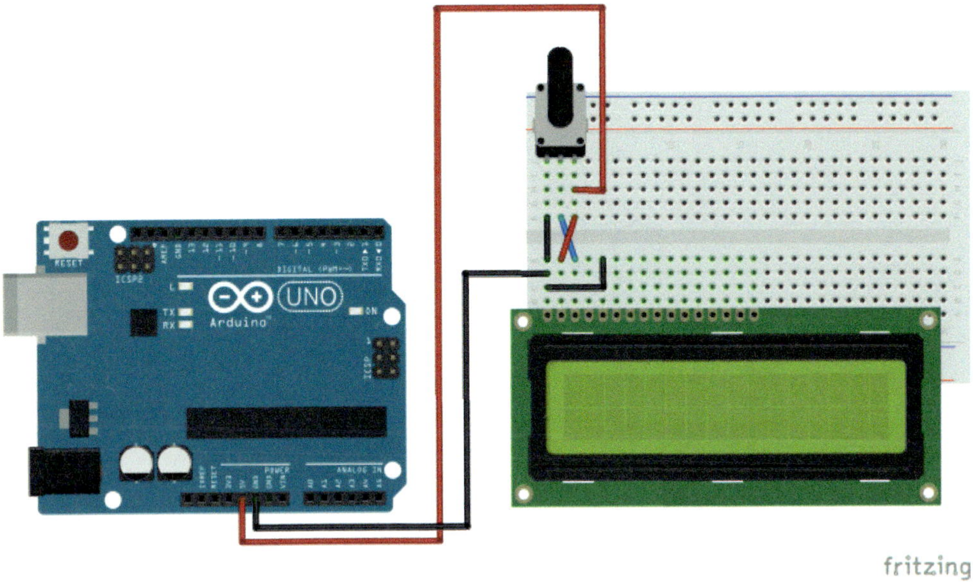

그림 8-6 LCD와 아두이노 연결

[단계 2] LCD 제어관련 핀 연결(그림 8-7)

① LCD의 4번 핀을 아두이노 12번 핀에 연결합니다.

② LCD의 6번 핀을 아두이노 11번 핀에 연결합니다.

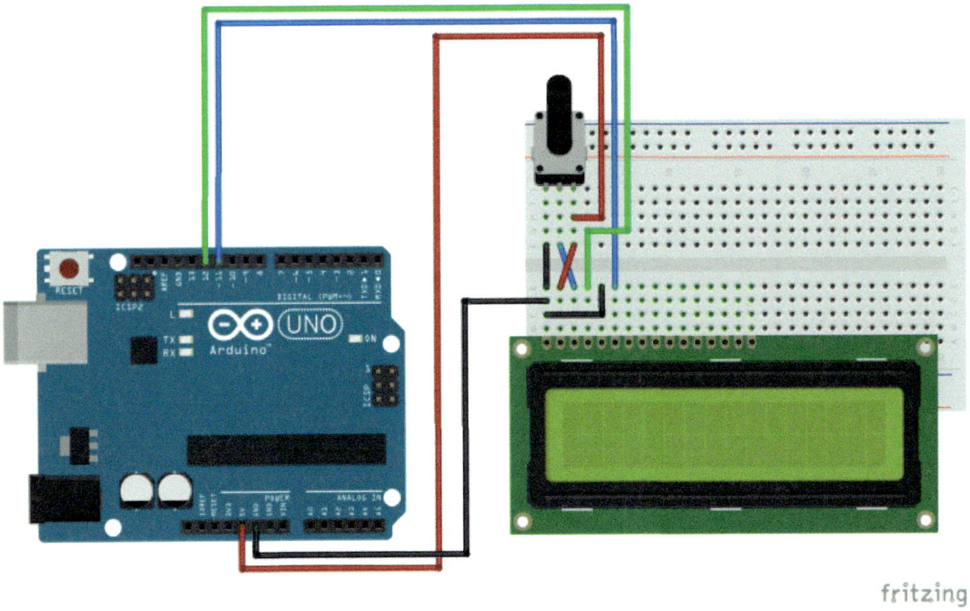

그림 8-7 LCD와 아두이노 연결

[단계 3] LCD 데이터 선 연결(그림 8-8)

① LCD의 11번, 12번, 13번, 14번 핀을 각각 아두이노의 5번, 4번, 3번, 2번 핀에 각각 연결합니다.

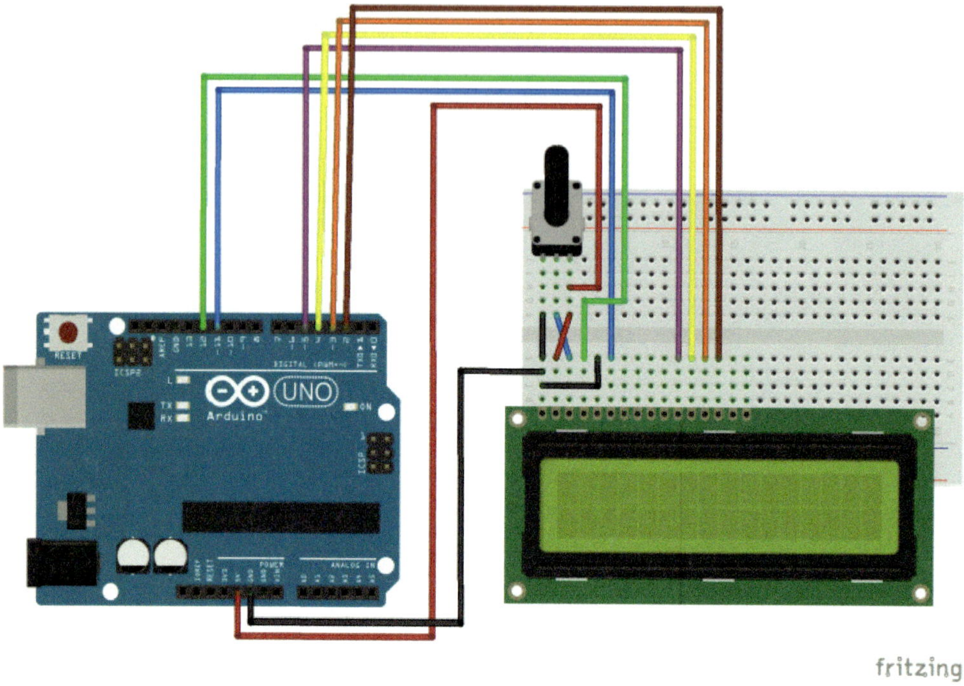

그림 8-8 LCD와 아두이노 연결

수고하셨습니다. 회로 연결을 마치셨습니다.

3) 스케치 작성

회로 구성이 마무리 되었으면 아래 스케치를 업로드 해봅시다. LCD 창에 어떤 변화가 있습니까? 만약 LCD 창에 아무것도 나타나지 않거나 전부 검은색으로 보인다면 구성한 회로에 있는 가변 저항을 돌려보기 바랍니다.

```
#include <LiquidCrystal.h>

LiquidCrystal lcd(12, 11, 5, 4, 3, 2);

void setup() {
  lcd.begin(16, 2);
```

```
  lcd.print("hello, world!");
}

void loop() {
  lcd.setCursor(0, 1);
  lcd.print(millis()/1000);
}
```

4) 설명

■ LiquidCrystal

스케치 두 번째 줄에 보이는 LiquidCrystal이라는 단어는 LCD를 사용할 수 있는 객체를 선언합니다. 그러니까 LCD를 제어하기 위한 어떤 녀석을 만듭니다. 객체지향프로그래밍에 대한 지식이 없으신 분들은 앞서 말한 '어떤 녀석'을 일종의 변수 비슷한 거라고 생각하십시요. 'LiquidCrystal lcd'라는 뜻은 아두이노 보드에 연결한 LCD를 lcd라고 이름을 붙인 것이라고 생각할 수 있으며 'LiquidCrystal lcd(12, 11, 5, 4, 3, 2)'라는 뜻은 lcd라고 이름 붙인 LCD의 각 핀(Rs, E, DB4, DB5, DB6, DB7)을 아두이노 보드의 (12, 11, 5, 4, 3, 2)번 핀에 연결했다는 뜻입니다. 스케치가 LCD를 제어하기 위해서는 LCD의 주요 핀들이 아두이노 보드의 몇 번 핀에 연결되어 있는지 알아야 하기 때문에 아두이노와 LCD가 어떻게 연결되어 있는지에 대한 정보를 스케치에게 알려주는 것입니다.

■ begin

lcd.begin(16, 2)이라는 표현은 사용하는 LCD가 2행 16열자리 LCD라는 뜻입니다. 글씨를 쓸 수 있는 줄이 두 줄이고 한 줄에 (연문) 글자나 숫자를 16개 쓸 수 있는 LCD라는 뜻입니다.

■ print

lcd.print("hello, world!")라는 표현은 LCD에 소괄호 안의 이중 따옴표로 묶인 문장을 출력하라는 명령어입니다.

■ setCursor()

lcd.setCursor(0,1)이라는 표현은 커서의 위치를 소괄호 안에서 지정한 위치로 이동하라는 뜻입니다. 소괄호 안의 표현이 (0,1)인데 이는 커서의 위치를 열 1번째(두 번째) 행 0번째(첫 번째) 열로 이동하라는 뜻입니다.

그런데 말이죠…!!

표 8-1에서 4번 핀 설명에 '명령/데이터 레지스터 선택'이라는 말이 있습니다. 레지스터란 보통 CPU 내에 있는 일종의 메모리를 뜻합니다. LCD의 컨트롤러의 경우에도 컨트롤러 내부에 레지스터라는 일종의 메모리가 있습니다. 4번 핀인 RS 핀이 0 상태일 때는 명령을 저장하는 레지스터(메모리)에서 작업한다는 것이고 RS 핀이 1일 때는 데이터를 저장하는 레지스터(메모리)에서 작업하게 됩니다.

5) 예제 A – LCD 백라이트 제어

[예제 A-1] 실습 내용 및 목표

LCD의 백라이트 기능을 사용해 볼 것입니다.

[예제 A-2] 회로 결선

그림 8-8 회로에 추가로 선 두 가닥을 더 연결합니다. LCD의 15번 핀과 아두이노 5[V]를 연결합니다. 그리고 LCD의 16번 핀과 아두이노의 GND를 연결합니다. 완성된 회로를 그림 8-9에 보이고 있습니다.

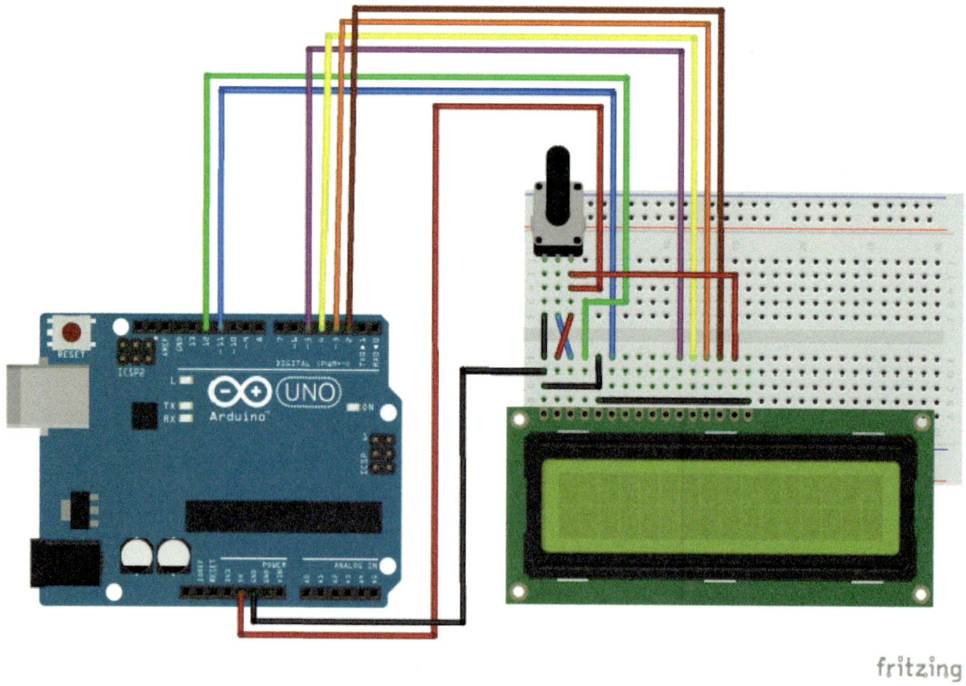

그림 8-9 LCD 백라이트 켜기

[예제 A-3] 설명

LCD의 백라이트 기능을 사용하기 위해서 LCD의 백라이트 핀 15번에 5[V]를 공급하고 LCD의 16번 핀에 그라운드(-)를 연결해주면 됩니다. 프로그램으로 LCD 백라이트를 켜고 끄려면 아두이노의 디지털 입출력 핀을 연결하여 On/Off제어가 가능할 것입니다. 또한 아날로그 출력(PWM)을 이용할 수도 있겠습니다.

6) 예제 B – 주변 온도를 측정하여 LCD에 출력하기

[예제 B-1] 실습 내용 및 목표

온도센서 TMP36으로 측정한 온도를 LCD에 출력해보겠습니다.

[예제 B-2] 회로 구성

회로 구성은 그림 4-8을 참고하여 아래 그림 8-10과 같이 구성하십시오.

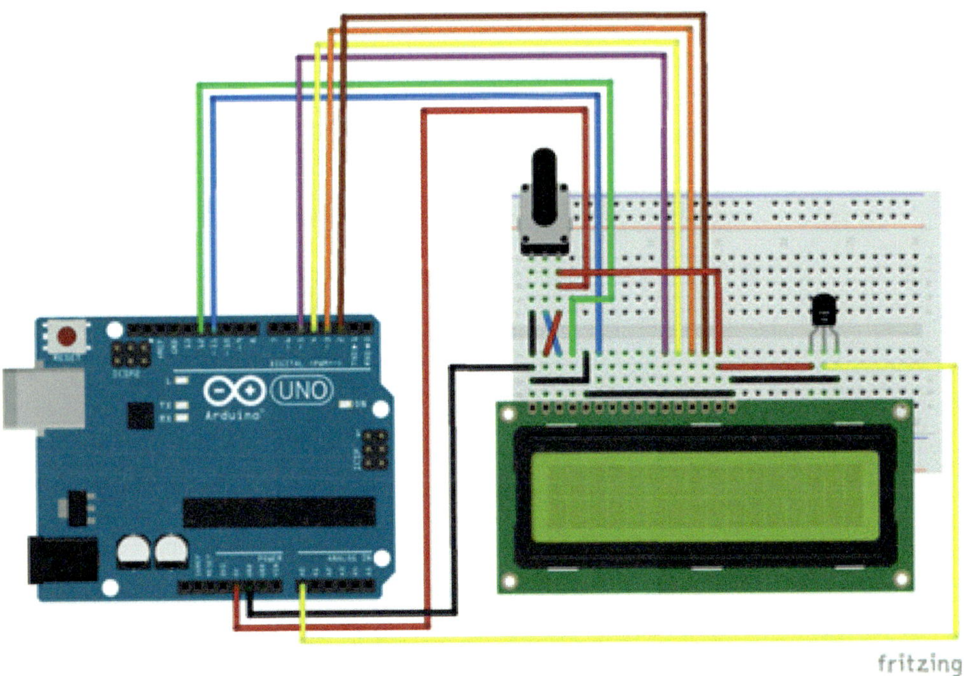

그림 8-10 온도센서 TMP36과 LCD

[예제 B-3] 스케치 작성

```
#include <LiquidCrystal.h>

LiquidCrystal lcd(12, 11, 5, 4, 3, 2);
const int TMP36_pin = A0;

void setup() {
  lcd.begin(16, 2);
}

void loop() {
  int sensorValue = analogRead(TMP36_pin);
  float mVoltage = sensorValue * 5000.0/1024.0;
  float temperatureC = (mVoltage - 500) / 10.0;

  lcd.clear();
  lcd.print(temperatureC);
  delay(1000);
}
```

[예제 B-4] 설명

온도측정센서(TMP36)에 대해서는 제 1부의 4.2.3의 내용을 확인하십시오.

7) 예제 C – 장애물과의 거리를 측정하여 LCD에 출력

[예제 C-1] 실습 내용 및 목표

거리측정센서를 이용하여 거리를 측정한 후 LCD에 출력하는 스케치를 작성하시오.

[예제 C-2] 회로 구성

사용한 거리측정센서는 샤프 사의 GP2Y0A21YK입니다. 센서를 바라볼 때 맨 오른쪽이 전원이고 가운데가 그라운드, 왼쪽이 신호 선입니다. 이 거리측정센서는 거리에 따라 출력 신호선의 전압이 바뀌는 형태로 측정한 거리를 알려줍니다.

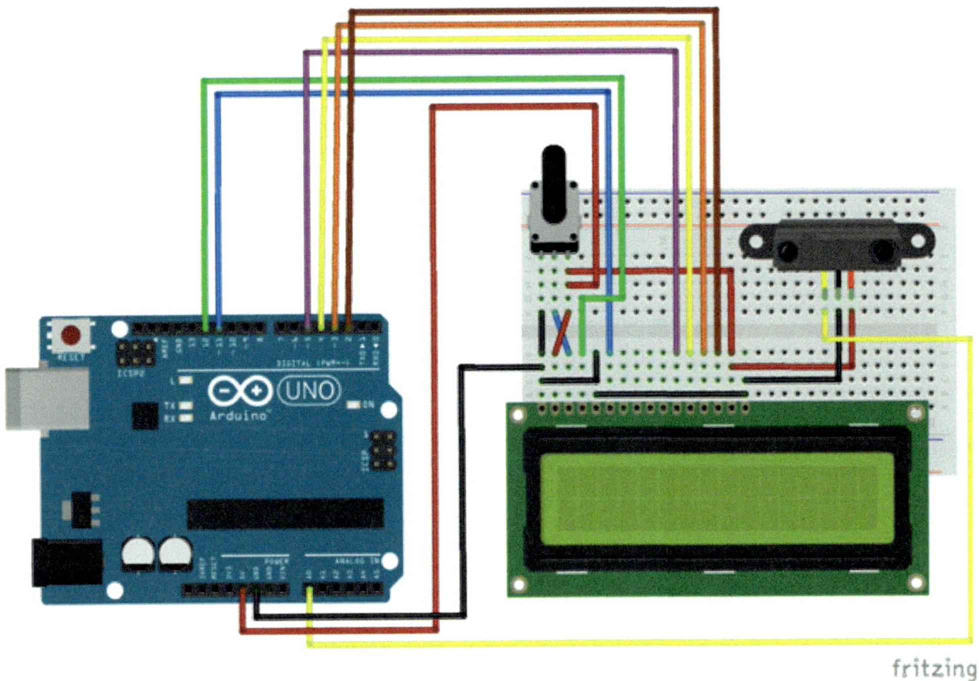

그림 8-11 거리측정 값을 LCD에 출력

[예제 C-3] 스케치 작성

```
#include <LiquidCrystal.h>
LiquidCrystal lcd(12, 11, 5, 4, 3, 2);

void setup() {
  lcd.begin(16, 2);
}
void loop() {
  float X;
  float V = analogRead(A0) * 5.0/1024.0;

  if( V < 0.75 ) {
      X = ( 27.0/(V - 0.08) ) - 1.8;
  } else {
      X = ( 34.0/(V + 0.08) );
  }
  lcd.clear();
  if ( X > 80 || X <10 ) {
     lcd.print(("Out of Range");
  } else {
```

```
    lcd.print(X);
  }
  delay(200);
}
```

[예제 C-4] 설명

샤프사에서 나온 거리측정센서는 거리에 따라 출력 값이 변합니다. 따라서 거리에 따라 출력 전압이 얼마 나오는지 안다면 그 출력 전압을 읽어 거리를 추정할 수 있습니다. 이 실습에서 사용한 샤프 사의 거리측정센서(GP2Y0A21YK)의 거리에 따른 출력 전압은 그림 8-12와 같습니다.

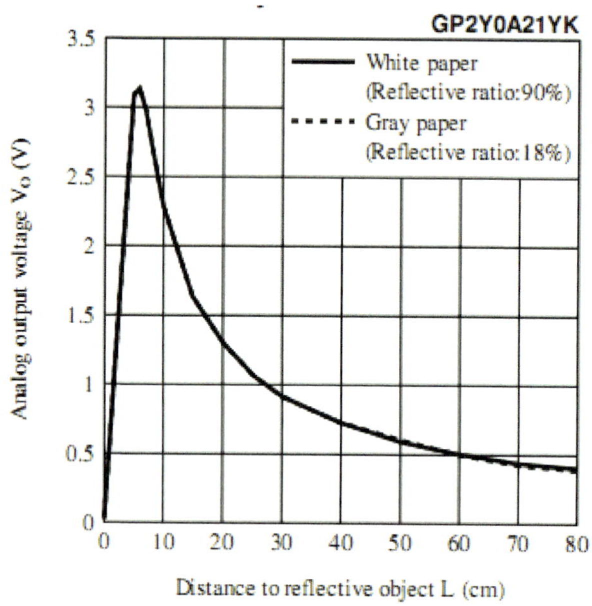

그림 8-12 샤프 사의 거리측정센서 사의 GP2Y0A21YK의 거리에 따른 출력 전압

센서에서 나오는 거리에 따른 출력 전압 그래프가 선형적으로 변하지 않기 때문에 위 스케치에서는 두 구간으로 나누어 전압에 따른 거리를 계산했습니다. 전압이 0.75[V] 미만일 때 전압과 거리의 관계식은 식 8-1과 같고 전압이 0.75[V] 이상일 때의 전압과 거리의 관계식은 식 8-2로 근사화 할 수 있습니다.

$$X = (27.0/(V - 0.08)) - 1.8 \qquad \text{(식 8-1)}$$

$$X = (34.0/(V + 0.08)) \qquad \text{(식 8-2)}$$

여기서 V는 측정한 전압이고 X는 cm 단위의 거리입니다. 그리고 이 센서의 측정 범위는 10cm 이상 80cm 미만이므로 이 범위를 벗어날 경우 측정 범위를 벗어났다는 메시지를 출력합니다.

제9장 모터 구동 II

9.1 DC 모터 양방향 구동

제 1부의 5-1에서 DC 모터를 단방향으로 구동시키면서 펄스폭변조(PWM) 신호를 이용하여 모터의 속도를 제어하는 방법을 살펴보았습니다. 그리고 5-1에서는 모터에 전류를 공급하기 위해 트랜지스터(MSP2222A)를 사용했습니다. 이번 절에서는 DC 모터에 전류를 공급하기 위해 L293B 모터 구동 IC를 이용할 것이며 모터를 양 방향으로 구동시키는 예를 보일 것입니다. L293B는 모터 두 개를 구동할 수 있는 모터 드라이버 IC입니다. 각 채널당 최대 1[A]의 전류를 공급할 수 있습니다.

1) 실습 내용 및 목표

모터 드라이브 IC인 L293B를 이용하여 모터에 필요한 전류를 공급하고 모터를 정방향 또는 역방향으로 구동시키는 방법을 이해하는 실습입니다.

2) 회로 구성

회로 구성에 앞서 L293B의 핀 배열은 그림 9-1과 같고 각 핀에 대해 간단한 설명을 표 9-1에 보입니다.

그림 9-1 L293B의 핀 배열

표 9-1 L293B의 각 핀에 대한 설명

핀 번호	공통	채널 1	채널 2
1		채널 1 활성화	
2		입력 1-1	
3		출력 1-1	
4, 5	그라운드		
6		출력 1-2	
7		입력 1-2	
8		모터구동 전원(최대 36[V])	
9			채널 2 활성화
10			입력 2-1
11			출력 2-1
12, 13	그라운드		
14			출력 2-2
15			입력 2-2
16	논리회로 전원(4.5~36[V])		

L293B는 모터 2개를 정방향 역방향으로 구동시킬 수 있습니다. 4, 5번과 12, 13번 핀은 그라운드이고 8번 핀에는 모터를 구동하는 전원을 연결합니다. 아두이노 보드에서 나오는 전압 또는 전류 보다 더 큰 전압, 전류가 필요하다면 별도의 전원 공급장치에서 전원을 공급받아야 하는데, 그 전원공급 장치의 + 전원 단자를 L293B의 8번 핀에 연결하면 됩니다. 이 경우 외부 전원 GND 단자와 L293B의 그라운드 핀 그리고 아두이노 보드의 GND 단자를 서로 연결해줘야 합니다. 우리는 지금 소형 모터를 사용할 예정이므로 외부 전원은 필요 없고 아두이노 보드의 5[V] 핀에 L293B의 8번 핀에 연결할 것입니다. 16번 핀은 HIGH 또는 LOW를 표현할 때 HIGH의 의미로 몇 볼트의 전압을 사용할 것인지를 L293B에 알려주는 핀입니다.

HIGH의 의미로 5볼트를 사용할 예정이라면 아두이노 보드의 5[V] 핀을 L293B의 16번 핀에 연결해주면 됩니다.

L293B는 두 개의 모터를 제어할 수 있다고 했는데, 두개의 모터 각각을 제어하기 위한 핀은 표 9-1에서 채널 1과 채널 2에 해당합니다. 1번 핀을 HIGH로 했을 때 채널 1에 연결된 모터에 전류를 공급합니다. 1번 핀이 LOW면 채널 1에 연결된 모터에 전류가 흐르지 않습니다. 따라서 모터에 전류를 흘려보내기 위해서는 1번 핀이 HIGH여야 합니다. 입력 1-1과 입력 1-2는 모터의 회전 방향을 결정하기 위한 핀이다. 입력 1-1 핀이 HIGH이고 입력 1-2 핀이 LOW면 전류는 한 방향으로 흐르고 반대로 입력 1-1 핀이 LOW이고 입력 1-2핀이 HIGH이면 전류는 이전과 반대 방향으로 흐릅니다. 출력 1-1과 출력 1-2에 모터를 연결합니다. 표 9-1에서 채널 2라고 표현한 부분도 채널 1의 경우와 같습니다.

L293B IC는 그림 9-2와 같이 브레드 보드 중앙에 꽂아야 합니다. 그리고 IC 핀들을 살짝 안쪽으로 구부린 후 브레드 보드에 꽂으면 쉽게 들어갑니다. 꽂을 때 핀이 부러지지 않도록 주의하십시오. 그리고 그림 9-2에서 브레드 보드 위에 L293B 이외에 다이오드가 꽂혀져 있습니다.(아두이노 배우기 키트 v1.3에는 다이오드 8개, L293B 1개, MSP2222A 1개가 한 봉지에 들어 있습니다.)

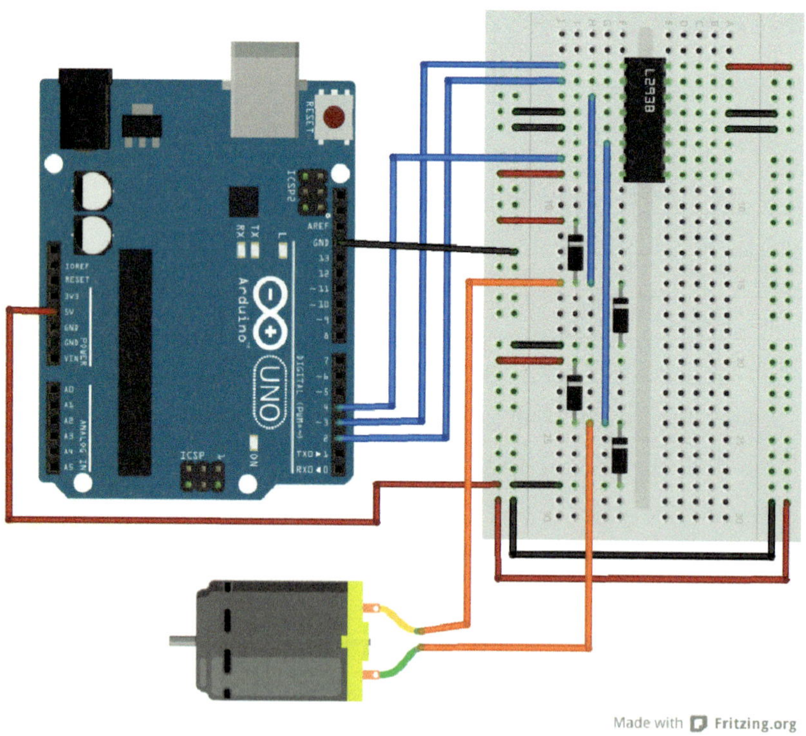

그림 9-2 L293B를 이용한 모터 정역회전

3) 스케치 작성

```
#define motor1EnablePin    3
#define motor1_1           2
#define motor1_2           4

void setup()
{
  pinMode(motor1_1, OUTPUT);
  pinMode(motor1_2, OUTPUT);
  pinMode(motor1EnablePin, OUTPUT);
  analogWrite(motor1EnablePin, 0);
}

void loop()
{
  digitalWrite(motor1_1, HIGH);
  digitalWrite(motor1_2, LOW);
  analogWrite(motor1EnablePin, 128);
  delay(2000);
  analogWrite(motor1EnablePin, 0);
  delay(1000);

  digitalWrite(motor1_1, LOW);
  digitalWrite(motor1_2, HIGH);
  analogWrite(motor1EnablePin, 128);
  delay(2000);
  analogWrite(motor1EnablePin, 0);
  delay(1000);

}
```

4) 설명

setup() 함수에서는 디지털 입출력 핀 3개를 모두 출력 모드로 설정했습니다. motor1_1이라고 이름 붙인 2번 핀과 motor1_2라고 이름 붙인 4번 핀 그리고 motor1EnablePin이라고 이름 붙인 3번 핀을 출력으로 동작하도록 설정했습니다. 특히 motor1EnablePin이라고 이름 붙인 3번 핀은 analogWrite() 함수를 이용하여 펄스폭변조(PWM) 신호를 전송할 수 있습니다. setup() 함수의 마지막의 analogWrite(motor1EnablePin, 0) 명령은 3번 핀에 펄스폭변조(PWM) 신호를 출력하는데 HIGH 구간이 0% 즉 0[V]인 신호를 출력하라는 뜻으로 이 신호는 L293B의 채널 1 활성화 핀에 연결되어 있습니다. 신호는 L293B의 채널 1 활성화 핀이 0[V]

즉 LOW 상태이면 L293B는 채널 1에 전류를 흘리지 않습니다.

loop() 함수에서 motor1_1은 HIGH, motor1_2는 LOW가 되게 만들었습니다. 이는 표 9-1에서 보인 모터 드라이버 IC L293B의 입력 1-1과 입력 1-2에 각각 반영됩니다. 다음으로 analogWrite (motor1EnablePin, 128) 명령을 내리면 L293B의 채널 1 활성화 핀에 HIGH 구간이 50%인 펄스를 전송하게 됩니다. 그로 인해 모터가 연결된 출력 1-1과 출력 1-2 사이에 전류가 흐르는 시간과 흐르지 않는 시간이 50 : 50이 됩니다. 약 2초 현 상태를 유지한 후 채널 1 활성화 핀을 LOW로 만들어서 전류의 흐름을 차단한 후 motor1_1은 LOW, motor1_2는 HIGH가 되게 만들었습니다. 이전과 반대의 입력을 L293B에 전달했습니다. 이렇게 하면 출력 1-1과 출력 1-2 사이의 전류 흐름이 조금 전과 반대 방향으로 흐르게 설정되는 것입니다. 다시 analogWrite(motor1EnablePin, 128) 명령을 내려 L293B의 채널 1 활성화 핀에 HIGH 구간과 LOW 구간이 50 : 50인 펄스열을 전송하면 전류가 흐르는 시간과 흐르지 않는 시간이 50 : 50이 되는 것입니다.

모터의 회전 방향을 결정짓는 것은 입력 1-1과 입력 1-2의 논리 상태이며 모터의 회전 속도를 결정짓는 것은 채널 1 활성화 핀에 가해지는 펄스폭변조 신호의 HIGH 구간 비율에 달려있습니다.

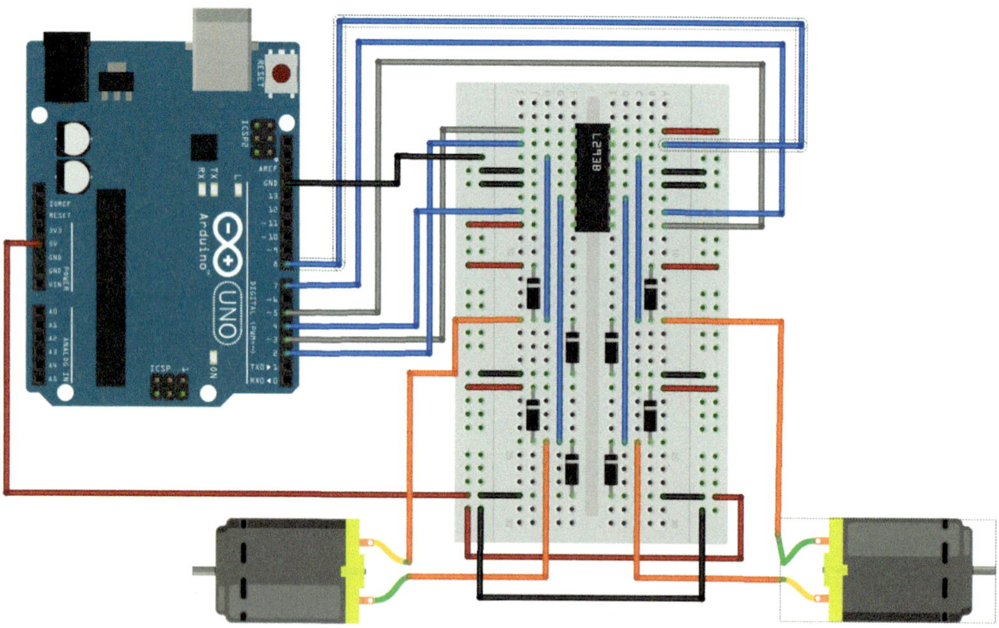

그림 9-3 두 개의 모터를 제어하기

5) 응용예제 A – 모터 두 개를 정방향, 역방향으로 회전시키기

♣ 아두이노 배우기 키트에는 모터가 1개만 들어있습니다.

[응용예제 A-1] 실습 목표 및 내용

아두이노 보드가 모터 2개를 제어할 수 있는 회로 및 스케치를 작성합니다. 각 모터의 속도 및 회전 방향을 제어할 것입니다.

[응용예제 A-2] 회로 구성

회로 구성은 그림 9-4와 같이 하시면 됩니다.

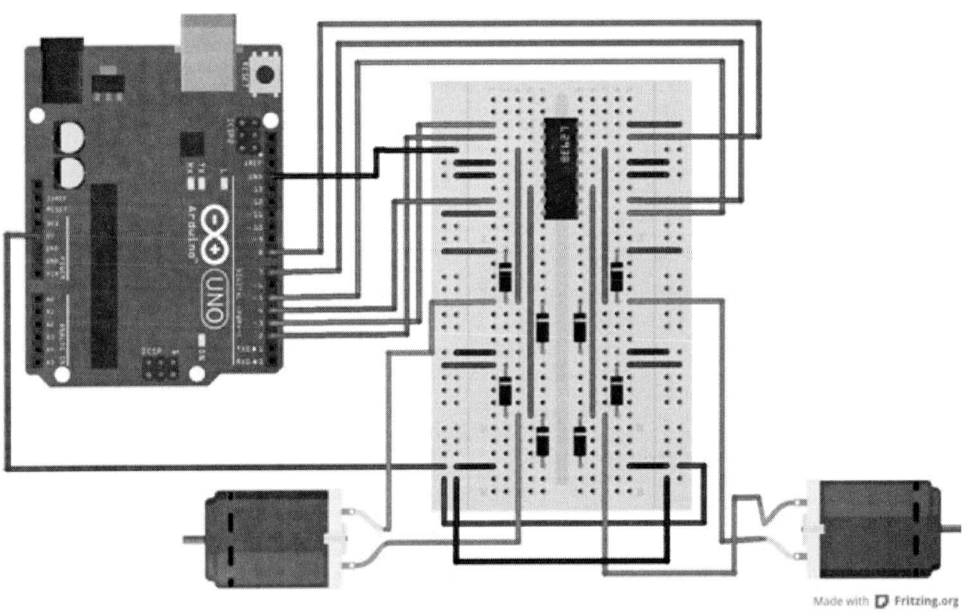

그림 9-4 두 개의 모터 연결

[응용예제 A-3] 스케치 작성

```
#define motor1EnablePin    3
#define motor1_1           2
#define motor1_2           4
#define motor2EnablePin    5
#define motor2_1           7
#define motor2_2           8
```

```
void setup()
{
  pinMode(motor1_1, OUTPUT);
  pinMode(motor1_2, OUTPUT);
  pinMode(motor1EnablePin, OUTPUT);
  analogWrite(motor1EnablePin, 0);

  pinMode(motor2_1, OUTPUT);
  pinMode(motor2_2, OUTPUT);
  pinMode(motor2EnablePin, OUTPUT);
  analogWrite(motor2EnablePin, 0);

}

void loop()
{
  // motor 1
  digitalWrite(motor1_1, HIGH);
  digitalWrite(motor1_2, LOW);
  analogWrite(motor1EnablePin, 128);
  // motor 2
  digitalWrite(motor2_1, HIGH);
  digitalWrite(motor2_2, LOW);
  analogWrite(motor2EnablePin, 128);
  delay(2000);

  analogWrite(motor1EnablePin, 0);
  analogWrite(motor2EnablePin, 0);
  delay(1000);

  // motor 1
  digitalWrite(motor1_1, LOW);
  digitalWrite(motor1_2, HIGH);
  analogWrite(motor1EnablePin, 128);
  // motor 2
  digitalWrite(motor2_1, LOW);
  digitalWrite(motor2_2, HIGH);
  analogWrite(motor2EnablePin, 128);
  delay(2000);

  analogWrite(motor1EnablePin, 0);
  analogWrite(motor2EnablePin, 0);
  delay(1000);
}
```

[응용예제 A-4] 설명

스케치를 보면 앞서 설명한 내용과 비교해서 특별히 더 설명할 내용은 없습니다. L293B의 채널 2에 대한 회로 연결을 잘하셨다면 위 스케치가 실행될 때 모터 두 개가 같은 방향으로 돌다가 다시 역방향으로 돌기를 반복할 것입니다. 만약 한쪽 모터가 원하는 방향으로 돌지 않는다면 스케치의 코드를 수정하거나 모터를 연결하는 선을 반대로 연결해 보십시오.☺ 그림 9-3의 오른쪽 모터가 원하는 방향이 아닐 경우, 그림 9-4와 같이 모터에 연결된 선을 그림 9-3과 반대로 연결해 보십시오.

제10장 아두이노 보드의 MCU 내부의 EEPROM

10.1 MCU 내부의 EEPROM

이번 절에서는 아두이노 보드를 구동시키는 MCU인 Atmega328 내부에는 1Kbyte 크기의 EEPROM이 있습니다. 이 EEPROM에 데이터를 쓰는 방법과 읽어오는 방법을 알아볼 것입니다.

RAM 타입의 메모리는 전원이 나갔다가 다시 들어오면 저장된 데이터가 다 사라지는 반면 EEPROM은 ROM이기 때문에 한번 데이터를 써 놓으면 전원이 나갔다가 다시 들어와도 그 값을 가지고 있는 특징이 있습니다. 이런 상황을 생각해 봅시다. 에어컨의 '희망 온도'를 26도씨에 맞춰놓았습니다. 퇴근하면서 에어컨을 끄고 퇴근을 했지요. 다음 날 에어컨을 켰을 때 '희망 온도'는 얼마일까요? 설정 온도를 바꾸지 않았기 때문에 우리는 26도씨에 '희망 온도'가 맞춰져 있을 거라고 생각할 것입니다. 에어컨은 전원이 나가있는 동안 이 26도씨를 어떻게 기억하고 있을까요? 에어컨 내부에 EEPROM이 있다면 그 메모리에 설정된 '희망 온도' 값을 보관해놓았다가 전원이 들어오면 그 값을 읽어서 운행을 하면 될 것입니다.

1) 실습 내용 및 목표

Atmega328 MCU 내부의 EEPROM에 데이터를 쓴 후 다시 읽는 스케치를 작성해 보면서 내부 EEPROM을 사용하는 방법을 알게 될 것입니다.

2) 회로 구성

따로 특별한 회로 구성이 필요하지 않습니다. USB 케이블로 컴퓨터와 아두이노 보드를 연결하시면 됩니다.

3) 스케치 작성

아래 스케치 A는 MCU 내부의 EEPROM에 데이터를 쓰는 동작을 하며 스케치 B는 내부 EEPROM으로부터 데이터를 읽어오는 동작을 합니다. 따라서 스케치 A를 실행시킨 후 다음으로 스케치 B를 실행시키세요. 그런 다음 시리얼 모터 창을 띄워 내부 EEPROM에 쓴 값과 읽어 온 값이 같은지 확인하세요.

(1) 스케치 A

```
#include <EEPROM.h>

void setup()
{
  int address, data = 0;
  for(address = 0 ; address < 128; address++) {
    EEPROM.write(address, data++);
  }
}

void loop()
{
}
```

(2) 스케치 B

```
#include <EEPROM.h>

void setup()
{
  Serial.begin(9600);
}

void loop()
{
  int address, data = 0;
```

```
  for(address = 0; address < 128; address++) {
    data = EEPROM.read(address);
    Serial.println(data);
  }
}
```

4) 설명

■ EEPROM.write()

스케치 A부터 살펴보겠습니다. setup() 함수는 스케치가 실행되는 동안 한 번 수행됩니다. 스케치 A가 setup() 함수에서는 EEPROM.write() 함수를 이용하여 내부 EEPROM에 데이터를 쓰고 있습니다. EEPROM.write() 함수는 인자가 두 개 필요한데, 첫 번째 인자는 데이터를 쓸 주소를 나타내고 두 번째 인자는 쓸 데이터를 나타냅니다. setup()함수는 EEPROM.write()를 이용하여 주소 0번지에 0을 쓰고 주소 1번지에 1을 쓰고 주소 2번지에 2을 쓰고 … 주소 127번지에 127을 쓴 후 종료합니다. 다음으로 수행되는 loop() 함수에서는 아무것도 하지 않습니다.

■ EEPROM.read()

스케치 B의 loop() 함수는 EEPROM.read() 함수를 이용하여 내부 EEPROM으로부터 데이터를 읽어오고 있습니다. EEPROM.read() 함수는 인자가 하나 필요한데 그 인자는 읽어올 데이터의 주소를 나타냅니다. loop() 함수는 EEPROM.read() 함수를 이용하여 0번지 주소에서 데이터를 읽어 와서 직렬통신으로 전송하고 다시 1번지 주소에서 데이터를 읽어 와서 직렬통신으로 전송하고 2번지 주소에서 데이터를 읽어 와서 직렬통신으로 전송… 127번지 주소에서 데이터를 읽어 와서 직렬통신으로 전송하는 일을 무한히 반복합니다. 시리얼 모니터에 0, 1, 2, 3, … 127, 0, 1, 2, 3, … 127, 0, 1, 2, 3, … 127, 0, 1, … 를 출력한다면 내부 EEPROM에 데이터를 잘 쓰고 잘 읽어오고 있는 것입니다.

그런데 말이죠…!!

아두이노 우노 보드의 MCU인 Atmega328 내부의 EEPROM의 크기는 1kbyte입니다. 천이십사(1024)개의 바이트를 저장할 수 있는 공간입니다. 아두이노가 어떤 일을 하느냐에 따라 내부 EEPROM의 크기는 작을 수도 있고 클 수도 있습니다. 제 2부의 제 11장에서는 아두이노 우노 보드 외부에 추가로 EEPROM을 연결하는 방법을 설명할 것입니다.

제11장 폴링과 인터럽트

11.1 폴링

아두이노 보드가 어떤 작업을 수행할 때 주변 상황 변화에 따라 어떤 요구가 발생할 수 있고 이 요구에 대한 반응을 해야 할 때가 있습니다. 예를 들어 기온이 설정된 온도 이상 상승했을 때 에어컨을 가동하게 하고 설정된 온도 밑으로 기온이 내려가면 에어컨의 작동을 멈추게 한다거나 하는 상황을 생각할 수 있습니다. 이런 예도 생각해 봅시다. 동작 감지기를 달아서 누군가의 침입을 인지하고 그 결과를 경비 업체에 알려주는 경우도 있습니다. 동작 감지기를 달아서 누군가의 침입을 감지해야 할 경우 아두이노는 동작 감지기에게 이상 징후가 감지되었는지 빈번하게 물어봐서 이상 징후가 있다면 그 다음 후속 조치를 하면 될 것입니다. 아니면 아두이노는 다른 일을 하고 있는데 동작 감지기가 이상 징후가 감지되었다는 신호를 아두이노에게 알려주는 방법도 있습니다.

다른 상황을 한 번 더 생각해 보겠습니다. 이 상황을 상황 A라고 하겠습니다. 제가 강의를 하고 있는 중이라고 가정하겠습니다. 강의 도중 학생에게 질문이 있냐고 물어봅니다. 질문이 없다고 하네요. 강의를 계속 해 나가다가 다시 학생에게 질문이 있냐고 물어봅니다. 이런 식으로 질문이 있는지를 반복적으로 물었고 그 때 질문을 하면 그 질문에 대한 설명을 합니다. 저는 질문이 있는 학생들의 이야기를 이러한 방식(폴링)으로 알게 되었고 그 질문에 답을 해준 후 강의를 계속해 나갔습니다.

이번에 가정한 상황은 상황 B라고 하겠습니다. 강의를 하면서 이번에는 질문이 있냐고 학생들에게 묻지 않았습니다. 저는 제가 준비한 강의를 계속해 나갔지요. 그런데 갑자기 학생이 "질문 있습니다."라며 손을 들어 신호를 했습니다(인터럽트). 학생의 질문에 답을 해주고 강의를 계속해 나갔습니다. 얼마쯤 시간이 흘렀는데 또 학생이 "질문 있습니다."라고 말하면서 저를 불렀습니다(인터럽트). 그 학생의 질문에 답을 해주고 강의를 계속했습니다.

상황 A와 같이 지속적으로(질문이 있는) 상황을 조사하면서(질문에 대한) 요구를 처리하는 방식을 폴링이라고 합니다. 상황 B와 같이(질문이 있는 상황이 발생하면) 신호를 보내서(질문에 대한) 요구를 처리하게 하는 방식을 인터럽트라고 합니다.

11.1절에서는 폴링 개념으로 작성된 스케치를 살펴보겠습니다. 이 책 대부분의 스케치들은 폴링 개념을 사용했습니다. 2.2절에서 봤던 스케치의 일부만 수정한 스케치를 아래 보이고 있습니다.

```
int led = 13;                   // 아두이노 보드의 13번 핀에 연결된 LED
int push_sw = 2;                // 아두이노 보드의 12번 핀에 푸시 버튼(푸시 스위치) 연결

void setup() {
  pinMode(led, OUTPUT);         // 변수 led에는 13가 할당된 상태이므로 13번 핀을 출력으로 설정
  pinMode(push_sw, INPUT); // 변수 push_sw의 값이 12이므로 12번 핀을 입력으로 설정
}

void loop() {
  // push_sw의 값이 12이므로 12번 핀의 상태(HIGH 또는 LOW)를 읽어서
  // 변수, push_sw_state에 할당
  // 12번 핀의 상태 값(HIGH 혹은 LOW)을 13번 핀에 출력.
  // 결국 13번 핀에 연결된 LED는 12번 스위치 상태에 영향을 받음.

  int push_sw_state = digitalRead(push_sw);
  digitalWrite(led, push_sw_state);
}
```

2.2절에서 봤던 스케치는 푸시 버튼 스위치를 12번 핀에 연결한 것을 가정하고 작성되었고 위 스케치는 그림 11-1과 같이 푸시 버튼 스위치가 2번에 연결되었다고 가정하고 작성된 스케치입니다. 그림 11-1에서 사용한 저항은 10[kΩ]입니다.

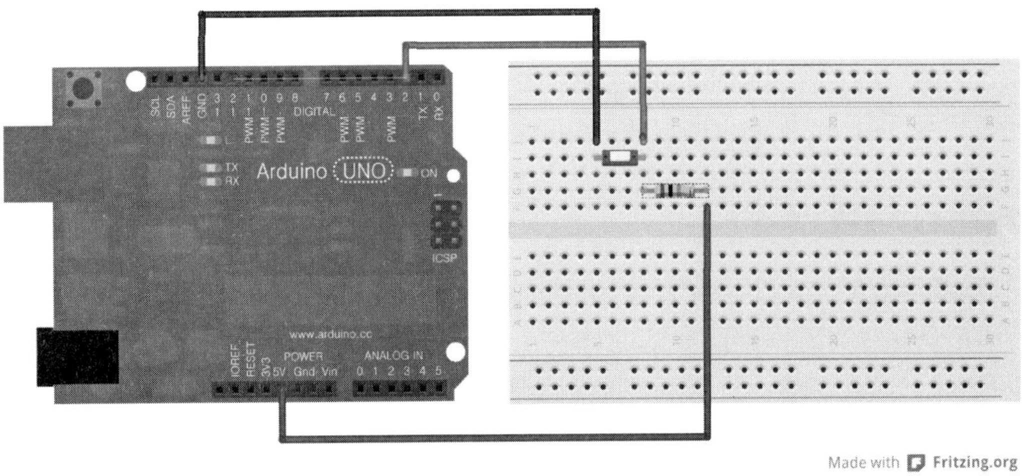

그림 11-1 푸시 버튼 스위치를 연결한 아두이노

loop() 함수에서는 2번 핀의 상태를 지속적으로 읽어서(조사해서) 13번 핀에 출력하고 있습니다. 어떤 상태를 지속적으로 조사해서 부합하는 동작을 하는 폴링 형식의 스케치입니다.

11.2 인터럽트

아두이노는 주어진 스케치에 따라 주어진 일을 수행하게 됩니다. 일을 수행하는 도중에 '잠깐 짬을 내서 어떤 특별한 일을 처리'한 후 다시 하던 일을 계속 하도록 시킬 수 있습니다. 특히 예정에 없던 어떤 특별한 일이 발생했을 때 그 일을 처리하도록 요청하는 것을 "아두이노에게 인터럽트를 건다"고 표현합니다. 인터럽트를 요청한다고 표현하기도 합니다.

아두이노가 하던 일을 잠시 멈추고 예정에 없던 어떤 특별한 처리를 하도록 요청하는 방법은 있습니다. 아두이노 우노의 경우 2번 핀과 3번 핀의 상태(전압) 변화를 발생시킴으로써 특별한 처리를 요구할 수 있습니다. 아래 표 11-1은 아두이노 보드별 인터럽트 기능을 부여할 수 있는 핀을 나열하고 있습니다. 아두이노 듀 보드의 경우에는 사용할 수 있는 모든 핀에 인터럽트 기능을 다 부여할 수 있습니다.

표 11-1 아두이노 보드의 인터럽트 번호와 인터럽트 허용 가능한 핀들

보드	Int.0	Int.1	Int.2	Int.3	Int.4	Int.5
우노	2	3				
메가	2	3	21	20	19	18
레오나르도	3	2	0	1	7	

1) 실습 목표

아두이노 우노는 불시의 작업 요청(인터럽트)을 처리하기 위해 어떤 함수를 어떻게 사용해야 하는지 이해하는 것이 이 실습의 목표입니다.

2) 회로 구성 및 부품

아두이노 우노 보드, 10k 저항, 푸시 버튼 스위치가 필요합니다. 회로 구성은 그림 11-1과 동일합니다. 아두이노의 2번 핀에 푸시 스위치를 연결합니다.

3) 스케치 작성

```
// 아래 스케치는 arduino.cc에서 가져 왔습니다.
int pin = 13;              // 아두이노 보드의 13번 핀에는 이미 LED가 기판에 붙어 있음
int state = LOW;           // 변수 state의 초기 값은 LOW

void setup()
 {
  pinMode(pin, OUTPUT);               // 13번 핀을 출력 모드로 설정
  attachInterrupt(0, blink, CHANGE);  // 0번 인터럽트가 발생하면 'blink' 라는 함수 호출
 }

void loop()
 {
  digitalWrite(pin, state);     // 변수 state가 가지고 있는 (상태)값으로 13번 핀에 기록
 }

void blink()                    // 인터럽트 0번이 발생했을 때 호출
 {
  state = !state;               // 변수 state의 값을 부정(!: NOT)해서 다시 state에 저장
}
```

4) 설명

■ attatchInterrupt()

setup() 함수에서는 먼저 13번 핀을 출력 모드로 설정했습니다. 아두이노 보드의 13번 핀에 연결되어 있는 LED를 사용하기 위해서 입니다. 그리고 attatchInterrupt() 함수를 호출했습니다. 이 함수는 세 개의 인자가 필요한데 첫 번째 인자는 인터럽트 번호이고 두 번째 인자는 지정한 인터럽트(번호)가 발생했을 때 처리해야 할 작업을 수행하는 함수 이름이고 세 번째

인자는 어떤 상황이 발생하면 인터럽트(특별 처리 요구)로 간주할 것인가를 결정하는 인자입니다.

위 스케치에서는 attatchInterrupt(0, blink, CHANGE)라고 코딩되어 있는데 첫 번째 인자가 0이라는 뜻은 인터럽트 0번을 의미합니다. 아두이노 우노 보드의 경우 2번 핀이 인터럽트 0번입니다. 세 번째 인자는 CHANGE라고 되어 있는데, 인터럽트 0번이 발생하면 즉 2번 핀의 상태가 변하면(CHANGE)하면 두 번째 인자의 이름(blink)을 갖는 함수가 호출되라는 뜻입니다. 만약 세 번째 인자가 RISING 즉 attatchInterrupt(0, blink, RISING)와 같이 코딩 하였다면 2번 핀의 상태가 LOW에서 HIGH로 바뀌면 인터럽트 신호이니 blink라는 이름의 함수를 실행시키라는 의미입니다.

attatchInterrupt() 함수의 세 번째 인자로 사용할 수 있는 키워드는 다음 네 가지입니다.

① LOW : 지정된 핀이 LOW이면 인터럽트가 요청되어 인터럽트 처리 함수가 수행됨
② CHANGE : 지정된 핀의 상태(값)가 변하면 인터럽트 요청되어 인터럽트 처리 함수가 실행됨.
③ RISING : 지정된 핀의 상태가 LOW에서 HIGH로 변하면 인터럽트가 요청되어 인터럽트 처리 함수가 실행됨.
④ FALLING : 지정된 핀의 상태가 HIGH에서 LOW로 바뀌면 인터럽트가 요청되어 인터럽트 처리함수가 실행됨.

5) 예제 A – 인터럽트 활용

[예제 A-1] 실습 내용 및 목표

인터럽트의 개념을 명확히 이해하기 위해, 13번 핀에 연결된 LED가 1초 동안 켜지고 1초 동안 꺼지는 동작을 반복 수행하는 도중에 스위치 입력으로 아두이노에 인터럽트를 걸어서 또 다른 LED의 on/off를 제어해 보는 실습을 해보겠습니다.

[예제 A-2] 회로 구성

7번 핀에서 선을 따와서 LED와 저항을 직렬로 그라운드에 연결합니다. 스위치는 2번 핀에 연결합니다. 그림 11-2에서 위쪽에 보이는 저항은 330[Ω]이며 아래쪽 스위치와 연결된 저항은 10[kΩ]입니다.

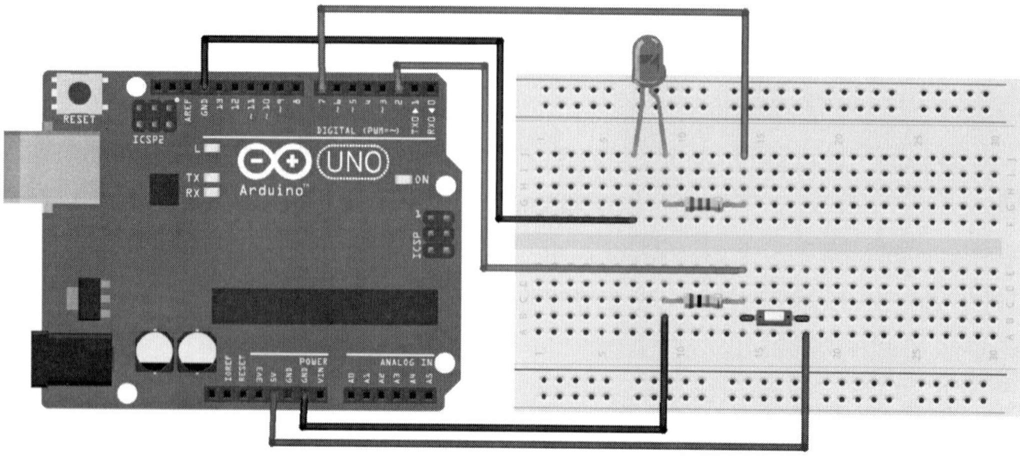

그림 11-2 푸시 버튼으로 인터럽트 발생시키기

[예제 A-3] 스케치

```
int led = 13;
int IndicateLed = 7;
int pushButton = 2;
int state = LOW;

void setup()
{
  pinMode(led, OUTPUT);
  pinMode(IndicateLed, OUTPUT);
  pinMode(pushButton, INPUT);
  attachInterrupt(0, toggle, RISING);
}

void loop()
{
  digitalWrite(led, HIGH);
  delay(1000);
  digitalWrite(led, LOW);
  delay(1000);
}

void toggle()
{
  state = !state;
  digitalWrite(IndicateLed, state);
}
```

[예제 A-4] 설명

위 스케치가 반복 수행하게 되는 동작은 loop() 함수를 내에 기술되어 있습니다. led라는 변수에 13이 할당되었기 때문에 digitalWrite(led, HIGH)라는 명령은 13번 핀의 상태를 HIGH로 만들게 됩니다. delay(1000)는 1초 동안 스케치 실행을 지연시킵니다. digitalWrite(led, LOW) 함수를 호출해서 13번 핀의 상태를 LOW로 만들고 다시 delay(1000)을 호출하여 1초 동안 스케치 실행을 지연시킵니다. 즉 13번에 연결되어 있는 LED는 켠 후 상태를 1초 동안 유지하고 LED를 끈 후 1초 동안 상태를 유지하게 됨으로써 LED가 on/off를 반복 수행하게 됩니다.

이렇게 LED를 켰다 껐다를 반복하는 동안 스위치가 연결된 2번 핀의 상태가 LOW에서 HIGH로 바뀌면(스위치를 누르면) 0번 인터럽트가 발생했다는 것은 아두이노의 MCU가 인지하고 setup() 함수에서 attachInterrupt(0, toggle, RISING) 명령을 내려 설정해 놓은 toggle 함수를 수행하게 됩니다. toggle() 함수는 state 변수가 가지고 있는 값을 바꿔서 7번 핀에 연결해 놓은 LED의 상태를 바꾸게 됩니다.

여기서 중요한 점은 loop() 함수에서 LED를 on/off를 수행하는 동안 언제든지 스위치에 의한 인터럽트 처리 함수인 toggle() 함수가 수행된다는 것입니다. 예를 들어 loop() 함수에서 LED를 켜 놓고 1초 지연을 하는데 이 순간에 스위치를 눌러도 인터럽트 처리 함수인 toggle() 함수가 수행되어 주어진 작업을 수행 후 loop() 함수에서 하던 작업을 이어서 수행하게 된다는 것입니다.(위 스케치를 실행시켜 보면 스위치의 접촉 불안정으로 약간의 오동작이 발생할 수 있습니다.)

아래 스케치와 앞서 보인 스케치를 비교해보면 그 차이를 명확히 알 수 있습니다. 위 스케치는 loop() 함수에서 푸시 스위치가 눌렸는지를 조사합니다. 폴링 방식으로 스위치가 눌렸는지 주기적으로 (잠깐) 체크합니다. LED에 불을 키고 1초 지연하는 동안 스위치를 눌렀다가 떼면 스위치가 눌렸는지 조사하는 작업을 하기도 전에 스위치는 이미 눌렀다 손을 떼게 되어 스위치가 눌렸는지를 알 수 없습니다.

```
int led = 13;
int IndicateLed = 7;
int pushButton = 2;
int state = LOW;

void setup()
{
  pinMode(led, OUTPUT);
  pinMode(IndicateLed, OUTPUT);
   pinMode(pushButton, INPUT);
```

```
}

void loop()
{
  digitalWrite(led, HIGH);
  delay(1000);
  digitalWrite(led, LOW);
  delay(1000);


  if ( digitalRead(pushButton) == HIGH ) {
    state = !state;
    digitalWrite(IndicateLed, state);
   }

}
```

6) 예제 B – 인터럽트 신호로 동기 맞추기

♣ '아두이노 배우기 키트'에는 아두이노 보드가 1개만 포함되어 있습니다. 따라서 아래 실습을 하기 위해서는 아두이노 보드가 하나 더 필요합니다.

[예제 B-1] 실습 내용 및 목표

한 아두이노 보드가 붉은색 LED를 주기적으로 On과 Off를 반복하여 깜박이게 만듭니다. 그리고 다른 아두이노 보드는 녹색 LED를 붉은색 LED와 반대로 On, Off를 반복 수행하도록 합니다. 이 두 보드의 LED는 서로 교차하면서 같은 박자로 깜박이게 만들려면 두 보드 사이에 신호를 적절히 주고받아야 할 것입니다. 이때 인터럽트 개념을 사용할 것입니다.

인터럽트의 개념을 이해하고 인터럽트를 활용할 수 있는 지식을 습득하는 것이 이번 실습의 목표입니다.

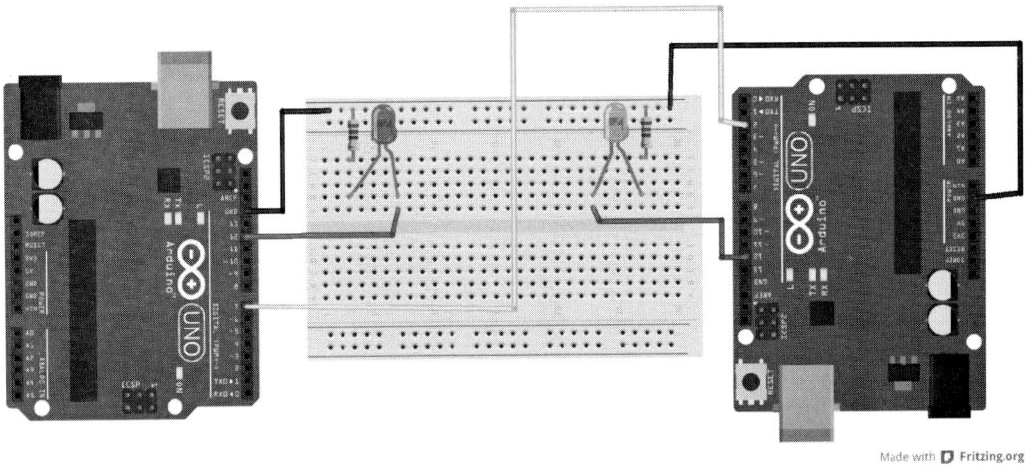

그림 11-3 인터럽트를 이용하여 두 아두이노 보드 사이의 동기 맞추기

[예제 B-2] 회로 구성 및 부품

아두이노 우노 보드 2개, LED 2개, 330[Ω] 저항 2개가 필요합니다. 회로 구성은 그림 11-3과 같이 구성합니다. 먼저 두 아두이노 보드의 GND 핀을 서로 연결한 후에 나머지 회로를 구성하시기 바랍니다.

[예제 B-3] 스케치 작성

아래 스케치 중 왼쪽에 있는 스케치가 그림 11-3의 왼쪽 보드에서 실행되고 있고 아래 오른쪽 스케치가 그림 11-3의 오른쪽 보드에서 실행되고 있다고 가정합니다.

```
int led = 12;
int signalPin = 7;

void setup() {
  pinMode(led, OUTPUT);
  pinMode(signalPin, OUTPUT);
}

void loop() {
  digitalWrite(led, HIGH);
  digitalWrite(signalPin, HIGH);
  delay(1000);

  digitalWrite(led, LOW);
  digitalWrite(signalPin, LOW);
```

```
int pin = 12;
int state = LOW;

void setup()
{
  pinMode(pin, OUTPUT);
  attachInterrupt(0, blink, CHANGE);
}

void loop()
{
  digitalWrite(pin, state);
}

void blink()
```

```
  delay(1000);
}
```

```
{
  state = digitalRead(2);
}
```

[예제 B-4] 설명

위 스케치의 왼쪽 스케치부터 보겠습니다. loop() 함수에서 12번 핀에 연결된 LED를 켭니다.(다음으로 7번 핀에 HIGH를 띄웁니다. "나 불 켰어~.") 그리고 1초 동안 지연하고 있습니다. 다시 12번 핀을 LOW로 만들어 LED를 끕니다.(그런 후 7번 핀의 상태를 LOW로 만듭니다. "나 불 껐어~.") 다시 1초 지연합니다. 매번 1초씩 지연하는 것은 LED를 1초 동안 켜고 1초 동안 꺼서 LED가 깜박거리게 하기 위해서 입니다. 그림 11-3의 왼쪽 보드의 7번 핀은 오른쪽 보드의 2번 핀에 연결되어 있습니다. 왼쪽 보드에서 7번 핀의 상태를 변경하면 오른쪽 보드의 2번 핀의 상태가 변경됩니다.

이제 위 스케치 중 오른쪽 스케치를 살펴보겠습니다. setup() 함수에서 attachInterrupt(0, blink, CHANGE)라고 명령함으로써 0번 인터럽트 기능을 사용하고 해당 인터럽트가 발생하면 blink라는 함수가 수행되도록 설정했습니다. 0번 인터럽트는 아두이노 우노 보드의 2번 핀의 상태 변화에 의해 발생합니다. 따라서 그림 11-3의 오른쪽 보드는 왼쪽 보드의 7번 핀 상태에 영향을 받는 2번 핀의 상태 변화에 따라 인터럽트를 발생시키게 되며 이 인터럽트의 발생은 blink라는 함수를 실행시키게 됩니다.

blink() 함수는 2번 핀의 상태 값을 읽어 state라는 변수에 저장하고 작업을 마칩니다. Loop() 함수에 있는 digitalWrite(pin, state)가 지속적으로 수행되면서 2번 핀의 상태를 LED가 연결된 12번 핀에 출력하게 됩니다. 즉 오른쪽 보드에 LED가 연결된 12번 핀의 상태와 7번 핀의 상태가 같고 7번 핀의 상태를 왼쪽 보드의 12번 핀의 상태와 일치시켰습니다. 그래서 두 LED는 (거의) 동시에 켜졌다 꺼졌다 하게 됩니다.

제12장

직렬통신 II

12.1 직렬통신 - 소프트웨어 시리얼 라이브러리

아두이노 우노 보드의 마이크로컨트롤러인 Atmega328 내부에는 직렬통신을 전담하는 하드웨어(USART)가 1 밖에 없고 이 하드웨어는 컴퓨터와 USB 통신을 위해 주로 사용되었습니다. 따라서 USB 케이블을 통해 컴퓨터와 데이터를 송수신을 하면서 다른 직렬통신이 필요한 경우 더 이상 이용할 직렬통신을 전담하는 하드웨어가 없다는 것입니다. 그러나 임의의 디지털 입출력 핀을 소프트웨어적인 방법으로 직렬통신을 위해 사용할 수 있습니다. 이러한 방식이 가능하도록 아두이노에서는 소프트웨어시리얼(SoftwareSerial)이라는 라이브러리를 제공합니다.

그런데 말이죠…!!

아두이노 우노에 장착된 마이크로컨트롤러 내부에 있는 직렬통신 전담 하드웨어(USART)는 마이크로컨트롤러의 직렬통신용 입출력 핀을 통해 보드에 탑재된 USB 통신을 돕는 칩과 연결되어 있습니다. 따라서 스케치에서 직렬통신 출력 명령이 내려지면 데이터는 직렬통신 전담 하드웨어(USART)로 전달되고 이 데이터는 직렬 형태로 변경되어 한 비트씩 마이크로컨트롤러의 직렬통신 출력 핀으로 전송됩니다. 이 직렬 데이터는 USB 통신을 지원하는 칩에 전달되어 USB 케이블을 타고 컴퓨터로 전송되는 것입니다.

또한 아두이노 우노 보드에 장착된 마이크로컨트롤러의 직렬통신을 위한 출력 핀은 아두이노 보드의 1번(Tx) 핀에도 연결되어 있으며 마이크로컨트롤러의 직렬통신을 위한 입력 핀은 아두이노 보드의 0번(Rx) 핀에도 연결되어 있습니다. 따라서 스케치가 직렬통신 전담 하드웨어(USART)를 통해 데이터를 출력하면 USB 통신을 지원하는 칩에도 전달되고 아두이노 보드의 1번(Tx) 핀에도 데이터가 전달됩니다. 스케치가 직렬통신 전담 하드웨어(USART)로부터 데이터를 수신하는 경우, 직렬통신 전담 하드웨어(USART)는 마이크로컨트롤러의 직렬통신 수신 핀으로 수신되는 데이터를 읽어오게 됩니다. 마이크로컨트롤러의 직렬통신 수신 핀에 도달된 신호는 USB 통신 지원 칩이 보낸 것일 수도 있고 아두이노 보드의 0번(Rx) 핀에 의해서 전달된 신호일 수도 있습니다. 따라서 아두이노 보드가 USB 케이블을 통해 데이터를 수신할 경우, 다른 말로 USB 통신을 지원하는 칩이 마이크로컨트롤러의 직렬통신 수신 핀에 데이터를 전송할 때 아두이노 보드의 0번(Rx) 핀에 어떤 신호가 발생되면 두 신호는 충돌이 일어나서 올바른 데이터 전송이 이루어지지 못합니다.

1) 실습 내용 및 목표

두 개의 아두이노 보드가 소프트웨어 시리얼 라이브러리를 활용하여 서로 직렬통신을 하는 실습을 해보겠습니다.

2) 회로 구성

♣ 아두이노 배우기 키트에는 아두이노 우노 보드가 1개 포함되어 있습니다. 아래 실습을 하기 위해서는 아두이노 우노 보드가 1개 더 필요합니다. '아두이노 배우기 키트'에는 아두이노 우노 보드가 1개 들어있습니다.

먼저 한 보드의 10번 핀을 다른 쪽 보드의 11번 핀에 연결합니다. 다시 11번 핀을 다른 쪽 보드의 10번 핀에 연결합니다. 그리고 두 보드의 GND를 서로 연결합니다. 그런 다음 아두이노 보드를 USB 케이블로 컴퓨터와 연결합니다. 또 다른 아두이노 보드를 또 다른 컴퓨터에 USB 케이블로 연결합니다. 이와 같이 구성한 회로를 그림 12-1에 보이고 있습니다.

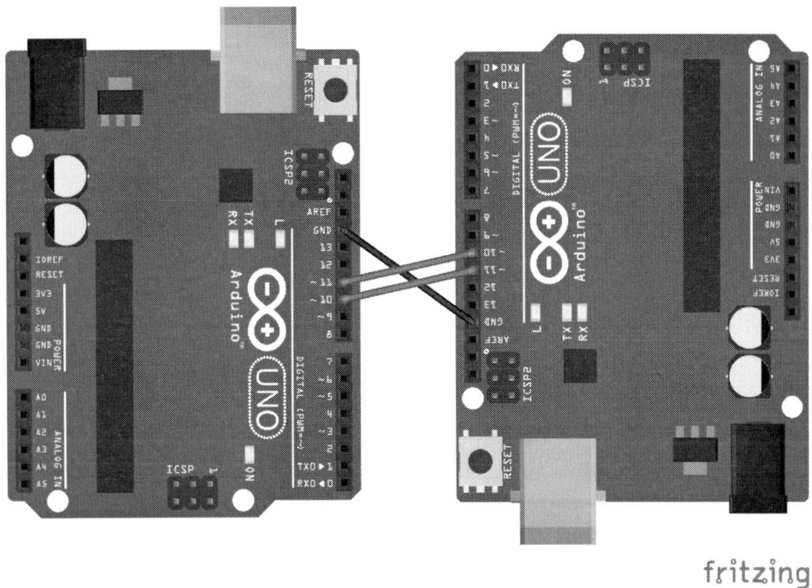

그림 12-1　소프트웨어 시리얼 라이브러리를 활용한 직렬통신

3) 스케치 작성

아래 스케치를 각각의 컴퓨터에 업로드 한 후 시리얼 모니터 프로그램에서 임의의 문사를 전송해 보십시오.

```
#include <SoftwareSerial.h>
SoftwareSerial mySerial(10, 11); // 수신 핀 번호, 전송 핀 번호
void setup()
{
  Serial.begin(9600);          // 직렬통신 전담 하드웨어, USART를 이용한 직렬통신 준비
    Serial.println("Hi~");
  mySerial.begin(4800);        // 소프트웨어 방식을 이용한 직렬통신 준비
  mySerial.println("Hello~");
}

void loop()
{
  if (mySerial.available())    // 소프트웨어 방식 상황에서 수신 바이트 수가 1개 이상이면
     Serial.write(mySerial.read());

  if (Serial.available())      // 하드웨어 직렬통신 수신 바이트 수가 1개 이상이면
     mySerial.write(Serial.read());
}
```

4) 설명

■ SoftwareSerial

SoftwareSerial은 소프트웨어로 구현된 직렬통신을 하기 위한 객체를 선언하는 표현입니다. SoftwareSerial mySerial이라는 표현은 소프트웨어 방식으로 직렬통신을 담당할 객체를 mySerial이라 하겠다고 선언하는 것입니다. 다시 SoftwareSerial mySerial(10, 11)의 의미는 소프트웨어 방식으로 직렬통신을 담당할 객체는 mySerial이고 입력 핀은 10번, 출력 핀은 11번을 사용하겠다는 뜻입니다. 첫 번째 인자는 수신 핀 번호이고 두 번째 인자는 송신 핀 번호입니다.

setup() 함수가 실행되면 Serial.begin() 함수를 호출하여 직렬통신 전담 하드웨어(USART)를 통한 직렬통신을 준비시킵니다. 그리고 직렬통신 전담 하드웨어(USART)가 연결된 쪽으로 "Hi~"라는 문자열을 전송합니다. 시리얼 모니터 프로그램을 실행시키면 "Hi~"라는 문자가 수신되는 것을 확인하실 수 있습니다. 다음으로 mySerial.begin() 함수를 호출하여 소프트웨어 시리얼(SoftwareSerial) 라이브러리를 활용해서 만든 직렬통신 출력 핀에 "Hello~"라는 문자열을 전송합니다. 소프트웨어 시리얼 라이브러리를 활용하여 만든 직렬통신 핀들이 다른 쪽 아두이노 보드에 연결되어 있기 때문에 다른 쪽 아두이노 보드로 "Hello~" 문자열을 전송하게 되는 것입니다.

loop() 함수를 보시겠습니다. Serial.available() 함수의 기능을 제 3장에서 설명한 바 있습니다. Serial.available() 함수는 직렬통신 전담 하드웨어(USART)에 수신된 데이터가 있는지 조사했던 것처럼 mySerial.available() 함수는 앞서 선언한 소프트웨어 방식의 직렬통신을 위한 객체 mySerial에게 수신된 데이터가 있는지 묻는 것입니다.

```
if ( mySerial.available() )
    Serial.write( mySerial.read() );
```

mySerial.available() 함수가 반환하는 값은 소프트웨어 방식으로 구현한 직렬통신용 수신 핀(10번)에서 수신되어 대기 중인 데이터의 바이트 수입니다. 위 코드는 소프트웨어 방식으로 구현한 직렬통신 핀으로 수신되어 대기 중인 데이터의 바이트 수가 1 이상이면 Serial.wirte (mySerial.read()) 함수를 수행하라는 뜻입니다. Serial.wirte(mySerial.read()) 함수는 소프트웨어 방식으로 구현한 직렬통신으로부터 수신된 데이터를 한 바이트 읽어서 그 값을 직렬통신을 전담하는 하드웨어(USART)를 통해 전송하라는 명령입니다.

```
if ( Serial.available() )
    mySerial.write( Serial.read() );
```

직렬통신 전담 하드웨어(USART)를 통해 수신된 데이터, 즉 시리얼 모니터 프로그램으로부터 수신한 데이터가 있을 경우 소프트웨어 시리얼 라이브러리로 만든 직렬통신 핀으로 전송하라는 의미입니다. 소프트웨어 시리얼 라이브러리로 만든 직렬통신 핀은 다른 아두이노에 연결되어 있기 때문에 시리얼 모니터 프로그램에서 전송한 문자가 다른 아두이노 보드로 전송되는 것입니다.

5) 예제 – 가상 직렬 포트 만들기

앞선 설명에서는 SoftwareSerial 라이브러리를 사용하여 10번을 수신 핀, 11번을 전송 핀으로 설정하여 사용하였습니다. 수신 핀을 2번으로 전송 핀을 3번으로 재설정하고 그림 12-1의 회로 연결을 변경하여 이전과 동일한 동작이 되도록 만들어 보십시요.

12.2 직렬통신 데이터 수신

12.2.1 폴링에 의한 데이터 수신

제 1부의 3.2절에서 아두이노 보드가 네이터를 직렬통신으로 수신하는 방법에 대해 살펴보았습니다. 기억을 더듬기 위해 아래 스케치 12-2-(1)를 다시 한 번 살펴보겠습니다.

스케치 12-2-(1)

```
void setup() {
   Serial.begin(9600);      // 직렬통신 준비, 전송 속도 9600bps
}

void loop() {
   byte incommingData;

   if ( Serial.available() > 0 )  {        // 수신된 데이터 개수가 0개를 초과하는가?
       incommingData = Serial.read(); // 수신된 데이터 1 바이트를 읽어 incommingData에 저장
       Serial.write(incommingData);     // incommingData에 저장된 수신 데이터를 전송
   }
}
```

Serial.available() 함수는 직렬통신으로 수신되어 대기 중인 데이터의 양 즉, 바이트 개수를 반환합니다. 수신 대기 중인 데이터의 바이트 수가 0 이상이면 수신 대기 중인 데이터가 있는

것이므로 Serial.read() 함수를 사용하여 한 바이트를 읽어 온 후 송신 측에 다시 전송하고 if() { } 문을 빠져 나옵니다. 그리고 다시 반복적으로 Serial.available() 함수를 호출하여 수신되어 대기 중인 데이터의 바이트 개수가 1 이상이면 수신 데이터를 송신 측에 전송해주고 있습니다. 스케치 12-2-(1)의 동작과 동일한 동작을 하도록 스케치 12-2-(2)와 같이 작성할 수 있습니다.

스케치 12-2-(2)

```
void setup()
{
  Serial.begin(9600);
}

void loop()
{

}

void serialEvent()
{
  byte incommingData = Serial.read();
  Serial.write(incommingData);
}
```

■ SerialEvent()

loop() 함수 안에는 반복 수행해야 할 작업이 하나도 기술되어 있지 않습니다. SerialEvent() 함수는 직렬통신으로 데이터가 수신되었을 때 자동 호출됩니다. loop() 함수 안에 SerialEvent() 함수를 명시적으로 기술하지 않아도 직렬통신으로 데이터가 수신되면 SerialEvent() 함수는 호출됩니다. 여기서 중요한 점은 직렬통신으로 데이터가 들어오자마자 바로 Serial.Event() 함수가 호출되는 것이 아니라는 것입니다.

스케치 12-2-(3)을 보시겠습니다. 스케치 12-2-(3)의 loop() 함수에서는 '0'을 직렬통신으로 전송한 후 200ms 지연합니다. 그리고 '1'을 직렬통신으로 전송한 후 200ms 지연합니다. 다시 '3'을 전송 후 200ms 지연합니다. 이런 과정을 반복 수행하도록 되어 있습니다. 스케치 12-2-(3)을 업로드 한 후 시리얼 모니터 프로그램을 통해 아두이노 보드에 전송되어온 데이터를 보면 0, 1, 2, 3 그리고 다시 0, 1, 2, 3이 반복되어 나타날 것입니다.

스케치 12-2-(3)

```
void setup()
{
    Serial.begin(9600);
}

void loop()
{
    Serial.println("0");
    delay(200);
    Serial.println("1");
    delay(200);
    Serial.println("2");
    delay(200);
    Serial.println("3");
    delay(200);
}

void serialEvent()
{
    byte incommingData = Serial.read();
    Serial.println( (char) incommingData);
}
```

시리얼 모니터 프로그램을 통해 아두이노 보드에 임의의 문자열을 전송해 보겠습니다. 예를 들어 네 개의 글자 "abcd"를 전송해 보겠습니다. 아두이노는 직렬통신으로 데이터가 수신되면 serialEvent() 함수가 호출될 것입니다. 그리고 serialEvent() 함수 내에 기술된 명령이 실행될 것입니다. serialEvent() 함수 내에 기술된 명령은 수신한 데이터를 다시 송신 측에 전송하는 일을 하도록 작성되어 있습니다. 따라서 시리얼 모니터 프로그램에서는 아두이노가 처음부터 전송해 왔던 0, 1, 2, 3이 반복적으로 출력되면서 컴퓨터의 시리얼 모니터를 통해 전송한 데이터도 시리얼 모니터 프로그램의 수신 창에 나타날 것입니다. 수신되는 데이터는 "…a 0 1 2 3 b 0 1 2 3 c 0 1 2 3 d 0 1 2 3…"와 같은 패턴으로 나타납니다. serialEvent() 함수가 호출되는 시점은 loop() 함수에 기술된 명령을 수행하기 전에 제일 먼저 호출되거나 loop() 함수 내부에 기술된 모든 명령을 다 수행하고 나서 마지막에 호출된다는 것을 알 수 있습니다. serialEvent() 함수가 호출되는 정확한 시점을 알아보기 위해 스케치 12-2-(4)를 실행시켜보십시오.

스케치 12-2-(4)

```
void setup()
{
    Serial.begin(9600);
}

void loop()
{

    Serial.println("");
    Serial.println("0");
    delay(200);
    Serial.println("1");
    delay(200);
    Serial.println("2");
    delay(200);
    Serial.println("3");
    delay(200);

}

void serialEvent()
{
    byte incommingData = Serial.read();
    Serial.println((char) incommingData);
}
```

스케치 12-2-(4)의 업로드 한 후 시리얼 모니터 프로그램으로 "abcd" 네 문자를 전송하면 다음과 같은 패턴으로 출력됨을 확인할 수 있습니다. 실질적인 출력 패턴을 줄을 바꿔서 출력되지만 지면 관계상 수평으로 나열하였습니다.

…a 0 1 2 3 b 0 1 2 3 c 0 1 2 3 d 0 1 2 3 …

위 출력 패턴을 보면 serialEvent() 함수가 실행되어 수신된 문자는 " " 앞에 있음을 알 수 있습니다. 스케치 12-2-(3)과 스케치 12-2-(4)를 통해 SerialEvent() 함수는 직렬통신으로 데이터가 수신되면, 자동으로 실행된다는 것은 다시 확인할 수 있었으며 호출되는 시점은 loop()함수 내에 기술된 명령(코드들)이 수행하는 도중에라도 직렬통신으로 데이터가 수신되기만 하면 SerialEvent() 함수가 실행된다는 것이 아니라 loop() 함수가 포함하고 있는 명령들이 실행되기 앞서 호출된다는 것을 확인할 수 있습니다. 또한 serialEvent() 함수는 폴링 방식으로 동작한다는 것을 알 수 있습니다.

여기서 말하고자 하는 내용은 다음과 같습니다.

(1) serialEvent() 함수는 폴링 방식으로 동작한다.
(2) 직렬통신으로 데이터가 수신되기만 하면 SerialEvent() 함수가 실행된다는 것이 아니라 loop() 함수가 포함하고 있는 명령들이 실행되기 앞서 호출된다.

12.2.2 데이터 수신 버퍼

이번에는 loop() 함수에서 어떤 일을 하면서 직렬통신으로 데이터를 수신하는 경우에 대해 살펴보겠습니다. 아래 스케치 12-2-(5)가 실행될 때 delay(1000)가 실행되어 "아무 것도 하지 않으면서 시계만 줄곧 쳐다보고 있을 때" 어떤 일이 발생한다면 어떻게 그 일을 처리해야 할 수 있을까요? 이런 경우 제 11장에서 살펴 본 바와 같이 인터럽트를 지정하여 특정 일을 바로 바로 처리할 수도 있을 것입니다. 그런데 직렬통신으로 많은 데이터가 수신될 경우 아두이노에서는 인터럽트 방식으로 수신된 데이터를 처리하지 못합니다. 이런 경우 어떻게 수신된 데이터를 어떻게 처리할 수 있을까요?

스케치 12-2-(5)

```
int led = 13;
void setup() {
   pinMode(led, OUTPUT); // 디지털 핀 13번을 출력으로 동작하도록 설정
   Serial.begin(9600);
}

// loop()함수에는 반복적으로 수행할 내용을 기술
void loop() {
  int count, i;
   digitalWrite(led, HIGH);      // led(13번 핀)에 HIGH를 출력    - LED를 켠다.
   delay(1000);                  // 1000ms, 1초 기다린다.
   digitalWrite(led, LOW);       // led(13번 핀)에 LOW를 출력     - LED를 끈다.
   delay(1000);                  // 1000ms, 1초 기다린다.
}
```

LED를 깜박이게 하면서 직렬 포트로 수신된 데이터를 다시 송신 측으로 전송하는 일을 해야 한다고 가정해보겠습니다. 그리고 직렬로 데이터가 한 번에 많이 들어온다고 가정해 보겠습니다.

스케치 12-2-(6)

```
int led = 13;
void setup() {
   pinMode(led, OUTPUT); // 디지털 핀 13번을 출력으로 동작하도록 설정
   Serial.begin(9600);
}

// loop()함수에는 반복적으로 수행할 내용을 기술
void loop() {
  int count, i;
   digitalWrite(led, HIGH);    // led(13번 핀)에 HIGH를 출력  - LED를 켠다.
   delay(1000);                // 1000ms, 1초 기다린다.
   digitalWrite(led, LOW);     // led(13번 핀)에 LOW를 출력   - LED를 끈다.
   delay(1000);                // 1000ms, 1초 기다린다.
}

void serialEvent()
{
  unsigned int i, count;
  while( count = Serial.available() ) {
    for( i = 0; i < count; i++) {
      Serial.println( (char) Serial.read() );
    }
  }
}
```

위 스케치 12-2-(6)은 LED를 켜고 끄기를 반복하면서 직렬 포트에 데이터가 수신되면 수신된 데이터를 전부를 읽어서 다시 직렬 포트로 전송하고 또 수신된 데이터가 있는지 조사해서 있다면 전송하기를 반복하다가 수신된 데이터가 없을 때 LED를 켜고 끄는 동작을 수행하고 있습니다. 위 스케치를 아두이노 우노 보드에 업로드 한 후 시리얼 모니터를 실행하십시요. 저는 아래의 문자열을 보내 봤습니다. 아래 문자열은 0부터 9까지 그리고 a부터 z까지 다시 0부터 9까지 그리고 a부터 z까지 총 72개의 문자를 보냈습니다.

0123456789abcdefghijklmnopqrstuvwxyz0123456789abcdefghijklmnopqrstuvwxyz

자~ 시리얼 모니터에서는 아두이노가 전송한 문자를 수신해서 출력했습니다. 보낸 데이터가 다 수신이 되었나요? 아마도 0~9a~z0~9a~q까지만 수신되었을 것입니다. 아래와 같이 말입니다.

0123456789abcdefghijklmnopqrstuvwxyz0123456789abcdefghijklmnopq

우리는 임의의 시간에 72개의 데이터를 한 번에 아두이노에 전송했습니다. 따라서 아두이노가 LED를 깜박이기 위하여 digitalWrite(led, HIGH); delay(1000); digitalWrite(led, LOW); delay(1000);를 실행하는 동안 직렬 포트에 처리해야 할 데이터가 있다는 쌓여 있다는 것을 알지 못한 채 약 2초가 흘러갑니다. 스케치 12-2-(6)은 약 2초마다 직렬통신으로 수신된 데이터가 있나 없나를 2초마다 조사(폴링)을 하고 있는 것입니다. 아두이노는 직렬통신으로 외부로부터 들어오는 데이터를 몇 개까지는 보관하고 있을 수 있는데 이렇게 데이터를 임시로 모아두는 작업을 버퍼링이라고 합니다. 그러나 10,000개, 100,000개 … 무한히 많은 데이터를 버퍼링할 수는 없습니다. 아두이노가 직렬 포트에서 들어오는 데이터를 임시로 보관할 수 있는 개수 이상의 데이터가 수신된다면 뒤에 들어오는 데이터는 보관을 하지 못하고 잃어버리게 됩니다. 이러한 문제를 해결하기 위한 방법은 임시로 보관할 수 있는 바이트 수 이상의 데이터가 쌓이기 전에 읽어 와 임시 보관 장소를 비워 줌으로써 데이터 분실을 방지할 수 있습니다. 좀 다른 각도에서 말하면, 더욱 자주 수신된 데이터 유무를 조사(폴링)하는 것입니다.

스케치 12-2-(7)

```
const int ledPin =  13;       // the number of the LED pin

int ledState = LOW;
long previousMillis = 0;
long interval = 1000;

void setup() {
  pinMode(ledPin, OUTPUT);
  Serial.begin(9600);
}

void loop()
{
  unsigned int count, i;
  unsigned long currentMillis = millis();

  if(currentMillis - previousMillis >  interval) {
    previousMillis = currentMillis;
    ledState = !ledState;
    digitalWrite(ledPin, ledState);
  }
}
```

```
void serialEvent()
{
    unsigned int i, count;
    while( count = Serial.available() ) {
    for( i = 0; i < count; i++) {
      Serial.println( (char) Serial.read() );
    }
    }
}
```

그럼 LED를 켰다 껐다를 반복하면서, 임시로 보관할 수 있는 바이트 수 이상의 데이터가 직렬통신 포트에 쌓이기 전에 읽어낼 수 있을까요? 스케치 12-2-(7)은 수신된 데이터가 있는지 조사하는 주기가 스케치 12-2-(6)의 2초 보다 매우 빨라졌습니다. 스케치 12-2-(7)은 임시로 보관할 수 있는 바이트 수 이상의 데이터가 쌓이기 전에 읽어 와 임시 보관 장소를 비워 줌으로써 수신되는 데이터의 분실을 막아보려고 노력한 코드입니다. 엄밀하게 말해서 스케치 12-2-(7)도 임시로 보관할 수 있는 바이트 수 이상의 데이터가 쌓이기 전에 데이터를 읽어 와 임시 보관 장소를 비워주는데 한계가 있습니다. 그러나 앞서 테스트 해봤던 것과 같이 72개 문자를 한 번에 전송하더라도 잃어버리는 문자 없이 수신하여 컴퓨터로의 전송이 가능합니다.

여기서 말하고자 하는 내용은 다음과 같습니다.

(1) 데이터가 연속으로 많이 들어올 경우 스케치는 빈번하게 수신 데이터 유무를 확인할 수 있어야 한다.

(2) 직렬통신으로 수신된 데이터를 스케치에서 읽어 가기 전까지 임시로 보관해 둘 수 있는 바이트 수는 그리 크지 않다.

제13장 소자간 통신

전자 시스템들이 서로 데이터를 주고받기 위해 사용할 수 있는 여러 가지 통신 방식이 있습니다. 요즘은 컴퓨터와 주변 시스템 사이의 통신을 위해 USB 방식을 많이 사용하고 있습니다. 예를 들어 컴퓨터와 디지털 카메라 사이의 데이터 전송을 위해 USB 케이블을 연결하여 USB 통신을 하고 스마트 폰에 저장된 사진이나 음악 파일을 컴퓨터와 주고받기 위해 USB 통신을 하고 있습니다. 그리고 이 교재에서는 아두이노 보드와 컴퓨터 사이에 데이터를 주고받기 위해 USB 통신을 했습니다. 예전에는 컴퓨터와 주변 장치를 연결하여 데이터를 주고받기 위해 RS-232 통신 방식이 많이 쓰였으나 수년 전부터 대부분 USB 방식으로 컴퓨터와 주변 장치들 사이에 통신을 합니다.

독립된 두 장치 사이는 앞서 예를 든 바와 같이 USB 통신 방식을 많이 사용합니다. 그런데 센서와 같은 작은 소자와 아두이노 보드는 어떤 방식으로 데이터를 주고받을까요? 소자와 소자들 사이의 통신 또는 소자(모듈)와 아두이노 보드 사이에 데이터를 주고받기 위해 사용되는 통신 방식으로는 크게 SPI, I^2C, 직렬통신(USART) 이렇게 세 종류를 살펴볼 필요가 있습니다. 그 세 가지 방식에 대해 13.1절과 13.2절 그리고 13.3절에서 각각 살펴 볼 것입니다.

13.1 SPI 통신

SPI 방식으로 데이터를 수신하는 방식과 송신하는 방식에 대해 알아보겠습니다. 고려하는 소자가 센서라면 센서가 감지한 정보를 아두이노에게 전송할 것입니다. 아두이노 입장에서는 센서로부터 데이터를 수신하는 방법만 알면 되지 않을까 하는 생각이 들 수도 있습니다. 그러나 어떤 센서들은 외부로부터 명령을 받아 출력 모드를 바꾸기도 합니다. 예를 들어 어떤 온도센서는 그 출력 값이 0.5도씩 단위로 출력할 수도 있고 0.1도씩 단위로 출력할 수도 있다고 가정해 보겠습니다. 때에 따라 출력 모드의 변경을 센서에 지시하려면 결국 아두이노는 명령을 센서로 전송할 필요도 생깁니다.

SPI 통신 방식이 어떻게 이루어지는가를 알아보기 위해 25xx080이라는 EEPROM에 데이터를 쓰거나(송신) 읽어오는(수신) 절차에 대해 살펴보겠습니다. SPI 방식의 통신 절차가 다소 복잡하다거나 아래 기술 내용이 어렵게 느껴진다 하더라도 한번은 읽어 보시고 다음 내용으로 넘어가시기를 당부 드립니다.

1) 실습 내용 및 목표

아두이노 보드에 SPI 방식으로 데이터를 주고받는 EEPROM인 25xx080을 연결하고 데이터를 메모리에 쓰거나 읽어 오는 스케치를 작성해 봄으로써 SPI 통신 방식을 이해하는 것이 이 실습의 목표라 하겠습니다.

그런데 말이죠…!!

여기서 잠깐 25xx080에 대해 알아보고 가겠습니다. 25xx080은 1kbyte의 저장 공간을 가지고 있습니다. 25xx080은 25AA080과 25LC080을 통칭해서 부르는 말입니다. 두 소자는 구동 전압 범위가 다릅니다. 25AA080의 경우 1.8[V]에서 5.5[V]를 인가해도 동작이 되며 25LC080의 경우 2.5[V]에서 5.5[V]의 사이의 전압을 인가해도 동작합니다. 그 외의 차이점에 대해서는 크게 신경 쓰지 않기로 하고 다음 이야기를 하겠습니다.

2) 회로 구성

회로 구성에 앞서 25xx080의 핀 구성을 보겠습니다. 25xx080의 핀 배열은 그림 13-1과 같습니다. SPI 통신에서 주요 기능을 하는 핀으로는 데이터 출력 핀인 SO이고 데이터 입력 핀인 SI핀이며 데이터를 주고받기 위한 시간 정보를 주는 SCK 핀입니다. 이 세 핀을 이용하여 SPI 통신이 이루어진다고 볼 수 있습니다. 그리고 소자 선택 여부를 결정하는 $\overline{\text{CS}}$ 핀도 중요한 역할을 합니다.

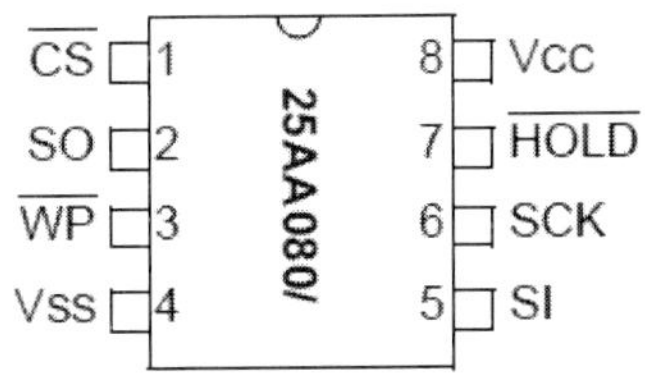

그림 13-1 25xx080 EEPROM의 핀

① 25xx080의 1번 $\overline{CS}$ 핀은 칩 선택 기능을 합니다.
② 2번 SO 핀은 데이터 출력 핀이고 4번 Vss 핀은 그라운드 핀입니다.
③ 5번 SI 핀은 데이터 입력을 위한 핀입니다. 6번 SCK 핀은 데이터를 주고받을 때 데이터의 읽는 시점 등을 알려주기 위한 클럭 핀입니다.
④ 8번 Vcc는 + 전원 핀이며 4번 Vss는 - 전원 핀입니다.

그 외 3번 $\overline{WP}$ 핀은 그 핀의 상태가 LOW일 때 메모리에 데이터를 쓸 수 없도록 만드는 '쓰기 금지' 기능을 갖는 핀입니다. 7번 $\overline{HOLD}$ 핀을 메모리의 동작을 멈추게 하는 기능의 핀입니다.

그런데 말이죠…!!

IC의 어느 핀을 1번이라고 하는지 모르시는 분들은 설명을 잘 들으세요. 사각형의 IC를 봤을 때 짧은 면이 있습니다. 짧은 면 쪽을 보면 IC에 따라서 살짝 홈이 파여 있는 경우가 있습니다. 그림 11-1을 보면 $\overline{CS}$ 핀과 Vcc 사이에 반원이 그려져 있는 것을 보실 수 있는데 그 반원은 실제 IC에서 살짝 파인 홈입니다. 그 홈 왼쪽 핀부터 1, 2, 3, … 번 순으로 번호가 매겨집니다. 아래 그림은 8핀 IC인데 그 홈 왼쪽 핀부터 1, 2, 3, 4번까지 번호가 매겨지고 5, 6, 7, 8 번호는 4번 맞은편부터 5, 6, 7, 8 순으로 번호가 매겨집니다. 즉 번호 부여하는 순서가 홈의 왼쪽부터 왼쪽 방향으로 회전하면서 부여된다고 생각하시면 되겠습니다. 홈이 파인 IC가 있는가 하면 1번 핀 위에 점이 찍혀 있는 IC류가 있고 어떤 IC들은 홈도 있고 점도 찍혀 있는 IC가 있습니다. 홈이나 점을 기준으로 IC 번호를 알 수 있습니다.

그림 13-2 8핀 IC

핀이 16개인 IC의 핀 번호도 위와 같은 방법으로 번호를 매깁니다.

그림 13-3 16핀 IC

자 이제 25xx080과 아두이노 보드를 연결해 보겠습니다. 회로 구성은 그림 13-4와 같습니다. 회로 그림만으로는 회로 구성이 어려울 듯하여 아래와 같이 말로 회로 구성을 설명해 보겠습니다.

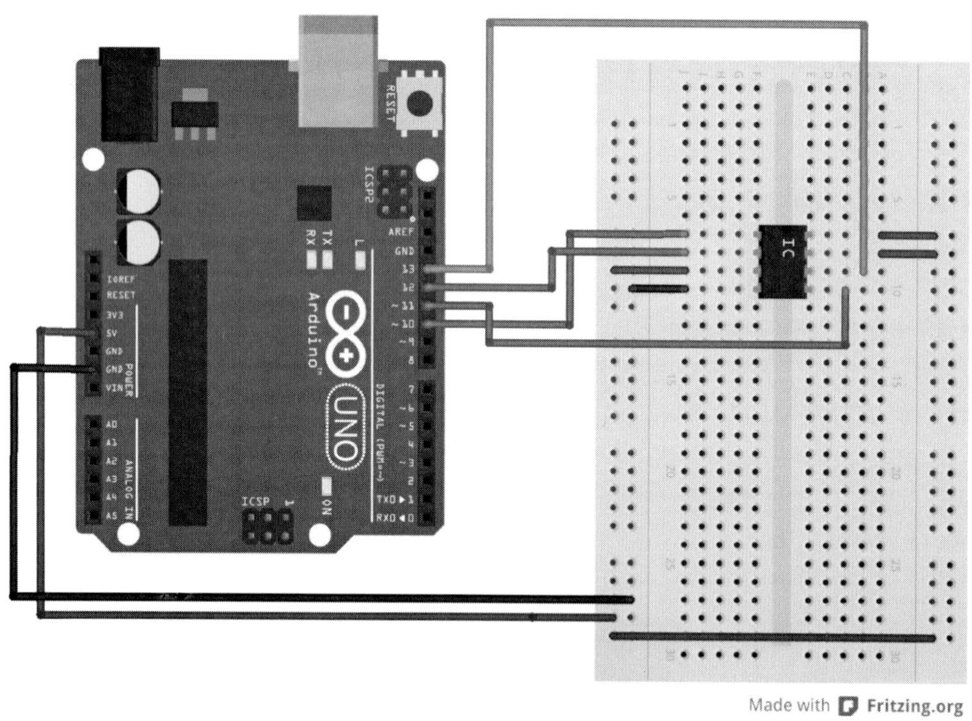

그림 13-4 아두이노 보드와 25xx080 연결

① 25xx080의 1번 $\overline{\mathrm{CS}}$핀을 아두이노 10번 핀에 연결하세요.
② 25xx080의 2번 SO 핀을 아두이노 12번 핀에 연결하세요.
③ 25xx080의 3번 $\overline{\mathrm{WP}}$ 핀을 5[V]에 연결하세요.
④ 25xx080의 4번 Vss 핀을 GND에 연결하세요.
⑤ 25xx080의 5번 SI 핀을 아두이노 11번 핀에 연결하세요.
⑥ 25xx080의 6번 SCK 핀을 13번 핀에 연결하세요.
⑦ 25xx080의 7번 $\overline{\mathrm{HOLD}}$ 핀을 5[V]에 연결하세요.
⑧ 25xx080의 8번 Vcc 핀을 5[V]에 연결하세요.

3) 스케치 작성

아래 코드를 실행시켜 보십시요. 그리고 시리얼 모니터 프로그램에 어떤 숫자가 나타나는지 확인하십시요. 아래 스케치를 수정하지 않았다면 시리얼 모니터 프로그램에는 아래와 같은 메시지가 나타날 것입니다.

```
Writing Complete….! The value : 55
Reading Complete....! The value : 55
```

```
#include <SPI.h>
const byte chipSelectPin = 10;          // 25xx080 칩을 선택을 하기 위한 핀으로 10번 사용
#define READ  0x03
#define WRITE 0x02
#define WREN 0x06

void setup()
{
  int address=0, data = 55;
  pinMode(chipSelectPin, OUTPUT);   // chipSelectPin, 10번 핀을 출력 모드로 설정
  SPI.begin();                      // SPI 통신 준비
  Serial.begin(9600);

  //---------- WREN 명령어 전송 --------
  digitalWrite(chipSelectPin, LOW);
  SPI.transfer(WREN);
  digitalWrite(chipSelectPin, HIGH);
  //----------------------------------------

  // -------- 주어진 주소에 한 바이트 전송 ----
  digitalWrite(chipSelectPin, LOW);     // CS 핀을 LOW로 만들고
```

```
  SPI.transfer(WRITE);                      // WRITE 명령을 전송하고
  SPI.transfer( (byte)(address >> 8) ); //16비트 어드레스 중 상위 어드레스 8비트부터 전송 한 후
  SPI.transfer( (byte) address );          // 하위 어드레스 8비트 전송
  SPI.transfer(data);                       // 데이터 전송
  digitalWrite(chipSelectPin, HIGH);       // CS 핀을 HIGH로 만듦. 쓰기 끝.
  delay(5);                                 // 25xx080을 위해서는 5ms 지연 필수

  //--------------------------------------------

  Serial.print("Writing Complete....! The value : ");  // 메모리에 쓴 값을 직렬포트로 출력
  Serial.println(data);
}
void loop()
{
  int address = 0, data;
  //------- 한 바이트 데이터를 주어진 주소에서 읽어 옴 ------
  digitalWrite(chipSelectPin, LOW);        // CS 핀을 LOW로 만들고
  SPI.transfer(READ);                       // READ 명령 전송
  SPI.transfer( (byte)(address >> 8) ); //16비트 어드레스 중 상위 어드레스 8비트부터 전송 한 후
  SPI.transfer( (byte) address );          // 하위 어드레스 8비트 전송
  data = SPI.transfer(0x00);                // 데이터 읽어 옴
  digitalWrite(chipSelectPin, HIGH);       // CS 핀을 HIGH로 만듦. 읽기 끝.
  //------------------------------------------------
  Serial.print("Reading Complete....! The value : "); //메모리에서 읽어 온 값을 직렬포트로 출력
  Serial.println(data);

  while(1);  // 무한 대기
}
```

4) 설명

이 스케치는 setup() 함수에서 SPI로 통신하는 EEPROM인 25xx080에 한 바이트를 전송(쓰기)한 후 loop() 함수에서 기록된 데이터 한 바이트를 수신(읽기)하는 동작을 합니다.

Serial.begin() 함수를 호출하여 직렬통신을 준비했듯이 setup() 함수에서는 SPI 통신을 위해 SPI.begin() 함수를 호출하여 SPI 통신을 준비합니다. 그리고 몇 가지 부가적인 코드가 실행된 뒤 한 바이트를 25xx080에 전송합니다. 한 바이트를 전송하는 절차를 그림 13-5에 보이고 있습니다. SPI 통신을 이용하여 데이터를 전송하기 위한 절차는 ① 칩 선택 ② 쓰기 명령어 전송 ③ 주소 전송 ④ 데이터 전송 ⑤ 통신 완료 과정으로 진행됩니다.

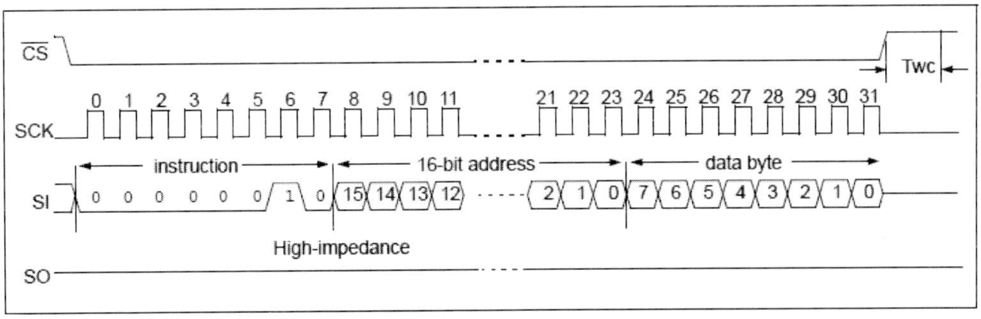

그림 13-5 한 바이트 전송

① 통신하기 원하는 소자의 $\overline{CS}$ 핀을 LOW로 만듭니다.

```
digitalWrite(chipSelectPin, LOW);  );       // CS 핀을 LOW로 만듦
```

② 원하는 동작을 요구하는 명령을 전송합니다. 우리는 쓰기를 원합니다.

```
SPI.transfer(WRITE);                        // WRITE 명령을 전송
```

③ 25xx080은 메모리이므로 주소를 전송합니다.

```
SPI.transfer( (byte)(address >> 8) );   // 상위 어드레스 8비트부터 전송 한 후
SPI.transfer( (byte) address );         // 하위 어드레스 8비트 전송
```

④ 데이터 전송을 합니다.

```
SPI.transfer(data);                     // 데이터 전송
```

⑤ $\overline{CS}$ 핀을 HIGH로 바꿔서 통신이 끝났음을 알립니다.

```
digitalWrite(chipSelectPin, HIGH);      // CS 핀을 HIGH로 만듦. 쓰기 끝.
```

loop() 함수에서는 25xx080으로부터 한 바이트를 읽어 오는 동작을 합니다. SPI 방식으로 데이터를 읽어 오는 절차는 그림 13-6에 보이고 있습니다. SPI 통신을 이용하여 데이터를 수신하기 위한 절차는 전송할 때와 유사합니다. 먼저 ① 칩 선택 ② 읽기 명령어 전송 ③ 주소 전송 ④ 데이터 수신 ⑤ 통신 완료 과정으로 진행됩니다.

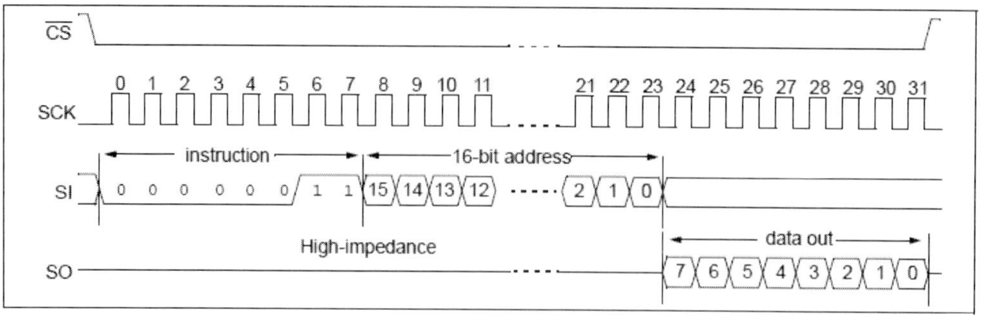

그림 11-6 한 바이트 수신

① 통신하기 원하는 소자의 $\overline{CS}$ 핀을 LOW로 만듭니다.

```
digitalWrite(chipSelectPin, LOW); );        // CS 핀을 LOW로 만듦
```

② 원하는 동작을 요구하는 명령을 전송합니다. 우리는 쓰기를 원합니다.

```
SPI.transfer(READ);                          // READ 명령을 전송
```

③ 25xx080은 메모리이므로 주소를 전송합니다.

```
SPI.transfer( (byte)(address >> 8) );   // 상위 어드레스 8비트부터 전송한 후
SPI.transfer( (byte) address );          // 하위 어드레스 8비트 전송
```

④ 데이터를 수신합니다.

```
Data = SPI.transfer(0x00);               // 데이터 수신
```

⑤ $\overline{CS}$ 핀을 HIGH로 바꿔서 통신이 끝났음을 알립니다.

```
digitalWrite(chipSelectPin, HIGH);       // CS 핀을 HIGH로 만듦. 쓰기 끝.
```

그런데 말이죠…!!

setup() 함수에서 실행되는 코드 중에 설명을 하지 않은 코드가 있습니다. 아래 코드는 25xx080 메모리에 데이터를 쓰기 위해서는 실질적인 쓰기 동작에 앞서 해줘야 하는 일이 있는데 그 일을 처리해 주는 부분입니다.

```
//--------- WREN 명령어 전송 -------
digitalWrite(chipSelectPin, LOW);
SPI.transfer(WREN);
digitalWrite(chipSelectPin, HIGH);
//--------------------------------
```

25xx080에 데이터를 실질적인 쓰기에 앞서 해줘야 하는 일은 25xx080 내부에 있는 write enable latch를 설정해줘야 합니다. 이러한 일은 WREN 명령을 전송함으로써 이루어집니다. 25xx080은 쓰기 작업이 성공하면 write enable latch의 설정을 풀어 놓습니다. 따라서 데이터를 다시 25xx080에 쓰려면 WREN 명령을 전송하여 있는 write enable latch를 설정한 후 데이터 쓰기 작업이 수행되어야 합니다.

그런데 말이죠…!!

또 그런데 말이죠. setup()함수에서 25xx080에 데이터를 쓰는 코드를 다시 한 번 더 살펴보겠습니다.

```
// -------- 주어진 주소에 한 바이트 전송 ----
digitalWrite(chipSelectPin, LOW);    // CS 핀을 LOW로 만들고
SPI.transfer(WRITE);                 // WRITE 명령을 전송하고
SPI.transfer( (byte)(address >> 8) ); // 16비트 어드레스 중 상위 어드레스 8비트부터 전송한 후
SPI.transfer( (byte) address );      // 하위 어드레스 8비트 전송
SPI.transfer(data);                  // 데이터 전송
digitalWrite(chipSelectPin, HIGH);   // CS 핀을 HIGH로 만듦. 쓰기 끝.
delay(5);                            // 25xx080을 위해서는 5ms 지연 필수
//------------------------------------
```

위 코드에서 주석을 제외한 맨 마지막 줄에 delay(5)라는 함수를 호출했습니다. 그 이유는 25xx080이 데이터를 외부로부터 수신한 후 실제로 데이터를 메모리 셀에 저장하는데 최대 5ms의 시간이 소요되기 때문입니다.

5) 예제 A – 25XX080 EEPROM에 데이터 쓰고 읽기

[예제 A-1] 실습 내용 및 목표

SPI 방식으로 통신하는 25xx080 메모리의 5번지와 9번지에 각각 한 바이트씩 데이터를 기록한 후 9번지의 데이터를 읽어 오는 스케치를 작성해보겠습니다.

[예제 A-2] 회로 구성

회로 구성은 그림 13-4와 동일합니다.

[예제 A-3] 스케치 작성

```
#include <SPI.h>
const byte chipSelectPin = 10;  // 25xx080 칩을 선택을 하기 위한 핀으로 10번 사용
#define READ  0x03
#define WRITE  0x02
#define WREN  0x06

void _25XX_write_abyte(byte chipSelectPin, unsigned int address, byte data)
{
  //———————— WREN 명령어 전송 ———————
  digitalWrite(chipSelectPin, LOW);
  SPI.transfer(WREN);
  digitalWrite(chipSelectPin, HIGH);
  //————————————————————————————
  // ——————— 주어진 번지에 한 바이트 전송 ———
  digitalWrite(chipSelectPin, LOW);      // CS 핀을 LOW로 만들고
  SPI.transfer(WRITE);                   // WRITE 명령을 전송하고
  SPI.transfer( (byte)(address >> 8) ); // 16비트 어드레스 중 상위 어드레스 8비트 부터 전송한 후
  SPI.transfer( (byte) address );        // 하위 어드레스 8비트 전송
  SPI.transfer(data);                    // 데이터 전송
  digitalWrite(chipSelectPin, HIGH);     // CS 핀을 HIGH로 만듦. 쓰기 끝.
  //————————————————————————————
  delay(5);                 // 25xx080이 실제로 데이터를 메모리 셀에 기록하는 시간 확보를 위해
}

byte _25XX_read_abyte(byte chipSelectPin, unsigned int address)
{
  //—————— 한 바이트 데이터 0번에서 읽어 옴 ——————
  digitalWrite(chipSelectPin, LOW);      // CS 핀을 LOW로 만들고
  SPI.transfer(READ);                    // READ 명령 전송
  SPI.transfer( (byte)(address >> 8) ); // 16비트 어드레스 중 상위 어드레스 8비트부터 전송한 후
  SPI.transfer( (byte) address );        // 하위 어드레스 8비트 전송
```

```
  byte data = SPI.transfer(0x00);        // 데이터 읽어 옴
  digitalWrite(chipSelectPin, HIGH);     // CS 핀을 HIGH로 만듦. 읽기 끝.
  //------------------------------------------------
  return data;
}

void setup()
{
  pinMode(chipSelectPin, OUTPUT);   // chipSelectPin, 10번 핀을 출력 모드로 설정
  SPI.begin();                      // SPI 통신 준비
  Serial.begin(9600);

  _25XX_write_abyte(chipSelectPin, 5, 55);
  _25XX_write_abyte(chipSelectPin, 9, 99);
  Serial.println("Writing Complete....!");
}

void loop()
{
  byte data;
  data = _25XX_read_abyte(chipSelectPin, 9);
  // 메모리에서 읽어 온 값을 직렬포트로 출력
  Serial.print("Reading Complete....! The value of 9 address: ");
  Serial.println(data);

  while(1);  // 무한 대기
}
```

[예제 A-4] 설명

_25XX_write_abyte() 함수는 인자로 넘겨받은 주소에 인자로 넘겨받은 데이터 한 바이트를 기록하는 함수입니다. _25XX_read_abyte() 함수는 인자로 넘겨받은 주소로부터 한 바이트 데이터를 읽어 오는 함수입니다.

그런데 말이죠…!!

SPI 방식의 EEPROM인 25xx080은 데이터를 한 바이트씩 수신하여 메모리에 기록할 수도 있지만 여러 바이트를 받아서 수신 버퍼에 넣어두었다가 페이지 단위로 메모리에 기록할 수도 있습니다. 아두이노가 25xx080으로부터 데이터를 읽어 올 때도 여러 바이트를 연속해서 읽어 올 수도 있습니다. 자세한 내용은 네이버 카페, "아두이노 배우기"에서 참고하실 수 있습니다.
http://cafe.naver.com/studyonarduino

13.2 TWI(I^{2}C) 통신

소자와 소자 사이 데이터를 주고받기 위해 사용하는 통신 방식 중 TWI(Two Wire Interface) 방식이 있습니다. 이 TWI 방식을 다른 말로 I^{2}C(Inter-Intergrated Circuit)라고 부르기도 합니다. TWI 방식은 통신을 하기 위해 SCL과 SDA라는 이름의 2라인이 필요합니다. 그래서 Two Wire Interface라고도 불리고 있습니다. 이 두 라인은 각각 풀업 저항을 연결해 주어야 합니다. 그리고 이 두 라인에 여러 개의 TWI 통신을 하는 소자를 연결할 수 있습니다. 각 소자는 주소 개념으로 구분합니다. 차근차근 TWI 통신 방식에 대해 알아보겠습니다.

1) 실습 내용 및 목표

24LC01B는 I^{2}C 방식으로 통신하는 EEPROM입니다. 아두이노와 24LC01B를 연결하여 데이터를 주고받는 스케치를 작성해 봄으로써 아두이노에서 I^{2}C 방식의 통신을 어떻게 구현하는지 알아보겠습니다.

그런데 말이죠…!!

여기서 24LC01B에 대해 조금 알아보고 가겠습니다. 앞서 언급한 바와 같이 24LC01B는 I^{2}C 방식으로 통신하는 EEPROM입니다. 구동 전압은 2.5[V]에서 5.5[V]까지 가능하며 128바이트를 저장할 수 있습니다. 따라서 주소 범위는 0부터 127로 주소를 표현하기 위해 7비트가 사용됩니다.

2) 회로 구성

회로를 구성하기 앞서 24LC01B의 핀 구성을 보겠습니다. 24LC01B의 핀 구성은 그림 13-7과 같습니다.

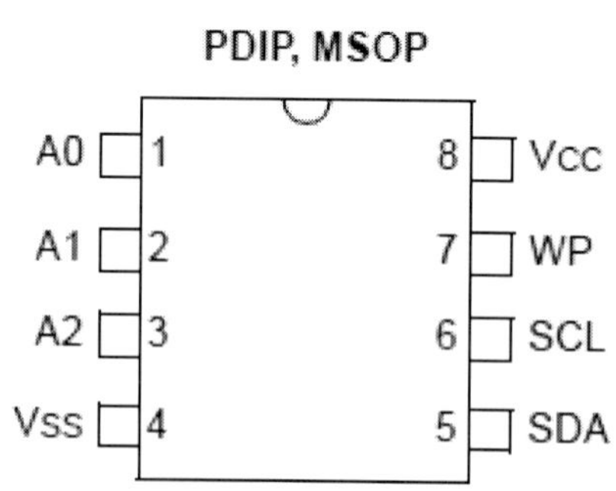

그림 13-7 24LC01B의 핀 구성

24XX01의 경우 1번 핀 ~ 3번 핀은 사용되지 않습니다. 아무것도 연결하지 않아도 되며 Vss (그라운드) 혹은 Vcc에 연결하면 해 놓아도 됩니다. 4번 핀 Vss는 그라운드에 연결해야 합니다. 따라서 1, 2, 3, 4 번 핀 모두를 그라운드에 연결하겠습니다. 8번 핀 Vcc는 아두이노 보드의 5[V] 핀에 연결하십시요. 7번 WP 핀의 상태는 LOW 또는 HIGH 상태로 둘 다 가능합니다. WP 핀을 Vss(그라운드)에 연결해 핀의 상태를 LOW로 만들어 놓으면 읽고 쓰기가 가능합니다. WP 핀의 상태를 HIGH로 만들면 쓰기 금지 상태가 됩니다. 그리고 6번 SCL 핀과 5번 SDA 핀을 이용하여 데이터를 주고받습니다. 회로 구성은 다시 한번 더 설명 드리겠습니다.

아두이노 아날로그 A4번(SDA) 핀을 24LC01B의 5번 핀(SDA)에 연결하십시오. 이 라인을 2[kΩ] 저항을 사용하여 5[V]로 풀업 하십시요. 아두이노 아날로그 A5번(SCL) 핀을 24LC01B의 6번 핀(SCL)에 연결하십시요. 이 라인을 2[kΩ] 저항을 사용하여 5[V]로 풀업 하십시요. 아두이노의 5V 전원을 24LC01B의 8번 핀에, 아두이노의 그라운드 핀을 24LC01B 의 1, 2, 3, 4번 핀에 연결하십시요.

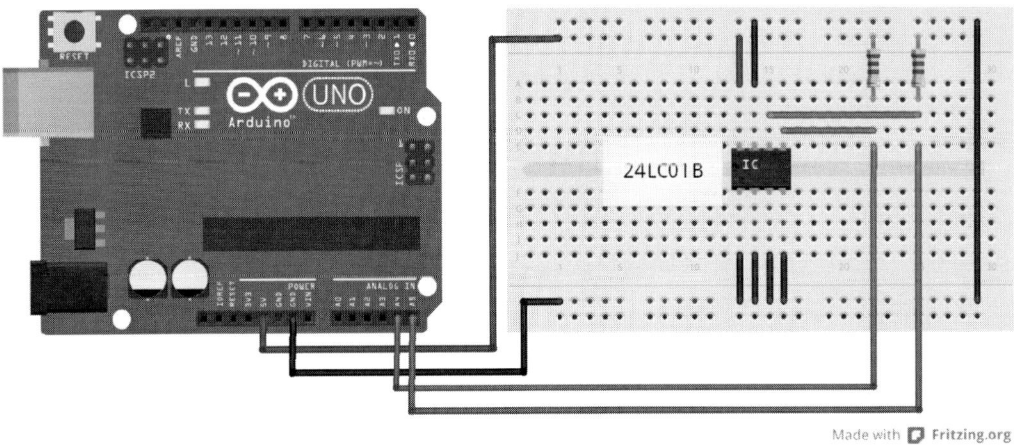

그림 13-8 아두이노와 24LC01B를 연결

3) 스케치 작성

아래 코드를 실행시켜보십시요. 그리고 시리얼 모니터 프로그램에 어떤 숫자가 나타나는지 확인하십시요. 아래 스케치를 수정하지 않았다면 시리얼 모니터 프로그램에는 아래와 같은 메시지가 나타날 것입니다.

```
Memory written !!
5 address data : 55
9 address data : 99
```

```
#include <Wire.h>

void _24XX_write_abyte(byte device_address, unsigned int eeprom_address, byte data)
{
   Wire.beginTransmission( device_address );
   Wire.write( (byte) eeprom_address );
   Wire.write( data );
   Wire.endTransmission();
   delay(6); //add a small delay
}

byte _24XX_read_abyte(byte device_address, unsigned int eeprom_address)
{
   byte data = 0;
   Wire.beginTransmission(device_address);
   Wire.write( (byte) eeprom_address );
   Wire.endTransmission();

   Wire.requestFrom(0x50, 1);
  if ( Wire.available() ) {
    data = Wire.read();
   }
   Wire.endTransmission();
   return data;
}


void setup()
{
   Serial.begin(9600);
   Wire.begin();

   _24XX_write_abyte(0x50, 5, 55);
   _24XX_write_abyte(0x50, 9, 99);
   Serial.println("Memory written !!");
}

void loop()
{
   Serial.print("5 address data : ");
   Serial.println(  _24XX_read_abyte(0x50, 5) );

   Serial.print("9 address data : ");
   Serial.println(  _24XX_read_abyte(0x50, 9) );
```

```
    while(1);
}
```

4) 설명

위 스케치의 setup() 함수에 24LC01B의 5번지에 55라는 값을 9번지에 99라는 값을 기록합니다. 그리고 loop() 함수에서 5번지와 9번지에 저장된 데이터를 각각 읽어 와서 출력합니다.

setup() 함수에서는 Serial.begin() 함수를 호출하여 직렬통신을 준비하고 Wire.begin() 함수를 호출하여 TWI 통신(I^2C 통신)을 준비합니다. 그리고 _24XX_write_abyte() 함수를 호출하여 원하는 주소에 데이터 한 바이트를 기록하고 다시 _24XX_write_abyte() 함수를 호출하여 한 바이트를 메모리에 더 씁니다.

TWI 방식의 EEPROM인 24LC01B에 한 바이트 데이터를 쓰는 절차는 그림 13-9에 보이고 있으며 총 세 바이트를 전송한다고 볼 수 있습니다. ① 통신을 원하는 장치를 선택하기 위해 7비트의 장치번호와 1비트의 읽기/쓰기 구분용 비트로 구성된 한 바이트를 전송합니다. ② 다음으로 접근하려는 주소를 나타내는 한 바이트를 전송합니다. 그리고 나서 ③ 쓰려는 데이터 한 바이드를 전송 후 ④ 통신 종료 신호를 보냅니다.

① 7비트의 장치 번호와 1비트의 읽기/쓰기 구분용 비트로 구성된 한 바이트를 전송합니다. 그림 13-10에서 보는 것과 같이 24XXYYY의 장치 번호는 7비트는 2진수로 1010xxx이므로 0x50으로 표현할 수 있습니다.(아두이노에서는 그림 13-10의 장치 번호를 0x50으로 인식하나 다른 시스템에서는 0xA0로 해석하기도 합니다.)

```
Wire.beginTransmission(0x50);
```

위 코드의 의미는 장치 번호 0x50에 데이터를 쓰기 모드로 데이터를 전송하겠다는 의미입니다.

② 그 다음으로 접근하려는 메모리의 주소를 전송합니다. 24LC01B의 주소 범위는 0부터 127까지이므로 7비트의 주소가 필요합니다. 따라서 1비트의 잉여 비트를 포함하여 8비트인 한 바이트 크기의 주소를 전송합니다.

```
Wire.write( (byte) eeprom_address )
```

③ 데이터를 전송합니다.

```
Wire.write( data )
```

④ 통신을 종료합니다.

```
Wire.endTransmission()
```

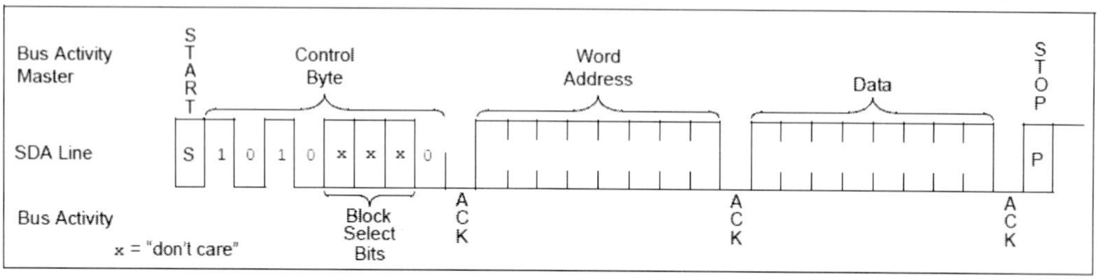

그림 13-9 I^2C 방식의 EEPROM인 24LC01B에 데이터를 전송하는 절차

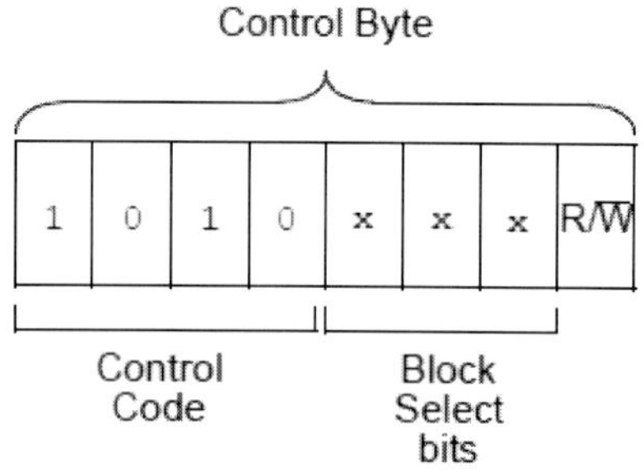

그림 13-10 장치 번호와 읽기/쓰기 구분 비트

그런데 말이죠…!!

_24XX_write_abyte() 함수에서 Wire.endTransmission() 함수를 호출하여 통신을 종료한 후 delay() 함수를 호출하여 일정 시간 지연하는 이유가 궁금하지 않으세요? 앞서 설명한 SPI 방식의 EEPROM인 25XX080의 경우와 마찬가지로 24XX 계열 메모리도 수신한 데이터를 실제로 데이터를 메모리 셀에 쓰기 위해 일정 시간이 소요되기 때문입니다. 24LC01B의 경우 최대 3ms의 쓰기 시간이 필요합니다. 최대 쓰기 시간 요구는 소자마다 차이가 납니다. 예를 들어 24LC640 EEPROM 경우 최대 5ms의 쓰기 시간이 필요합니다.

자~ 이제는 수신하는 절차를 알아보겠습니다. 앞서 살펴본 스케치에서는 loop() 함수에서 _24XX_read_abyte() 함수를 호출하여 메모리 특정 주소로부터 데이터를 읽어 왔습니다. TWI 방식으로 데이터를 읽어 오는 절차는 다소 복잡해 보일 수 있습니다. 그 과정을 그림 13-11과 같습니다.

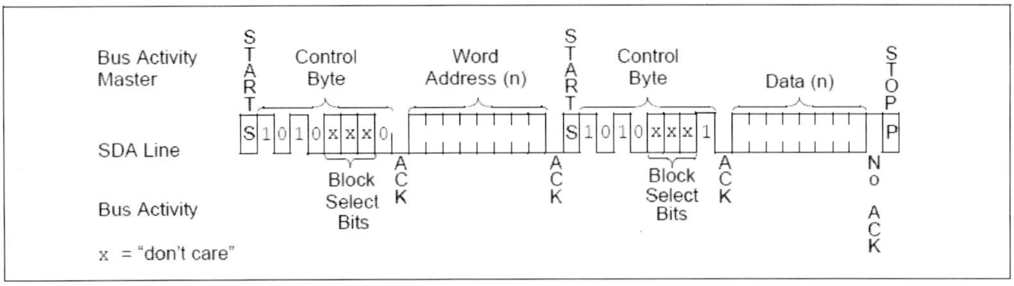

그림 13-11 TWI 방식으로 데이터 읽어 오는 절차

① 통신을 원하는 장치를 선택하기 위해 아두이노는 7비트의 장치번호와 1비트의 읽기/쓰기 구분용 비트로 구성된 한 바이트를 전송합니다. ② 다음으로 접근하려는 주소를 나타내는 한 바이트 전송합니다. ③ 그러고 나서 다시 읽기 모드로 통신하려고 하는 소자에게 7비트의 장치번호와 1비트의 읽기/쓰기 구분용 비트로 구성된 한 바이트를 전송함으로써 통신을 재시작합니다. 그런 다음 24LC01B가 데이터를 출력하여 ④ 아두이노가 수신하면 데이터를 읽어 온 후 ⑤ 아두이노는 통신 종료 신호를 보냅니다. 위 과정을 아두이노가 제공하는 TWI 라이브러리에 포함된 함수를 사용하여 단계 별로 다시 설명해 보겠습니다.

① 통신을 원하는 장치를 선택하기 위해 7비트의 장치번호와 1비트의 읽기/쓰기 구분용 비트로 구성된 한 바이트를 전송합니다.

```
Wire.beginTransmission(device_address);
```

② 다음으로 접근하려는 주소를 나타내는 한 바이트 전송합니다.

```
Wire.write( (byte) eeprom_address )
```

③ 다시 읽기 모드로 통신하고자 하는 소자에게 7비트의 장치번호와 1비트의 읽기/쓰기 구분용 비트로 구성된 한 바이트를 전송함으로써 통신을 재시작합니다. 그런 다음 24LC01B가 데이터를 출력하게 됩니다.

```
Wire.endTransmission();
Wire.requestFrom(0x50, 1);
```

Wire.requestFrom() 함수는 두 가지 일을 합니다. ㄱ) 데이터 수신을 위해 통신을 재시작합니다. 이 함수의 첫 번째 인자로 전달된 장치(번호)에서 두 번째 인자로 전달된 숫자만큼의 ㄴ) 데이터를 출력하라는 명령을 24LC01B에 보내는 것입니다.

④ 아두이노가 데이터를 수신하면 데이터를 읽어 옵니다.

```
if ( Wire.available() ) {
  data = Wire.read();
}
```

⑤ 아두이노는 통신 종료 신호를 보냅니다.

```
Wire.endTransmission()
```

5) 응용 예제 A

♣ 전자나침반(CMPSO3)은 아두이노 배우기 키트에 포함되어 있지 않습니다.

[응용 예제 A-1] 실습 내용 및 목표

방위각을 I^2C 방식으로 출력하는 전자나침반 모듈인 CMPS03을 아두이노 우노 보드에 연결하여 해보겠습니다. 이 실습을 통해 I2C 방식의 통신을 구현하는 스케치를 작성할 수 있게 될 것입니다.

전자나침반(CMPS03)은 방위각을 정보를 PWM 형태로 출력하며 또한 I^2C 방식으로도 출력합니다. 전자나침반(CMPS03)의 1번 레지스터는 0~360도에 대해 0~255로 매핑된 값을 저장하고 있습니다. 즉 1번지 메모리에 한 바이트로 표현한 방위각 정보가 저장되어 있다는 뜻으로 해석하면 됩니다. 또한 2, 3 레지스터에는 방위각 0~359.9도 값이 0~3599 값으로 매핑되어 있습니다. 전자나침반(CMPS03)을 보이고 있는 그림 13-12에서 핀들이 나열된 반대쪽, 즉 왼쪽 면이 향하는 정북을 향하면 방위각 0도를 출력합니다.

그런데 말이죠…!!

1번 레지스터를 전자나침반이 가지고 있는 메모리의 1번지 영역이라고 생각하시면 되겠습니다. 2번, 3번 레지스터도 마찬가지로 전자나침반이 가지고 있는 메모리의 2번지와 3번지를 가리킨다고 생각하시면 되겠습니다.

[응용예제 A-2] 회로 구성

먼저 전자나침반(CMPS03)의 핀 구성을 보겠습니다. 그림 13-12에 보인 전자나침반 모듈에서 이 실습에서 사용하게 될 중요한 핀들을 살펴보겠습니다. 1번 핀은 전원 공급 핀입니다. 9번 핀은 그라운드 핀입니다. 그리고 TWI 통신을 위한 SDA 핀은 3번이고 SCL 핀은 2번입니다.

그림 13-12 전자나침반(CMPS03)

전자나침반(CMPS03) 모듈의 1번 핀과 아두이노 보드 5[V] 핀 연결하고 전자나침반의 9번 핀과 아두이노 보드 그라운드 연결합니다. 그리고 전자나침반의 2번(SCL) 핀과 아두이노 보드의 A5 핀 연결합니다. 그리고 이 라인을 풀업 저항을 통해 5[V]에 연결합니다. 전자나침반의 3번(SDA) 핀과 아두이노 보드의 A4 핀 연결합니다. 그리고 풀업 저항을 통해 5[V]에 연결합니다. 여기서 풀업 저항은 2[kΩ]을 사용하겠습니다.

[응용 예제 A-3] 스케치 작성

```
#include <Wire.h>

byte CMPS03_read_byte( int deviceaddress, unsigned int nRegister )
{
   byte rdata;
   Wire.beginTransmission(deviceaddress);
   Wire.write((byte) nRegister);
   Wire.endTransmission();
   Wire.requestFrom(deviceaddress,1);
   if (Wire.available()) rdata = Wire.read();
   return rdata;
}

void setup()
{
   Wire.begin();
   Serial.begin(9600);
}

void loop()
{
   byte b = CMPS03_read_byte(0x60, 1);
   int angle = map(b, 0, 255, 0, 360);
   Serial.print(angle);
   delay(200);
}
```

[응용예제 A-4] 설명

전자나침반(CMPS03)은 I^2C 방식의 EEPROM인 24C04와 사용법이 동일합니다. 즉 앞서 살펴본 24LC01B와 사용법이 동일합니다. 전자나침반(CMPS03)으로부터 데이터를 읽어 오는 절차를 그림 13-13에 보입니다.

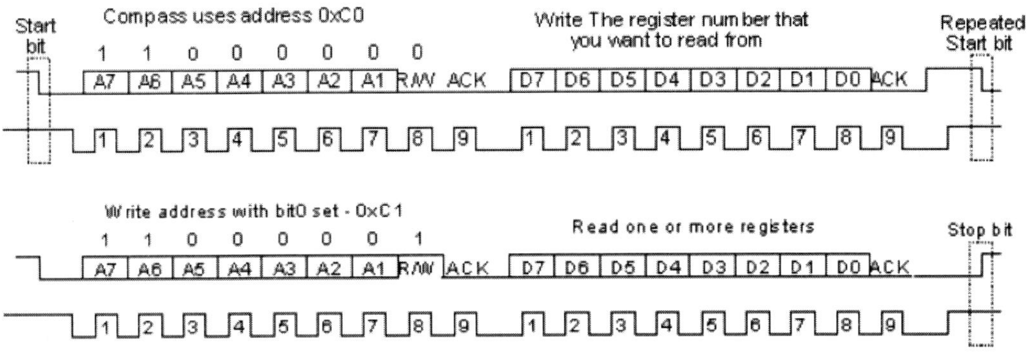

그림 13-13 전자나침반(CMPS03)으로부터 데이터 읽기

그림 13-13에서 전자나침반(CMPS03)의 장치 번호가 0xC0라도 나와 있는데, 아두이노에서는 장치번호가 7비트라는 관점에서 장치 번호를 0x60(이진수 110 0000)로 인식합니다. 아두이노가 전자나침반(CMPS03)으로부터 1번 레지스터(메모리 주소 1번지로부터) 값을 읽기 위해 아래의 과정을 거칩니다.

① 통신을 원하는 장치를 선택하기 위해 7비트의 장치번호와 1비트의 읽기/쓰기 구분용 비트로 구성된 한 바이트를 전송합니다.

```
Wire.beginTransmission(0x60);
```

② 다음으로 접근하려는 주소(1번지)를 나타내는 한 바이트 전송합니다.

```
Wire.write( 1 );
```

③ 다시 읽기 모드로 통신하고자 하는 소자에게 7비트의 장치번호와 1비트의 읽기/쓰기 구분용 비트로 구성된 한 바이트를 전송함으로써 통신을 재시작합니다. 그런 다음 전자나침반(CMPS03)이 데이터를 출력하게 됩니다.

```
Wire.endTransmission();
Wire.requestFrom(0x60, 1);
```

Wire.requestFrom() 함수는 두 가지 일을 합니다. ㄱ) 데이터 수신을 위해 통신을 재시작합니다. 이 함수의 첫 번째 인자로 전달된 장치(번호)에서 두 번째 인자로 전달된 숫자만큼의 ㄴ) 데이터를 출력하라는 명령을 전자나침반(CMPS03)에 보내는 것입니다.

④ 아두이노가 데이터를 수신하면 데이터를 읽어 옵니다.

```
if ( Wire.available() ) {
  data = Wire.read();
}
```

⑤ 아두이노는 통신 종료 신호를 보냅니다.

```
Wire.endTransmission()
```

6) 응용 예제 B

♣ 전자나침반(CMPSO3)은 아두이노 배우기 키트에 포함되어 있지 않습니다.

[응용예제 B-1] 실습 내용 및 목표

앞 응용 예제 A에서는 방위각 0~360도를 0~255로 매핑한 정보를 저장하고 있는 1번 레지스터에서 데이터를 읽어 왔습니다. 이번 실습에서는 방위각 0~359.9도 값이 0~3599 값으로 매핑되어 있는 2번, 3번 레지스터의 값을 읽어와 보겠습니다.

[응용예제 B-2] 회로구성

회로 구성은 앞 응용예제 A와 같습니다.

[응용예제 B-3] 스케치 작성

```
#include <Wire.h>

byte CMPS03_read_byte( int deviceaddress, unsigned int nRegister )
{
  byte rdata;
  Wire.beginTransmission(deviceaddress);
  Wire.write((byte) nRegister);
  Wire.endTransmission();
  Wire.requestFrom(deviceaddress,1);
  if (Wire.available()) rdata = Wire.read();
  return rdata;
}

void setup()
```

```
{
  Wire.begin();
  Serial.begin(9600);
}

void loop()
{
  int b = CMPS03_read_byte(0x60, 2);
  b = b << 8;
  b = b | CMPS03_read_byte(0x60, 3);

  int angle = map(b, 0, 3599, 0, 360);
  Serial.println(angle);
  delay(200);
}
```

13.3 USART 통신

보통 소자와 소자 사이의 정보 교환을 할 때는 SPI 방식이나 TWI 방식을 주로 사용합니다. 그러나 독립된 장치들 사이의 정보 교환을 할 때는 USART를 이용한 직렬통신 방식을 주로 사용합니다. 이번 13.3절에서는 직렬통신을 이용하여 아두이노 보드와 독립된 장치간의 통신하는 방법을 설명하겠습니다. 이 13.3절에서 다룬 내용은 제 1부의 제3장 직렬통신 I 에서 언급한 내용을 보강하는 관점에서 쓰여졌습니다.

1) 실습 내용 및 목적

♣ 여기서 사용하는 GPS 모듈은 '아두이노 배우기 키트'에 포함되어 있지 않습니다. 우리로봇기술(http://www.us-technology.co.kr) 사에서 생산한 GPS 모듈(상품코드: UST-SNR-GPS)입니다.

직렬통신(USART) 방식으로 데이터를 출력하는 GPS 시스템과 아두이노 보드를 연결하여 아두이노 보드에 수신된 GPS 정보를 시리얼 모니터 프로그램에 출력하는 스케치를 작성할 것입니다. 이 실습을 통해 아두이노 보드를 직렬통신(USART) 방식의 외부 시스템과 연결하여 데이터를 수신하는 방법을 알게 됩니다.

2) 회로 구성

사용하는 GPS 모듈(시스템)을 그림 13-14에 보이고 있습니다.

그림 13-14 우리로봇기술 사의 GPS 모듈

이 GPS 모듈의 핀 번호를 그림 13-15에 보이고 있으며 각 핀의 기능에 대한 간단한 설명과 아두이노 보드와 어떻게 연결할 것인지를 표 13-1에 보이고 있습니다.

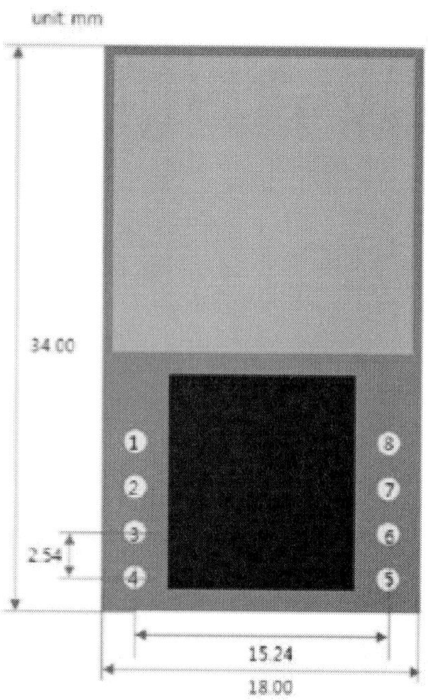

그림 13-15 GPS 모듈(UST-SNR-GPS)의 핀 번호

표 13-1 GPS 모듈(UST-SNR-GPS)의 핀에 대한 간단한 설명 및 아두이노와의 연결

핀 번호	핀 이름	I/O	설명	연결할 아두이노 핀
1	GND	-	그라운드	그라운드(GND)
2	VCC	-	전원(3.3[V]나 5.0[V])	5[V] 핀
3	NC	-	연결 안함	-
4	$\overline{\text{RST}}$	I	리셋(LOW면 활성화)	5[V] 핀
5	NC	-	연결 안함	-
6	NC	-	연결 안함	-
7	TXD	O	송신 핀	2번
8	RXD	I	수신 핀	3번

표 13-1을 보면 고려해야 할 핀은 1번 GND(그라운드), 2번 VCC(전원), 7번 TXD(송신 핀), 8번 RXD(수신 핀)임을 알 수 있습니다. 4번 $\overline{\text{RST}}$ 핀은 항상 HIGH가 되도록 전원 핀에 연결해 놓을 것입니다. 즉, 이 실습에서는 리셋 기능을 사용하지 않을 것입니다.

그림 13-16은 아두이노 보드와 GPS(UST-SNR-GPS)를 연결한 예입니다. 사용하고 있는 GPS 이미지 대신 8핀 IC로 대체했습니다. 8핀 IC를 GPS 모듈이라고 생각하고 그림 13-15의 핀 번호를 참고하여 연결하시면 되겠습니다.

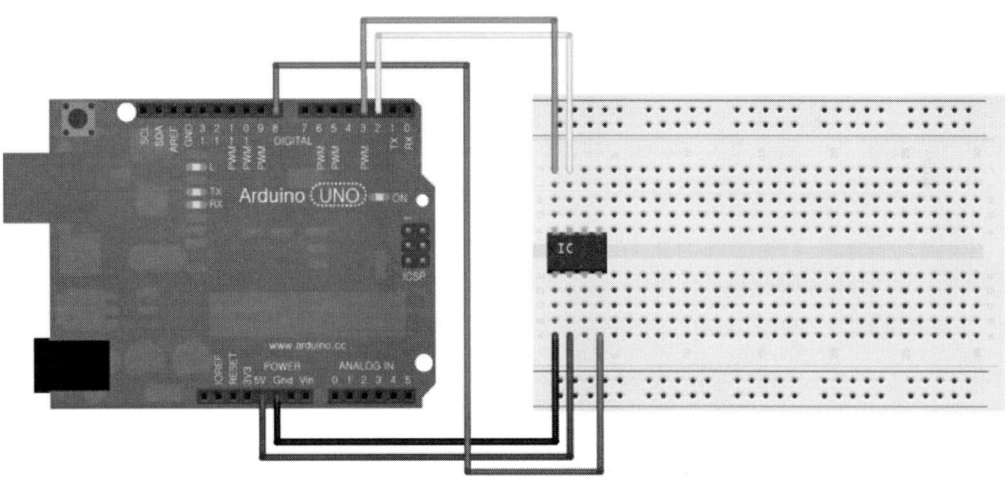

그림 13-16 아두이노와 GPS 연결

3) 스케치 작성

아래 스케치를 업로드 한 후 시리얼 모니터 프로그램을 실행시키십시오.

```
#include <SoftwareSerial.h>

SoftwareSerial GPSSerial(2,3);

void setup()
{
  Serial.begin(9600);
  GPSSerial.begin(9600);
}

void loop()
{
  if ( GPSSerial.available() ) {
    Serial.write( GPSSerial.read() );
  }
}
```

4) 설명

구현하려고 하는 기능은 직렬통신 방식으로 데이터를 출력하는 GSP 모듈로부터 아두이노 보드가 데이터를 수신해서 수신된 데이터를 직렬통신 방식으로 연결된 컴퓨터로 데이터를 전송하는 것입니다. 아두이노 보드는 직렬통신으로 GPS 모듈과 통신해야 하며 또한 직렬통신으로 컴퓨터와도 통신을 해야 합니다. 즉 두개의 직렬통신 채널이 필요합니다.

아두이노 보드의 직렬통신 전담 하드웨어인 USART와 컴퓨터는 이미 회로가 이미 연결되어 있습니다. 그래서 GPS 모듈과 직렬통신을 하기 위해 별도의 추가 직렬통신 채널이 필요했습니다. 스케치에서는 새로운 직렬통신 채널을 만들기 위해 SoftwareSerial GPSSerial(2, 3)과 같이 코딩 함으로써 소프트웨어 시리얼 라이브러리를 사용하여 직렬통신 채널을 하나 만들었습니다. 소프트웨어 시리얼 라이브러리를 사용하여 만든 직렬통신 채널을 위해 2번 핀은 입력, 3번 핀을 출력으로 동작하도록 한 것입니다.

setup() 함수에서 GPSSerial.begin(9600)라고 코딩함으로써 소프트웨어 시리얼 라이브러리로 생성한 직렬통신 채널의 전송 속도를 9600[bps]로 설정하고 있습니다. GPS 모듈이 외부로 데이터를 전송할 때의 전송속도가 9600[bps]이기 때문에 스케치에서도 동일한 속도로 설정한 것입니다.

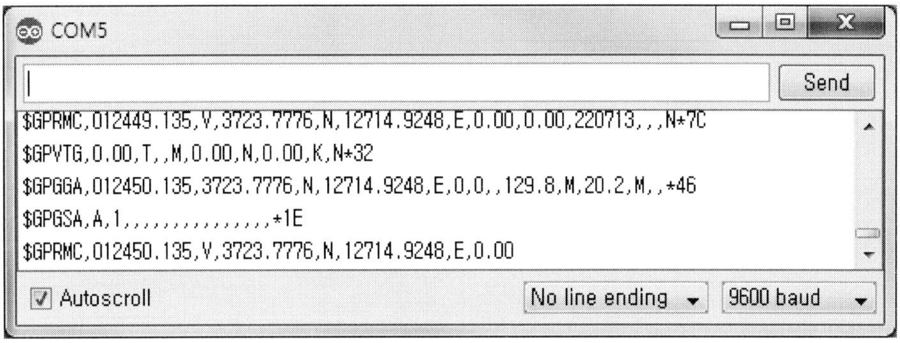

그림 13-17 GPS 모듈로부터 수신한 GPS 정보

Loop() 함수에서 GPSSerial.available() 함수를 호출하여 GPS 모듈로부터 수신된 데이터가 있는지 조사해서 수신된 데이터가 1 바이트 이상이면 GPS 모듈로부터 수신된 데이터를 가져다가 컴퓨터가 연결되어 있는 직렬통신 전담 하드웨어인 USART로 전송하게 됩니다. 따라서 위 스케치가 잘 수행되고 있다면 시리얼 모니터 프로그램에는 그림 13-17과 유사한 결과가 나타날 것입니다.

GPS 모듈이 전송한 문자열에는 위도와 경도 정보 외에도 여러 가지 정보가 포함되어 있습니다. 수신된 문자열에서 위도와 경도 정보를 분리해 내는 일은 여러분께 맡깁니다. 한번 해보시고 잘되지 않으시면 네이버 카페, “아두이노 배우기”를 참고하십시오.☺

제14장 아두이노 확장 보드

14.1 확장 쉴드

아두이노 보드가 가지고 있지 않은 기능, 예를 들어 WiFi 통신이나 Bluetooth 통신, xBee 통신 기능을 별도의 다른 보드에 구현하여 아두이노 보드에 장착함으로써 아두이노 보드의 기능을 확장할 수 있게 도와주는 보드를 '확장 쉴드'라고 부릅니다. 확장 쉴드는 아두이노 보드에 꽂는 형태로 두 보드를 결합하여 동작시킬 수 있습니다.

14.1.1 스파크펀 사의 xBee 확장 쉴드

xBee 확장 쉴드는 아두이노 보드가 가지고 있지 않은 근거리 무선 통신 기능을 수행하는 보드입니다. xBee 통신 모듈의 특징은 전력 소모가 많지 않으나 통신할 수 있는 거리가 짧은 편이며 데이터 전송 속도도 빠른 편이 아닙니다. 그러나 센서로부터 얻은 값을 전달한다거나 하는 등의 간단한 정보를 주고받기에는 충분한 속도를 지원한다고 하겠습니다.

스파크펀 사의 xBee 확장 쉴드는 그림 14-1과 같이 생겼습니다. xBee 확장 쉴드에 xBee 통신 모듈을 장착하고 아두이노 보드에 꽂은 모습은 그림 14-2와 같습니다. 먼저, 아두이노 보드와 스파크펀 사의 xBee 확장 쉴드 간에 데이터를 주고받는 방법에 대해 살펴 볼 것입니다.

그리고 xBee 확장 쉴드를 장착한 두 개의 아두이노 보드를 준비해서 한쪽에서는 신호를 전송하고 다른 한쪽에서는 수신한 신호에 근거하여 어떤 동작을 하는 스케치를 작성할 것입니다.

그림 14-1 스파크펀 사의 xBee 확장 쉴드

그림 14-2 확장 쉴드를 아두이노 보드에 꽂은 모습

xBee 확장 쉴드에 대한 이야기를 하기에 앞서, 12.1의 내용을 이해하셔야 이후 전개되는 이야기를 이해하실 수 있습니다.

스파크펀 사의 xBee 확장 쉴드에는 슬라이드 스위치가 1개 있습니다. 이 스위치 옆에는 UART 그리고 DLINE이라는 글씨가 쓰여 있습니다. 스위치를 UART 쪽으로 밀면 xBee 통신 모듈의 송신(Tx) 핀을 아두이노 보드의 수신(Rx) 핀인 0번과 연결합니다. 그리고 xBee 통신 모듈의 수신(Rx) 핀을 아두이노 보드의 송신(Tx) 핀인 1번과 연결합니다. 아두이노 보드가 데이터를 전송(Tx)하면 xBee 모듈은 그 데이터를 수신(Rx)해서 무선으로 송출하게 됨으로 아두이노 보드의 송신(Tx) 핀을 xBee 모듈의 수신(Rx) 핀에 연결하는 것입니다.

스위치를 DLINE 쪽으로 밀면 xBee 모듈의 전송(Tx) 핀은 아두이노 보드의 2번과 연결하고 xBee 모듈의 수신(Rx) 핀은 아두이노 보드의 3번 핀과 연결합니다. 스위치를 DLINE으로 밀어 놓으면 아두이노 보드의 스케치는 소프트웨어 시리얼(SoftwareSerail) 라이브러리를 사용해서 스파크펀 사의 xBee 쉴드와 데이터를 주고받을 수 있게 됩니다.

1) 실습 내용 및 목표

스파크펀 사의 xBee 확장 쉴드를 장착한 두 개의 아두이노 보드를 준비해서 한쪽 아두이노 보드에서는 값 1 또는 0을 전송하고 다른 쪽 아두이노 보드에서는 수신한 값에 근거하여 LED를 켜거나 끄도록 하는 스케치를 작성할 것입니다. 수신한 값이 1이면 LED를 켜고 수신한 값이 0이면 LED를 끄도록 하겠습니다.

2) 회로 구성

그림 14-3과 같이 xBee 확장 쉴드를 장착한 아두이노 보드 2개를 준비하고 각각 다른 컴퓨터에 연결합니다. 한쪽 아두이노 보드는 그림 14-3과 같이 12번 핀에 LED를 하나 달겠습니다. 사용한 저항의 값은 330[Ω]입니다.

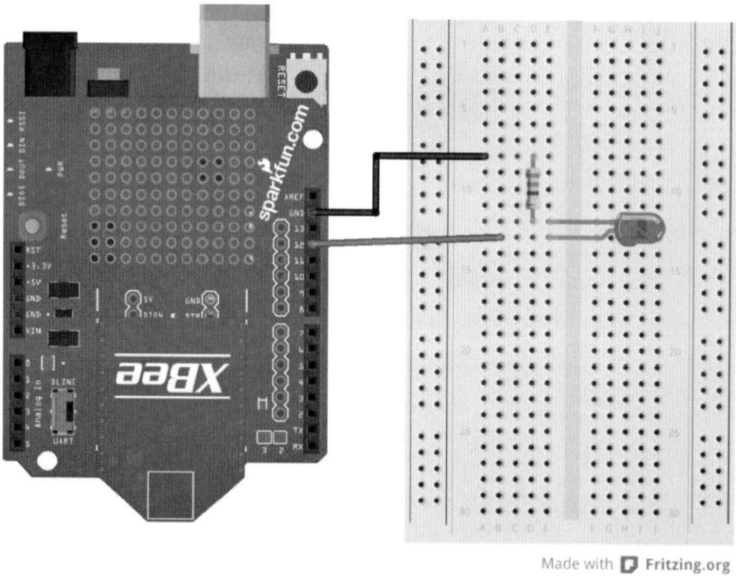

그림 14-3 xBee 확장 쉴드를 장착한 아두이노 보드의 12번 핀에 LED 연결

3) 스케치 작성

두 아두이노 보드 중에 신호를 전송하는 이두이노 보드를 A 아두이노 보드라고 하고 신호를 수신하는 아두이노 보드를 B 아두이노 보드라고 하겠습니다.

스케치를 업로드 하기 전에 xBee 확장 쉴드에 있는 슬라이드 스위치를 DLINE으로 옮겨 놓은 후 아래 스케치를 각각의 아두이노 보드에 업로드 하십시오. 컴퓨터에 있던 스케치를 아두이노 보드로 업로드 할 때 스케치 코드는 USB 케이블을 거쳐 USB 통신 지원 칩을 지나 아두이노 보드 MCU의 수신(Rx) 핀으로 전달됩니다. 아두이노 보드 MCU의 수신(Rx) 핀은 아두이노 보드 0번 핀과 연결되어 있는데, 슬라이드 스위치가 UART 쪽에 있을 경우 아두이노 보드의 0번 핀과 1번 핀이 xBee 통신 모듈에도 연결되어 xBee 통신 모듈에 악영향을 줄 수 있습니다. 스케치 업로드 과정에서 아두이노 보드가 컴퓨터로 어떤 신호를 보내게 되면 아두이노 보드의 전송(Tx) 핀이 xBee 통신 모듈에 연결되어 있어 xBee 통신 모듈에도 전달됩니다. 부적절한 데이터 전달로 인해 xBee 통신 모듈에 이상을 줄 수 있기 때문에 스케치를 업로드 할 때는 슬라이드 스위치를 DLINE에 놓아야 합니다. 그리고 두 아두이노 보드 모두 업로드가 완료되면 슬라이드 스위치를 UART쪽으로 다시 옮겨 놓습니다.

<table>
<tr><th>신호를 전송하는 A 아두이노를 위한 스케치</th><th>신호를 수신하는 B 아두이노를 위한 스케치</th></tr>
<tr><td>

```
void setup()
{
  Serial.begin(9600);
}

void loop()
{
  Serial.write( (byte) 1 );
  delay(200);
  Serial.write( (byte) 0 );
  delay(200);
}
```

</td><td>

```
void setup()
{
  Serial.begin(9600);
  pinMode(12, OUTPUT);
}

void loop()
{
  byte data;
  if ( Serial.available() ) {
    data = Serial.read();
    digitalWrite(12, data);
  }
}
```

</td></tr>
</table>

4) 설명

신호를 전송하는 A 아두이노 쪽의 스케치를 먼저 보겠습니다. setup() 함수에서는 Serial.begin() 함수를 호출하여 아두이노 보드 MCU의 내부에 있는 직렬통신 전담 하드웨어인 UART를 이용한 데이터 송수신을 목적으로 직렬통신 준비를 시킵니다. 스케치를 업로드 한 후 xBee 확장 쉴드에 있는 슬라이드 스위치를 UART 쪽으로 밀었기 때문에 xBee 확장 쉴드는 UART와 통신을 하게 됩니다. 따라서 스케치의 loop() 함수에서 Serial.write()함수를 호출하여 데이터를 전송하게 되면 이 데이터를 UART가 받아서 아두이노 1번 핀을 통해 xBee 확장 쉴드로 보내게 됩니다.

신호를 수신하는 B 아두이노 쪽의 스케치를 보겠습니다. 여기에서도 스케치를 업로드 한 후 xBee 확장 쉴드의 슬라이드 스위치를 UART쪽으로 해놓았기 때문에 xBee 확장 쉴드의 송신(Tx) 핀과 수신(Tx) 핀이 아두이노의 수신(Rx) 핀인0번과 송신(Tx) 핀인1번에 연결되어 아두이노 MCU 내부의 UART와 데이터를 주고받게 됩니다.

데이터 송수신이 제대로 이루어지지 않는다면 현 시점에서는 세 가지 원인을 생각해 볼 수 있습니다.

① xBee 통신 모듈이 사용하는 주파수대에 잡음이 많을 경우(거의 발생하지 않을 것임)
② UART와 xBee 사이에 데이터를 주고받는 속도가 서로 다를 경우
③ 통신하고자 하는 xBee 통신 모듈과 ID가 서로 다를 경우

xBee 통신 모듈은 공장에서 출하될 때 몇 가지 기본 셋팅을 하고 출시됩니다. 전송 속도는 9600bps이고 ID는 3332입니다. 이 책에서는 xBee 통신 모듈의 설정 값을 확인하고 변경하는 방법에 대해서 설명하지 않겠습니다. xBee 통신 모듈의 설정 값을 확인하거나 변경하는 방법에 대해서는 네이버 카페, "아두이노 배우기"를 참고하십시오.

5) 예제 A – xBee를 이용한 무선 통신 및 제어

[예제 A-1] 실습 내용 및 목표

스파크펀 사의 xBee 확장 쉴드를 장착한 두 아두이노 보드 사이의 데이터 전송입니다. 신호를 전송하는 쪽 아두이노 보드는 시리얼 모니터 프로그램을 통해 수신한 '1' 또는 '0' 문자를 상대방 아두이노 보드에 전송하게 할 것입니다. 데이터를 수신을 하는 아두이노 보드는 12번 핀에 LED를 달아서 수신 데이터가 '1'이면 LED를 켜고 수신 데이터가 '0'이면 LED를 끄는 동작을 하게 만들어 보겠습니다.

[예제 A-2] 회로 구성

전송하는 쪽 아두이노 보드는 그림 14-2의 형태이면 되고 수신하는 쪽 아두이노 보드는 그림 14-3과 같이 구성합니다.

[예제 A-3] 스케치 작성

신호를 전송하는 아두이노 보드에 스케치를 업로드 하기 전에 xBee 확장 쉴드의 슬라이드 스위치를 DLINE에 놓습니다. 이번에는 업로드가 완료되어도 슬라이드 스위치를 UART쪽으로 이동하지 않고 그래도 DLINE 쪽에 놓습니다.

신호를 수신하는 아두이노 보드에 스케치를 업로드 하기 전에 xBee 확장 쉴드의 슬라이드 스위치를 DLINE에 놓았다가 업로드가 완료되면 슬라이드 스위치를 UART 쪽으로 이동시킵니다.

신호를 전송하는 아두이노를 위한 스케치	신호를 수신하는 아두이노를 위한 스케치

#include <SoftwareSerial.h>
SoftwareSerial xBeeSerial(2, 3); //(Rx, Tx)
void setup()
{
  Serial.begin(9600);
  xBeeSerial.begin(9600);
}
 	
void loop()
{
  if (Serial.available()) {
    xBeeSerial.write(Serial.read());
  }
}
	void setup()
	{
	  Serial.begin(9600);
	  pinMode(12, OUTPUT);
	}
	
	void loop()
	{
	  byte data;
	  if (Serial.available()) {
	    data = Serial.parseInt();
	    digitalWrite(12, data);
	  }
	}

[예제 A-4] 설명

신호를 전송하는 아두이노가 해야 하는 일은 시리얼 모니터 프로그램으로부터 '1' 또는 '0'을 수신했는지 확인하는 것입니다. 컴퓨터에서 실행되고 있는 시리얼 모니터 프로그램에서 데이터를 아두이노로 보내면 그 데이터는 USB 케이블을 거쳐 USB 통신 지원 칩을 지나 아두이노 MCU 내부에 있는 직렬통신 전담 하드웨어인 UART를 통해 아두이노가 받게 됩니다. UART는 컴퓨터와의 통신 업무에 전념합니다.

시리얼 모니터 프로그램이 전송한 데이터를 아두이노가 수신하게 되면 그 데이터를 xBee 확장 쉴드로 보내야 합니다. 직렬통신을 전담하는 하드웨어인 UART는 이미 컴퓨터와의 통신을 위해 사용되고 있습니다. 그래서 제 2부의 12.1에서 설명한 소프트웨어 시리얼(SoftwareSerial) 라이브러리를 사용하여 적절한 핀 두 개를 골라 하나는 송신용, 하나는 수신용으로 동작하도록 설정하여 소프트웨어적으로 직렬통신 기능을 부여한 것입니다. Serial.available() 함수는 UART

에 들어온 데이터의 바이트 수를 알려줌으로 결국 시리얼 모니터 프로그램으로부터 들어온 데이터의 바이트 수를 알려주는 것입니다. 시리얼 모니터로부터 데이터가 수신되면 Serial.read() 함수를 호출하여 그 데이터를 읽어오고 읽어온 데이터를 xBeeSerial.write() 함수를 이용해서 소프트웨어 시리얼 라이브러리로 만든 직렬통신 전송(Tx)을 위한 2번 핀으로 전송하게 됩니다. xBee 확장 쉴드의 슬라이드 스위치를 DLINE에 놓여있기 때문에 xBee 통신 모듈의 수신 핀과 시리얼 라이브러리로 만든 전송 핀이 연결되어 데이터가 xBee 통신 모듈로 넘어가게 됩니다.

신호를 수신하는 아두이노가 해야 하는 첫 번째 일은 xBee 확장 쉴드에서 넘겨 준 데이터를 UART를 통해 수신하는 것입니다.

■ Serial.parseInt()

시리얼 모니터 프로그램이 어떤 글자를 전송할 때 알파벳이든 숫자든 다 문자로 인식해서 전송합니다. 시리얼 모니터 프로그램에서 '1'을 입력하고 엔터키를 누르면 숫자 1이 전송되는 것이 아니라 문자 '1'이 전송되는 것입니다. 문자 '1'에 해당하는 이진코드(아스키코드)가 전송되는 것입니다. 문자 '1' 또는 문자 '0'을 수신한 아두이노는 Serial.parseInt() 함수를 이용하여 데이터를 읽어 옵니다. 이 함수는 수신된 문자열에서 정수 표현이 가능한 문자열을 정수 값으로 반환합니다. 송신 측에서 문자 '1'을 보냈다면 Serial.parseInt() 함수는 숫자 1을 반환합니다. digitalWrite() 함수를 이용하여 LED가 연결된 핀의 상태를 HIGH 또는 LOW로 만듭니다.

6) 예제 B – xBee를 이용한 무선 데이터 전송

[예제 B-1] 실습 내용 및 목표

xBee 확장 쉴드를 이용하여 두 아두이노 보드 사이에 통신을 합니다. 한쪽 아두이노 보드에는 GPS 모듈을 추가로 달아서 GPS 모듈로부터 수신한 정보를 xBee 확장 쉴드를 이용하여 xBee 확장 쉴드가 장착된 다른 쪽 아두이노 보드로 데이터를 전송합니다. 수신한 정보를 다시 시리얼 모니터 프로그램으로 확인하는 실습을 해보겠습니다.

이 실습을 통해 xBee 확장 쉴드 사용에 익숙해지고 아두이노 보드가 취득한 정보를 다른 아두이노 보드에게 전달하는 시스템을 설계할 수 있는 기초 개념을 확립할 수 있습니다.

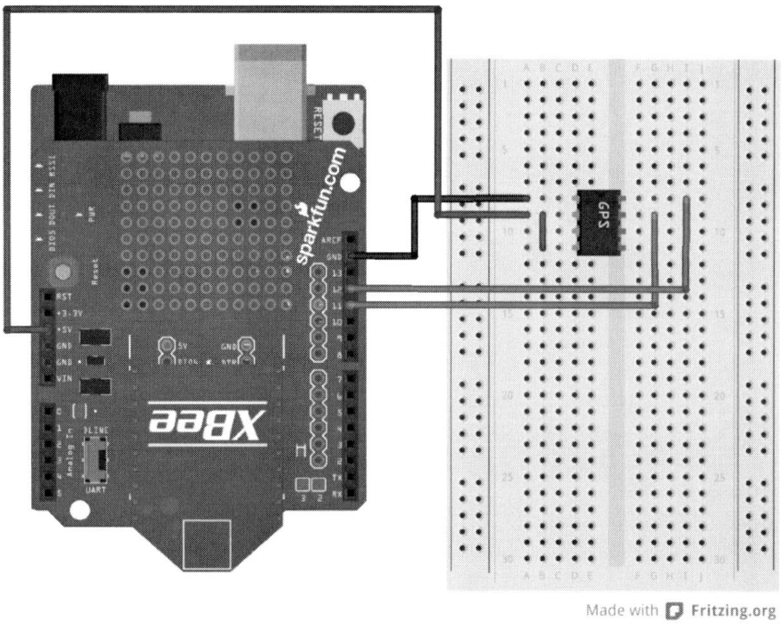

그림 14-4 아두이노에 xBee 확장 쉴드를 장착 그리고 GPS 모듈 연결

[예제 B-2] 회로 구성

두 개의 아두이노 보드에 xBee 확장 쉴드를 각각 장착하여 두 아두이노 보드가 xBee 모듈을 이용하여 무선으로 데이터 통신이 가능하게 합니다. 한쪽 아두이노 보드에는 GPS 모듈을 추가로 연결하여 그림 14-4와 같이 구성합니다. GPS 모듈의 7번 핀을 아두이노 보드 11번 핀에, GPS 모듈의 8번 핀을 아두이노 보드 12번 핀에 연결합니다.

[예제 B-3] 스케치 작성

아래 스케치 중 '신호를 전송하는 아두이노를 위한 스케치'를 GPS 모듈이 연결된 아두이노 보드에 업로드 할 것입니다. 업로드 하기 전에 xBee 확장 쉴드에 있는 슬라이드 스위치를 DLINE으로 옮겨 놓은 다음 업로드 하시고 업로드가 완료되면 슬라이드 스위치를 USART쪽으로 바꾸십시오. 또한 '신호를 수신하는 아두이노를 위한 스케치'는 GPS 모듈을 연결하지 않은 아두이노 보드에 업로드 하기 전에 xBee 확장 쉴드에 있는 슬라이드 스위치를 DLINE에 놓으십시오. 스케치를 업로드 후에도 슬라이드 스위치를 DLINE에 두셔야 합니다. 그리고 신호를 수신하는 아두이노 보드가 연결된 컴퓨터에서 시리얼 모니터 프로그램을 실행시키십시오.

<table>
<tr><th>신호를 전송하는 아두이노를 위한 스케치</th><th>신호를 수신하는 아두이노를 위한 스케치</th></tr>
<tr><td>

```
#include <SoftwareSerial.h>

SoftwareSerial GPSSerial(11,12);  // rx, tx

void setup()
{
  Serial.begin(9600);
  GPSSerial.begin(9600);
}

void loop()
{
  if ( GPSSerial.available() ) {
    Serial.write( GPSSerial.read() );
  }
}
```

</td><td>

```
#include <SoftwareSerial.h>

SoftwareSerial xBeeSerial(2,3);

void setup()
{
  Serial.begin(9600);
  xBeeSerial.begin(9600);
}

void loop()
{
  if ( xBeeSerial.available() ) {
    Serial.write( xBeeSerial.read() );
  }
}
```

</td></tr>
</table>

[예제 B-4] 설명

신호를 전송하는 아두이노 보드부터 보겠습니다. 직렬통신 방식으로 GPS로부터 수신되는 데이터를 받아야 하고 수신된 데이터를 직렬통신으로 xBee 쉴드에 보내야 하기 때문에 직렬통신 채널이 두 개 필요합니다. GPS 모듈과의 직렬통신을 위해 소프트웨어 시리얼 라이브러리를 활용하였고 xBee 쉴드와의 통신을 위해 직렬통신 전담 하드웨어인 USART를 이용하였습니다. 스케치 업로드 전에는 xBee 확장 쉴드의 슬라이드 스위치를 DLINE에 두었다가 업로드 완료 후 스위치를 USART로 옮긴 이유는 스케치가 직렬통신 전담 하드웨어인 USART를 통해서 xBee와 통신하기 위해서 입니다.

GPS 모듈의 송신 핀이 아두이노의 11번 핀으로 GPS의 수신 핀이 아두이노 보드의 12번 핀에 연결했기 때문에 소프트웨어 시리얼 라이브러리를 이용하여 직렬통신을 위한 수신 핀을 11번 핀으로, 송신 핀을 12번 핀으로 설정하였습니다.

```
SoftwareSerial GPSSerial(11, 12);
```

setup() 함수에서는 직렬통신 전담 하드웨어인 USART의 전송속도를 9600[bps]로 설정하였습니다. xBee 확장 쉴드의 통신 속도에 맞추는 것입니다.

```
Serial.begin(9600);
```

그리고 GPS 모듈과의 직렬통신을 위해서도 전송속도 9600[bps]로 설정하였습니다.

```
GPSSerial.begin(9600);
```

loop() 함수에서는 GPS 모듈에서 전송되어온 데이터가 있는지 확인 후 데이터가 있을 경우 GPS 모듈로부터 수신되어 온 데이터를 읽어서 USART를 통해 xBee 확장 쉴드로 데이터를 전송합니다.

신호를 수신하는 아두이노 보드에서 구동되고 있는 스케치를 보겠습니다. 수신하는 쪽 아두이노 보드에는 xBee 확장 쉴드가 장착되어 있는데 이 xBee 확장 쉴드와 데이터를 주고받기 위한 직렬통신 채널은 소프트웨어 시리얼 라이브러리를 활용했습니다.

```
SoftwareSerial xBeeSerial(2,3);
```

setup() 함수에서는 직렬통신 전담 하드웨어인 USART를 이용한 직렬통신 전송 속도를 9600[bps]로 설정하였습니다.

```
Serial.begin(9600);
```

그리고 xBee 확장 쉴드와 직렬통신을 하기 위해 소프트웨어 시리얼 라이브러리를 사용하여 생성한 직렬통신 채널의 전송 속도를 9600[bps]도 설정했습니다.

```
xBeeSerial.begin(9600);
```

loop() 함수에서는 xBee 확장 쉴드로부터 수신되어 대기 중인 데이터가 있는지 조사해서 있다면 xBee 확장 쉴드로부터 수신되어 대기 중인 데이터를 읽어 들여서 직렬통신 전담 하드웨어인 USART를 통해 데이터를 전송합니다. 이 데이터는 연결되어 있는 컴퓨터로 전송되어 시리얼 모니터 프로그램을 실행시키면 확인할 수 있습니다.

14.1.2 스파크펀 사의 GPS 확장 쉴드

스파크펀(sparkfun.com) 사에서는 다양한 아두이노 확장 쉴드를 판매하고 있습니다. 이번 14.1.2에서는 스파크펀 사의 GPS 확장 쉴드를 어떻게 사용하는지 설명하겠습니다. 그림 14-5에는 아두이노 보드에 GPS 확장 쉴드를 장착한 모습을 보이고 있습니다.

그림 14-5 GPS 확장 쉴드를 장착한 아두이노 보드

스파크펀 사의 GPS 확장 쉴드에는 2개의 슬라이드 스위치가 있습니다. 하나는 ON/OFF 스위치로 확장 쉴드 전원 공급에 관한 스위치이며 또 다른 하나는 앞서 살펴본 스파크펀 사의 xBee 확장 쉴드와 같이 UART/DLINE을 구분하는 스위치입니다. UART/DLINE 스위치를 가지고 아두이노의 직렬통신 전담 하드웨어인 USART와 통신할 것인지 또는 아두이노의 2, 3번 핀을 이용하여 통신할 것인지를 선택할 수 있게 되어 있습니다.(스케치를 업로드 할 때 UART/DLINE 스위치는 DLINE에 있어야 합니다.)

1) 실습 내용 및 목표

스파크펀 사의 GPS 확장 쉴드를 아두이노 보드에 장착하고 GPS 확장 쉴드로부터 데이터를 직렬통신 방식으로 수신하는 방법을 이해함으로써 직렬통신 방식으로 데이터를 전송하는 여러 다른 확장 쉴드의 사용법에도 익숙해 질 수 있는 기회가 될 것입니다.

2) 회로 구성

♣ 아두이노 배우기 키트에는 GPS 확장 쉴드가 포함되어 있지 않습니다.

그림 14-5와 같이 GPS 확장 쉴드를 아두이노 보드에 장착하세요.

3) 스케치 작성

아래 스케치를 업로드 하기 전에 GPS 확장 쉴드의 UART/DLINE 스위치가 DLINE에 와 있도록 하세요. 그런 다음 아래 스케치를 업로드 하십시오. 업로드 후에도 UART/DLINE 스위치는 DLINE 쪽에 있어야 합니다. 스케치를 업로드 한 후 시리얼 모니터 프로그램을 실행시킨 후 잠시 기다려 주십시오.

```
#include <SoftwareSerial.h>

SoftwareSerial GPSSerial(2,3);

void setup()
{
  Serial.begin(9600);
  GPSSerial.begin(4800);
}

void loop()
{
  if ( GPSSerial.available() ) {
    Serial.write( GPSSerial.read() );
  }
}
```

4) 설명

GPS 확장 쉴드로부터 받은 데이터를 컴퓨터로 전송하여 시리얼 모니터 프로그램을 통해 확인하게 됩니다. 아두이노 보드는 컴퓨터와도 직렬통신을 해야 하고 GPS 확장 쉴드와도 직렬통신을 해야 합니다. 컴퓨터와의 직렬통신을 위해서는 직렬통신 전담 하드웨어인 USART가 사용되고 xBee 확장 쉴드와는 소프트 시리얼 라이브러리를 이용하여 통신을 하고 있습니다.

setup() 함수에서 GPS 확장 쉴드와 통신하기 위해 GPSSerial.begin(4800)이라고 명령하였는데, 이 실습에서 사용하고 있는 GPS 확장 쉴드가 데이터를 전송하는 속도가 4800[bps]이기 때문입니다.

제15장 아두이노 활용 플러스

15.1 디지털 신호 입출력

15.1.1 LED를 이용한 디지털 출력

본 절에서는 디지털 신호 입출력에 대해 조금 더 알아보겠습니다.

1) 실습 내용 및 목표

디지털 출력에 대해 조금 더 생각해 보면서 C언어 프로그래밍에 조금 더 익숙해질 수 있는 실습을 할 것입니다. 4개의 LED를 이용하여 조금은 복잡해진 패턴으로 LED들을 점멸시켜 보겠습니다. 이 실습을 통해 어떤 일을 반복적으로 시킬 경우 사용하게 되는 C언어 표현 중 하나를 배우게 됩니다.

LED를 아래 그림과 같은 패턴으로 On/Off하게 만들 것입니다. 아래 그림에서 가운데가 비어있는 원(○)은 LED가 점등된 것을 표현하며 가운데가 채워져 있는 원(●)은 LED가 소등된 것을 표현합니다. 그림 15-1에 보인 출력 패턴을 계속 반복하는 스케치를 작성하겠습니다.

○●●●

●○●●

●●○●

●●●○

그림 15-1 LED 출력 패턴

2) 회로 구성

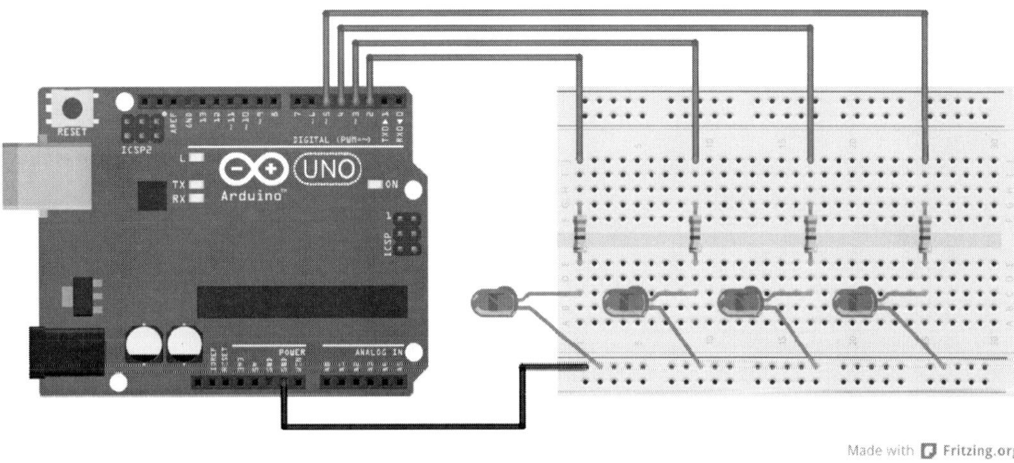

그림 15-2 LED 4개로 다양한 패턴 만들기

3) 스케치 작성

4개의 LED를 사용하고 있습니다. 아두이노 디지털 입출력 핀 중 4개를 선택하여 출력 모드로 설정해야 합니다. 그림 2-3에 보인 회로에서는 2번, 3번, 4번, 5번 핀에 LED를 연결했으니 setup()함수는 아래와 같이 2번부터 5번 핀까지 4개의 핀을 출력 모드로 설정해야 할 것입니다.

스케치 15-1

```
void setup()
{
    pinMode(2, OUTPUT);
    pinMode(3, OUTPUT);
    pinMode(4, OUTPUT);
    pinMode(5, OUTPUT);
}
```

위 스케치 15-1의 setup() 함수에서는 출력으로 사용할 핀을 출력 모드로 설정하기 위해 pinMode() 함수를 4번 호출했습니다. 만약 아두이노 2번 핀부터 13번 핀까지 모두 출력으로 사용할 계획이라면 setup() 함수는 아래 스케치 15-2와 같이 12번 pinMode() 함수를 호출하는 코드를 작성해야 할 것입니다.

스케치 15-2

```
void setup()
{
    pinMode(2, OUTPUT);
    pinMode(3, OUTPUT);
    pinMode(4, OUTPUT);
    pinMode(5, OUTPUT);
    pinMode(6, OUTPUT);
    pinMode(7, OUTPUT);
    pinMode(8, OUTPUT);
    pinMode(9, OUTPUT);
    pinMode(10, OUTPUT);
    pinMode(11, OUTPUT);
    pinMode(12, OUTPUT);
    pinMode(13, OUTPUT);
}
```

그러나 for라는 명령어를 사용하면 아래 스케치 15-3과 같이 코드를 간결하게 작성할 수 있습니다.

스케치 15-3

```
void setup()
{
    for(int i = 2; i <=13; i= i+1) {
     pinMode(i, OUTPUT);
    }
}
```

앞서 for 문에 대해 살짝 살펴 본 바가 있습니다만 이번 절에서 조금 더 자세히 다루겠습니다. for 명령의 구조는 다음과 같습니다.

```
for( 초기값 할당; 조건; 증가) {
}
```

for문은 여는 중괄호({)부터 닫는 중괄호(}) 영역에 포함된 명령어들을 반복적으로 수행합니다. 무한 반복시킬 수도 있지만 몇 번이나 반복하는지 결정하기 위해 '조건'이 있습니다. 조건이 만족되면 계속 반복 수행하고 조건이 만족되지 않으면 더 이상 여는 중괄호({)부터 닫는 중괄호(}) 영역에 포함된 명령어들을 수행하지 않습니다. 위 코드에서 for문이 어떻게 동작하는지 살펴보겠습니다.

① 변수 i에 2를 저장합니다. 그리고 변수 i의 값이 13 이사인지 조사합니다. 조건이 만족하므로 여는 중괄호({)부터 닫는 중괄호(}) 영역에 포함된 명령어(들)를 수행합니다. 이 상황에서는 pinMode(i, OUTPUT)이 실행됩니다. 그런데 현재 변수 i에는 숫자 2가 저장되어 있습니다. 따라서 pinMode(i, OUTPUT) 함수는 2번 핀을 출력 모드로 만들게 됩니다.

② For 문의 '증가' 영역에는 변수 i에 1을 더해서 다시 i에 저장하라고 되어 있습니다. 그러면 변수 i의 값은 3이 됩니다.

③ 다시 반복 수행할 것인가를 판단하기 위해 '조건' 영역에 기술된 조건을 따져 봅니다. 변수 i의 값이 13 이하인지를 묻고 있습니다. 현재 변수 i에는 숫자 3이 저장되어 있으니 i〈=13 조건은 만족합니다.

④ 조건이 만족되므로 여는 중괄호({)부터 닫는 중괄호(}) 영역에 포함된 명령어(들)을 수행합니다. pinMode(I, OUTPUT) 함수가 실행됩니다. 이때 변수의 값은 3이기 때문에 pinMode (I, OUTPUT) 함수는 아두이노 3번 핀을 출력 모드로 설정합니다.

⑤ 그런 다음 ②의 과정으로 들어갑니다. 변수 i의 값을 1을 증가시켜서 변수 i의 값을 4로 만듭니다.

⑥ ③의 과정으로 들어갑니다. 조건, i〈=13인지 조사합니다. 조건이 만족되면 ④의 과정으로 들어갑니다. 조건이 만족하지 않는 경우, 그러니까 반복 수행하다가 변수 i의 값이 13을 초과하여 14가 되면 '조건'이 만족하지 않기 때문에 for 문을 더 이상 수행하지 않습니다.

그러면 이제 스케치 15-1을 for 문을 이용하여 다시 작성해보겠습니다.

```
void setup()
{
    for(int i = 2; i <=5; i= i+1) {
     pinMode(i, OUTPUT);
    }
}
```

Loop() 함수에서는 그림 15-1의 패턴을 반복적으로 출력해야 합니다. Loop 함수에서 해야 하는 일과 그 일의 순서를 생각해 보십시오. 아래 보인 순서대로 일을 하면 될 것입니다.

[단계 1] 첫 번째 출력 패턴인 '○●●●'을 구현하기 위해 4개의 LED를 전부 끈 다음 첫 번째 LED인 2번 핀에 연결된 LED만 점등한 후 잠시 대기한다.

[단계 2] 두 번째 출력 패턴인 '●○●●'을 구현하기 위해 4개의 LED를 전부 끈 다음 두 번째 LED인 3번 핀에 연결된 LED만 점등한 후 잠시 대기한다.

[단계 3] 세 번째 출력 패턴인 '●●○●'을 구현하기 위해 4개의 LED를 전부 끈 다음 세 번째 LED인 4번 핀에 연결된 LED만 점등한 후 잠시 대기한다.

[단계 4] 네 번째 출력 패턴인 '●●●○'을 구현하기 위해 4개의 LED를 전부 끈 다음 네 번째 LED인 5번 핀에 연결된 LED만 점등한 후 잠시 대기한다. 이 과정을 1단계부터 다시 반복하면 됩니다.

Loop() 함수를 코딩해 보겠습니다. 루프 함수에서 해야 할 일은 크게 두 가지로 나누어서 생각할 수 있습니다. 각 단계 마다 공통적으로 해야 할 일은 먼저 모든 LED를 끈다, 입니다. 모든 LED를 끄기 위해 아래와 같이 코딩할 수도 있습니다.

```
digitalWrite(2, LOW);
digitalWrite(3, LOW);
digitalWrite(4, LOW);
digitalWrite(5, LOW);
```

for문을 배웠으니 for문을 사용해서 코드를 다시 작성하겠습니다. 아래 스케치를 보면 i++이라는 표현이 있는데 i=i+1과 같은 의미입니다. 4개의 LED를 순식간에 끌 때 아래 코드를 사용하겠습니다.

```
for(i = 2; i <= 5; i++) {
    digitalWrite(i,   LOW);
  }
```

Loop() 함수에서 해야 할 또 다른 일은 원하는 LED만 순차적으로 켜는 것입니다. digitalWrite() 함수의 첫 번째 인자가 출력할 핀 번호임으로 digitalWrite() 함수의 첫 번째 인자 값이 단계별로 변경되어야 합니다.

```
int onLED = 2;

void loop()
{
  digitalWrite(onLED,   HIGH);
  delay(1000);
  onLED = onLED +   1;
}
```

아래 스케치에서 onLED 변수는 초기에 2라는 값을 가지고 있습니다. Loop() 함수가 처음 실행될 때 digitalWrite(2, HIGH)가 실행됩니다. 그런 다음 delay(1000)에 의해 1초 대기하게 되는데 이때 2번 핀에 연결된 LED가 켜져 있는 것으로 사람 눈에 인식됩니다. 그리고 onLED 값을 1 증가시켜 onLED에 저장합니다. onLED = onLED + 1이 실행되고 나면 onLED 값은 3이 될 것입니다. Loop() 함수 처음으로 가서 digitalWrite(3, HIGH)가 실행되고 1초 대기 후 onLED 값은 4가 됩니다. Loop() 함수 처음으로 가서 digitalWrite(4, HIGH)가 실행되고 1초 대기 후 onLED 값은 5가 됩니다. 다시 Loop() 함수 처음으로 가서 digitalWrite(5, HIGH)가 실행되고 1초 대기 후 onLED 값은 6이 됩니다. 이 단계에서 아무런 조치도 하지 않는다면 loop() 함수 내부에 기술된 digitalWrite() 함수의 첫 번째 인자 값은 무한정 증가만 하게 될 것입니다. 그래서 onLED의 값이 5를 초과하지 않도록 코드를 추가하겠습니다. 점등할 LED가 연결된 핀 번호를 지정하기 위한 onLED 변수가 마지막 LED가 연결된 5번을 초과하지 않도록 코드를 삽입하였습니다. 만약 onLED의 값이 5보다 크면 onLED의 값은 첫 번째 LED가 연결된 핀 2 값을 지정하도록 만들었습니다.

```
int onLED = 2;

void loop()
{
  digitalWrite(onLED,   HIGH);
  delay(1000);
  onLED = onLED +   1;

  if (onLED > 5) {
    onLED = 2;
  }
}
```

if 문에 대해서는 뒤에서 한 번 더 살펴보기로 하고 여기서는 간단히만 보겠습니다. if문은 if라는 글자 뒤에 오는 소괄호, ( ) 안에 기술된 조건이 만족하면 여는 중괄호({)와 닫는 중괄호(}) 사이에 있는 문장을 실행하게 되고 조건이 만족하지 않으면 여는 중괄호({)와 닫는 중괄호(}) 사이에 있는 문장은 실행하지 않습니다. 만약(if) onLED의 값이 5를 초과하면(조건) 변수 onLED에 2를 저장하라는 의미가 됩니다.

앞서 살펴본 코드들을 적절히 사용하여 최종 스케치를 아래와 같이 보입니다.

```
void setup()
{
  int i;
  for(i=2; i <= 5; i++) {        // 4개의 LED가 아두이노 2, 3, 4, 5번 핀에 연결되어 있으므로
    pinMode(i, OUTPUT);          // 4개의 핀을 출력 모드로 설정.
  }
}

int onLED = 2;
void loop()
{
  int i;

  for(i = 2; i <= 5; i++) {      // 4개의 LED를 모두 소등
    digitalWrite(i, LOW);
  }

  digitalWrite(onLED, HIGH); // 단계별로 원하는 LED 한 개만 점등
  delay(1000);               // 1초 지연
  onLED = onLED + 1;         // 다음 번에 점등할 LED가 연결된 핀번호로 변경

  if (onLED > 5) {           // LED를 연결해 놓은 핀 번호를 초과할 경우
    onLED = 2;               // 또는 5번 핀에 연결된 마지막 LED를 점등한 후
  }                          // 다음번 점등할 첫 번째 LED가 연결된 핀 번호로 변경
}
```

15.1.2 FND를 이용한 디지털 출력

2.1절에서는 LED를 이용하여 디지털 신호를 출력해보았습니다. 이번 절에서는 FND 또는 7-segment라 불리는 출력 소자를 이용하여 디지털 출력 신호를 제어해 보겠습니다. 이번 절의 내용은 C언어에 대한 기초 기식을 요구합니다만 그냥 따라 해보셔도 됩니다. 따라하다 보면 조금씩 자신감이 생기실테니까요.☺

FND는 LED 8개를 아래 그림 15-3과 같이 만들어서 0, 1, 2, 3, …, 9 등의 표현을 할 수 있는 소자를 말합니다. FND의 Vcc 핀에 + 전압을 공급하고 d 핀과 g 핀에 0 전압을 걸면(그 이외의 핀을 전부 + 전원을 인가하면) 숫자 '1'을 표현하게 됩니다. FND의 Vcc 핀에 + 전압을 공급하고 c, d, a, e, f 핀에 0 전압을 걸면 숫자 '2'을 표현하게 됩니다. 이러한 관계를 표 15-1에 보이고 있습니다.

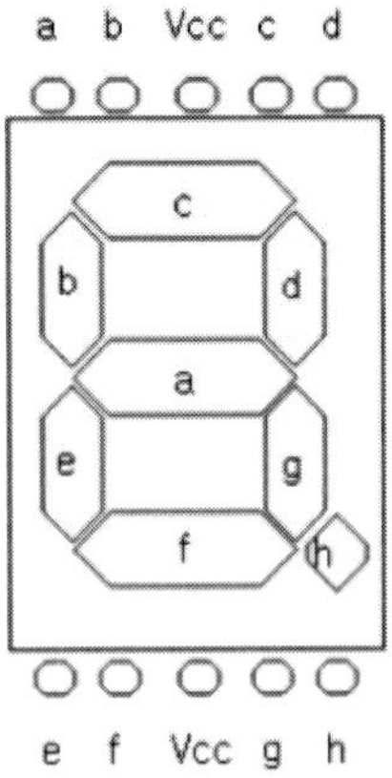

그림 15-3 FND 모양

표 15-1 FND에 출력되는 값에 따른 각 핀의 값

Fnd	a	b	c	d	e	f	g	h	2진수
0	1	0	0	0	0	0	0	1	bx10000001
1	1	1	1	0	1	1	0	1	bx11101101
2	0	1	0	0	0	0	1	1	bx01000011
3	0	1	0	0	1	0	0	1	bx01001001
4	0	0	1	0	1	1	0	1	bx00101101
5	0	0	0	1	1	0	0	1	bx00011001
6	0	0	0	1	0	0	0	1	bx00010001
7	1	0	0	0	1	1	0	1	bx10001101
8	0	0	0	0	0	0	0	1	bx00000001
9	0	0	0	0	1	0	0	1	bx00001001
A	0	1	0	0	0	0	0	1	bx01000001
B	0	0	1	1	0	0	0	1	bx00110001
C	0	1	1	1	0	0	1	1	bx01110011
D	0	1	0	0	0	0	0	1	bx01000001
E	0	0	1	1	0	0	1	1	bx00110011
F	0	0	1	1	0	1	1	1	bx00110111
DOT	1	1	1	1	1	1	1	0	bx11111110
OFF	1	1	1	1	1	1	1	1	bx11111111

1) 실습 내용 및 목표

아두이노 보드로 한 개의 FND에 원하는 숫자를 표현하는 방법을 배웁니다.

2) 회로 구성

아래 그림 15-4와 같이 회로를 결선합니다. 회로 구성 시에 선 연결에 주의하세요. 아두이노 2번 핀을 FND의 a 핀에 연결하고 아두이노 3번 핀을 FND의 b 핀에 연결, 아두이노 4번 핀을 FND의 c 핀에 연결하는 식으로 나머지 핀을 연결합니다. 그리고 그림 15-3을 보면 FND에 Vcc 핀이 두 개 있는데 한 핀만 아두이노 5V 핀만 연결하셔도 됩니다. 저항은 330[Ω]을 사용하십시오.(선 연결에 주의하세요.)

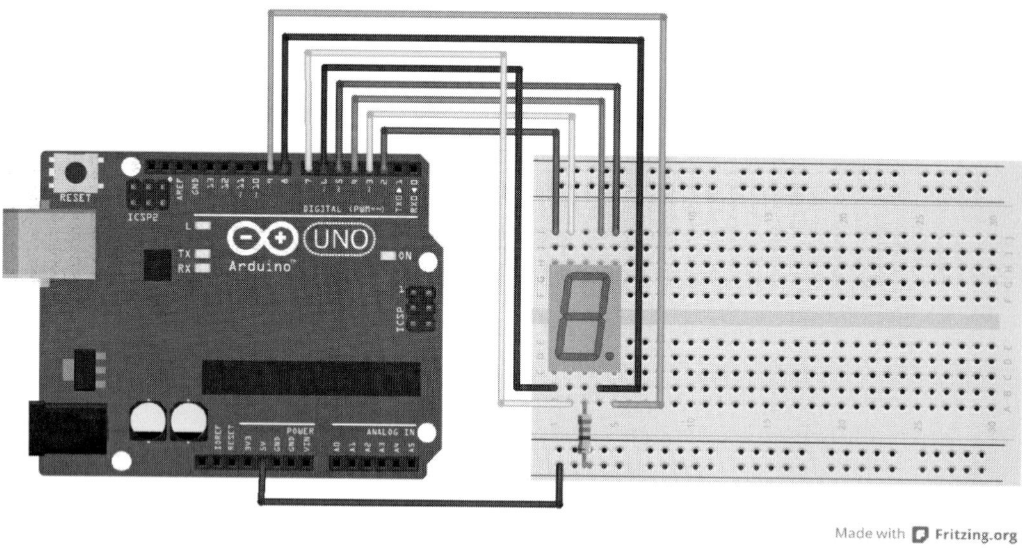

그림 15-4 아두이노에 FND 연결

3) 스케치 작성

```
// FND의 a, b, c, d, e, f, g, h 핀에 연결된 아두이노 핀들
int pinNumber[8] = { 2, 3, 4, 5, 6, 7, 8, 9 };

int data[3][8] = { { 1, 0, 0, 0, 0, 0, 0, 1}, // '0' 출력을 위한 a, b, c, … , g, h 핀 값
                   { 1, 1, 1, 0, 1, 1, 0, 1},      // '1' 출력을 위한 a, b, c, … , g, h 핀 값
                   { 0, 1, 0, 0, 0, 0, 1, 1} };   // '2' 출력을 위한 a, b, c, …, g, h 핀 값
void setup()
{
  int i;
```

```
  for( i = 0; i < 8; i++) {
    pinMode( pinNumber[i], OUTPUT); // FND와 연결된 8개의 핀을 모두 출력 모드로 설정
    digitalWrite(pinNumber[i], HIGH);   // 8개의 핀에 모두 HIGH, + 전압을 출력
  }
}

void loop() {
  int i, num;
  for( num = 0; num < 3; num++) { // 출력할 숫자가 '0', '1', '2' 세 개이므로 3회 반복
    for(i = 0; i < 8; i++) {            // 출력할 핀이 8개임으로 8회 반복
      digitalWrite( pinNumber[i],   data[num][i]);
    }
    delay(1000);                         // 숫자 하나 출력하고 나서 1초 대기
  }
}
```

4) 설명

setup() 함수에서 FND와 연결된 8개의 아두이노 디지털 핀을 출력 모드로 설정했고 8개 핀의 초기 출력 값을 모두 HIGH, + 전압을 출력하도록 설정했습니다. 우리가 사용하는 FND의 a, b, c, … , g의 핀에 HIGH, + 전원이 공급되면 해당하는 LED가 꺼지도록 되어 있기 때문에 FND의 어떤 세그먼트(segment)에도 불이 들어오지 않습니다.

loop() 함수에서는 출력할 숫자, '0', '1', '2' 각각에 대해 8개의 핀 값을 하나씩 출력하고 있습니다.

```
for(i = 0; i < 8; i++) {            // 출력할 핀이 8개임으로 8회 반복
    digitalWrite( pinNumber[i], data[num][i]);
}
```

5) 예제 A – FND 제어

[예제 A-1] 실습 내용 및 목표

표 15-1을 참고하셔서 숫자 '0'부터 '9'까지 순차적으로 출력하는 스케치로 변경해 보시기 바랍니다.

[예제 A-2] 회로 구성

그림 15-4와 동일한 회로를 구성하시면 됩니다.

[예제 A-3] 스케치 작성

```
// FND의 a, b, c, d, e, f, g, h 핀에 연결된 아두이노 핀들
int pinNumber[8] = { 2, 3, 4, 5, 6, 7, 8, 9 };

int data[10][8] = { { 1, 0, 0,  0,  0, 0, 0, 1 }, // 0 출력을 위한 a, b, c, … , g, h 핀 값
                    { 1, 1, 1, 0, 1, 1, 0, 1 },   // 1 출력을 위한 a, b, c, … , g, h 핀 값
                    { 0, 1, 0, 0, 0, 0, 1, 1 },   // 2 출력을 위한 a, b, c, …, g, h 핀 값
                    { 0, 1, 0, 0, 1, 0, 0, 1 },   // 3
                    { 0, 0, 1, 0, 1, 1, 0, 1 },   // 4
                    { 0, 0, 0, 1, 1, 0, 0, 1 },   // 5
                    { 0, 0, 0, 1, 0, 0, 0, 1 },   // 6
                    { 1, 0, 0, 0, 1, 1, 0, 1 },   // 7
                    { 0, 0, 0, 0, 0, 0, 0, 1 },   // 8
                    { 0, 0, 0, 0, 1, 0, 0, 1 } }; // 9
void setup()
{
  int i;
  for( i = 0; i < 8; i++) {
    pinMode( pinNumber[i], OUTPUT); // FND와 연결된 8개의 핀을 모두 출력 모드로 설정
    digitalWrite(pinNumber[i], HIGH);  // 8개의 핀에 모두 HIGH, + 전압을 출력
  }
}

void loop() {
  int i, num;
  for( num = 0; num < 10; num++) { // 출력할 숫자가 '0','1','2', … ,'9'까지 10회 반복
    for(i = 0; i < 8; i++) {        // 출력할 핀이 8개이므로 8회 반복
      digitalWrite( pinNumber[i],  data[num][i]);
    }
    delay(1000);                    // 숫자 하나 출력하고 나서 1초 대기
  }
}
```

15.1.3 내부 풀업 저항을 이용한 디지털 신호 입력

앞선 2.2절에서는 디지털 신호를 입력 받기 위해 저항과 스위치로 구성된 회로를 아두이노 보드 외부에 연결하여 스위치의 누름 여부에 따른 디지털 상태 값을 읽어 왔습니다. 이번 절에서는 디지털 신호를 입력 받은 상황에 대해 한 번 더 생각해 보는 시간을 갖겠습니다. 저항을 사용하지 않고 스위치 하나만 가지고 아두이노에게 디지털 값을 전달하는 방법을 알아보겠습니다. 아두이노에 대해 더 많이 것들을 서둘러 학습하고 싶은 분들은 이번 절을 나중에

보셔도 좋습니다.☺

아두이노 보드에 장착된 마이크로컨트롤러(MCU)는 그 내부에 풀업 저항 회로를 가지고 있습니다. 이번 실습에서는 마이크로컨트롤러 내부의 풀업 저항 회로를 활성화시켜서 아두이노 보드 외부에는 별도의 풀업 저항 회로 없이 스위치만 연결하여 아두이노가 스위치가 연결된 핀의 상태 값을 인지할 수 있도록 만들어 보는 것입니다. 관련 개념을 그림 15-5에 보입니다.

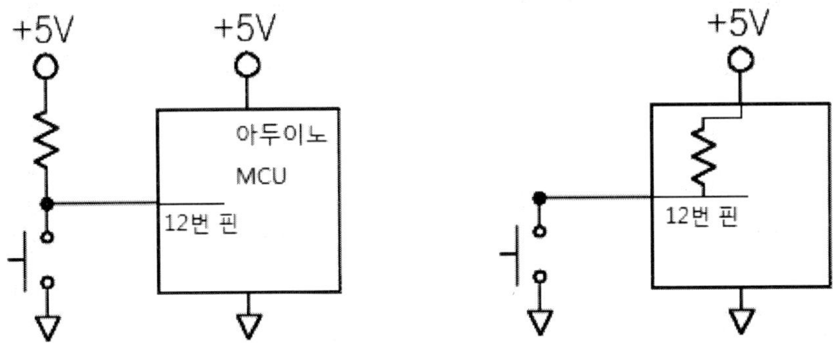

그림 15-5 내부 풀업 저항 활성화

1) 실습 내용 및 목표

스위치를 누르면 아두이노 보드의 13번 핀에 이미 조립되어 있는 LED를 ON하고 스위치를 누르지 않으면 LED가 OFF하는 "2.2 스위치를 활용한 디지털 신호 입력"에서 다룬 예제와 동일한 기능을 수행하게 만듭니다. 단 스위치 회로 구성을 할 때 아두이노 보드 외부에 풀업 또는 풀다운 회로를 별도로 구성하지 않고 아두이노 보드의 MCU 내부에 있는 풀업 회로를 활성화해야 합니다.

2) 회로 구성

아두이노 보드의 12번 핀과 스위치의 한쪽 핀을 연결하고 스위치의 반대쪽 핀은 그라운드에 연결하십시오.

그림 15-6 내부 풀업 저항을 이용한 스위치 입력

3) 스케치 작성

```
int led = 13;                // 아두이노 보드의 13번 핀에 LED를 연결
int push_sw = 12;            // 아두이노 보드의 12번 핀에 푸시 버튼(푸시 스위치) 연결

void setup() {
  pinMode(led, OUTPUT);      // 변수 led에는 13이 할당된 상태이므로 13번 핀을 출력으로 설정

  // 변수 push_sw의 값이 12이므로 12번 핀을 입력으로 설정, 풀업 회로 활성화시킴
  pinMode(push_sw, INPUT_PULLUP);
}

void loop() {
  // push_sw의 값이 12이므로 12번 핀의 상태(HIGH 또는 LOW)를 읽어서
  // 변수, push_sw_state에 할당
  Int push_sw_state = digitalRead(push_sw);

  // 12번 핀의 상태 값(HIGH 혹은 LOW)을 13번 핀에 출력
  // 결국 13번 핀에 연결된 LED는 12번 스위치 상태에 영향을 받음

  digitalWrite(led, push_sw_state);
}
```

4) 설명

위 스케치는 "2.2 스위치를 활용한 디지털 신호 입력"에서 사용한 스케치와 거의 동일합니다. 다만 setup() 함수에서 12번 핀을 입력으로 동작하도록 설정하는 코드가 약간 변했습니다.

pinMode(push_sw, INPUT)이었던 코드가 pinMode(push_sw, INPUT_PULLUP)으로 변경되었습니다. pinMode(push_sw, INPUT_PULLUP) 함수는 변수 push_sw가 가진 값 12와 INPUT_PULLUP이라는 인자를 가지고 12번 핀을 내부 풀업 회로가 활성화된 입력 모드로 설정합니다.

그런데 말이죠…!!

```
pinMode(핀번호, INPUT);
digitalWrite(핀번호, HIGH);
```

예전 버전에서는 내부 풀업 회로를 활성화하기 위해 위와 같이 함수 두 개를 호출하여 설정했습니다. 그러나 최근 버전에서는 앞서 본 바와 같이 pinMode(push_sw, INPUT_PULLUP);와 같이 함수를 한 번만 호출하면 됩니다.

15.2 delay() 함수를 사용하지 않고 경과 시간 측정

이 책을 펴서 처음 한 실습은 LED 하나를 켠 후 1초 동안 대기하고 다시 LED를 끈 후 1초 동안 대기하는 패턴을 무한 반복시키는, 즉 LED를 하나 깜박이게 했던 실습이었습니다. 기억을 더듬기 위해 그때 사용한 스케치를 다시 한 번 아래 보입니다.

스케치 15-2-(1)

```
int led = 13;
void setup() {
  pinMode(led, OUTPUT);     // 디지털 핀 13번을 출력으로 동작하도록 설정
}

// loop() 함수에는 반복적으로 수행할 내용을 기술
void loop() {
  digitalWrite(led, HIGH);    // led(13번 핀)에 HIGH를 출력 - LED를 켠다.
  delay(1000);                // 1000ms, 1초 기다린다.
  digitalWrite(led, LOW);     // led(13번 핀)에 LOW를 출력  - LED를 끈다.
  delay(1000);                // 1000ms, 1초 기다린다.
}
```

스케치 15-2-(1)의 loop() 함수 안쪽을 보겠습니다. delay() 함수를 실행하게 되면 아두이노는 아무 것도 하지 않고 지정한 시간이 흘러가기를 기다립니다. 비유하건데 "아무 일도 하지

않고 시계만 줄곧 쳐다보면서 시간만 흘러가기를 기다리고 있는 것입니다." 매우 결연한 의지를 가지고 적극적으로 아무 것도 하지 않음을 주어진 시간동안 행하는 것입니다.☺ digitalWrite(led, HIGH)가 작업(13번 핀의 상태를 HIGH로 만들기)을 완료하는데 걸리는 시간은 매우 짧습니다. 그런 후 '아무 것도 하지 않음' 1초 동안 행합니다. 다음으로 digitalWrite(led, LOW)가 작업(13번 핀의 상태를 LOW로 만들기)을 완료하는데 걸리는 시간은 매우 짧습니다. 그런 다음 다시 '아무 것도 하지 않음'을 1초 동안 행합니다.

'아무 일도 하지 않고 시간이 흘러가기를 기다리면서 시계만 계속 보고 있는' delay() 함수를 사용하지 않고 일을 하다가 시계를 잠깐 보고 다시 일을 하다가 시계를 잠깐 보는 방법을 사용하여 지정한 시간이 흘렀는지 파악하면서도 일을 처리하는 방법을 제시하겠습니다. 아래 스케치 15-2-(2)는 아두이노 홈페이지(arduino.cc)에 있는 스케치를 약간 수정한 것입니다.

스케치 15-2-(2)

```
const int ledPin =  13;         // the number of the LED pin

int ledState = LOW;
long previousMillis = 0;
long interval = 1000;

void setup() {
  pinMode(ledPin, OUTPUT);
}

void loop()
{
  unsigned long currentMillis = millis();

  if(currentMillis - previousMillis > interval) {
    previousMillis = currentMillis;
    ledState = !ledState;
    digitalWrite(ledPin, ledState);
  }
}
```

■ millis()

millis() 함수는 스케치가 실행이 시작된 시간을 0으로 보고 자신이 호출된 시간까지의 경과 시간을 ms 단위로 알려주는 함수입니다.

스케치가 실행된 후 일정 시간이 흐르면 loop() 함수가 실행되기 시작할 것입니다. unsigned long currentMillis = millis() 코드가 실행되면 currentMillis라는 변수에 '스케치의 실행이 시작된 후 현재까지의 경과 시간'을 저장하게 됩니다.

```
unsigned long currentMillis = millis();
```

스케치의 실행이 시작된 후 현재까지의 경과 시간(currentMillis)과 스케치가 시작된 시간(previousMillis) 0과의 차이는 말 그대로 스케치의 실행이 시작된 후 현재까지의 경과 시간입니다. 스케치의 실행이 시작된 후 현재까지의 경과 시간이 interval 변수에 저장해 놓은 1000ms 보다 큰지 묻고 있는데, 스케치의 실행이 시작된 후 현재까지 시간이 1000ms 이상 지났는지를 묻고 있는 것입니다.

```
if(currentMillis - previousMillis > interval)
```

만약 1초가 지났다면 if() { } 문에 해당하는 코드가 실행되었을 것입니다. 그러나 아직 1000ms가 지나지 않았다고 가정하겠습니다. 그러면 다시 아래 코드가 실행됩니다.

```
unsigned long currentMillis = millis()
```

다시 스케치의 실행이 시작된 후 현재까지 시간을 다시 측정합니다. 그리고 다시 아래 코드가 실행됩니다.

```
if(currentMillis - previousMillis > interval)
```

스케치의 실행이 시작된 후 현재까지의 경과 시간(currentMillis)과 스케치가 시작된 시간(previousMillis) 0과의 차이는 말 그대로 스케치의 실행이 시작된 후 현재, 이 순간까지의 경과 시간입니다. 스케치의 실행이 시작된 후 현재까지의 경과 시간이 interval 변수에 저장해 놓은 1000ms 보다 큰지 묻고 있는데, 스케치의 실행이 시작된 후 현재까지 시간이 1000ms 이상 지났는지를 묻고 있는 것입니다. 그러나 아직 1000ms가 지나지 않았다고 한 번 더 가정하겠습니다. 그러면 다시 아래 코드가 실행됩니다.

```
unsigned long currentMillis = millis()
```

다시 스케치의 실행이 시작된 후 현재까지 시간을 다시 측정합니다. 그리고 다시 아래 코드가 실행됩니다.

```
if(currentMillis - previousMillis > interval)
```

스케치의 실행이 시작된 후 현재까지의 경과 시간이 interval 변수에 저장해 놓은 1000ms 보다 큰지 묻고 있는데, 이번에는 스케치의 실행이 시작된 후 현재까지의 경과 시간(currentMillis)과 스케치가 시작된 시간(previousMillis) 0과의 차가 interval 변수에 저장해 놓은 1000ms 보다 크다고 가정해보면 아래 코드가 실행됩니다.

```
previousMillis = currentMillis;
ledState = !ledState;
digitalWrite(ledPin, ledState);
```

현재까지의 경과 시간(currentMillis)을 이전 시간(previousMillis)에 저장합니다. 그리고 LED의 기존 상태를 저장하고 있는 ledState의 값을 뒤집어서 갱신한 후 13번 핀에 출력합니다. 13번 핀에 연결된 LED는 이전 상태와 반대의 상태가 되는 것입니다. 그리고 나서 if() { } 문을 빠져 나간 후 다시 현재까지의 경과 시간을 측정합니다.

```
unsigned long currentMillis = millis()
```

그리고 나서 직전에 LED 상태를 바꿔서 출력한 시점과의 현재의 시간 차가 interval에 저장된 1000ms 보다 큰지를 조사하고 크지 않다면 if() { } 문을 수행하지 않고 반복적으로 직전에 LED 상태를 바꿔서 출력한 시점과의 현재의 시간 차가 interval에 저장된 1000ms 보다 큰지를 조사합니다. 그리고 나서 직전에 LED 상태를 바꿔서 출력한 시점과의 현재의 시간차가 interval에 저장된 1000ms 보다 클 때 if() { }를 실행해서 LED의 상태를 바꾸게 됩니다. 이러한 과정을 반복함으로써 LED를 깜박이게 할 수 있습니다.

15.3 타이머 라이브러리 사용

라이브러리란 아두이노가 특정 작업을 할 수 있도록 하기 위해 그 작업과 관계된 함수들을 모아놓은 것을 이르는 말입니다. 라이브러리를 함수들의 집합이라고 일단 생각하시면 되겠습니다.

스케치를 작성하다 보면 어떤 작업을 주기적으로 해야 할 때가 발생합니다. 주기적인 작업을 수월하게 실행할 수 있도록 '타이머 라이브러리'가 제공되고 있는데, 이번 절에서는 타이머(시계)를 이용하여 어떤 일을 주기적으로 처리하는 스케치를 살펴보겠습니다.

먼저 타이머 라이브러리를 설치하겠습니다. 타이머 라이브러리 파일은 네이버 카페, "아두이노 배우기"에서 다운로드 받으실 수 있습니다. "아두이노 배우기" 카페에서 '타이머'라는 키워드로 검색하시면 타이머 라이브러리 파일을 포함하고 있는 게시글을 찾으실 수 있을 것입니다(http://cafe.naver.com/studyonarduino/612).

다운로드 받은 timer.zip 파일의 압축을 풉니다. 압축을 풀고 나면 timer 폴더가 생성되는데 이 timer 폴더를 C:\Program Files\Arduino\libraries 폴더에 복사합니다. 여기까지 하셨다면 타이머 라이브러리를 설치하신 것입니다. 이제 아래 스케치를 업로드 하신 후 아두이노 보드의 동작과 스케치를 비교해보십시오.

```
#include "Timer.h"

Timer t;                    // 타이머(시계) 관련 객체 t를 생성
int pin = 13;

void setup()
{
  Serial.begin(9600);
  pinMode(pin, OUTPUT);
  t.oscillate(pin, 100, LOW);     // pin에 지정한 핀의 상태를 100ms 주기로 반전, 처음은 LOW 부터
  t.every(1000, takeReading); // 1000ms 마다 takeReading 함수 호출
}

void loop()
{
  t.update();                     // loop 함수 내에 꼭 있어야함. 타이머 관련 이벤트
}

void takeReading()
{
  Serial.println(analogRead(0));
}
```

타이머의 역할을 하는 t라는 객체를 선언했습니다. 타이머 역할을 하는 t는 oscillate라는 함수를 이용할 수 있는데, 첫 번째 인자는 출력 핀 번호이고 두 번째 인자는 주기를 나타냅니다. Oscillate()함수는 첫 번째 인자로 전달된 핀의 상태를 HIGH로 만들었다가 LOW로 만들었다가를 반복하는데 그 주기는 두 번째 인자로 전달된 값입니다. 따라서 t.oscillate(pin, 100, LOW)를 실행시키면 변수 pin의 값이 13임으로 13번 핀의 상태를 HIGH로 만들었다가 LOW로 만들었는가를 100ms주기로 반복 수행합니다. oscillate() 함수의 세 번째 인자는 주어진 핀의 처음 출력 상태를 결정합니다. 다시 말해서 t.oscillate(13, 100, LOW)의 역할은 100ms 주기로 13번

핀의 상태를 HIGH와 LOW를 반복하는데 첫 번째 출력 값은 LOW부터 출력해라는 뜻입니다.

타이머 역할을 하는 t는 지속적으로 시간 흐름을 파악해야 하기 때문에 loop() 함수 내에서 t.update() 함수가 호출되어야 합니다. t 객체는 every()라는 함수를 이용할 수 있는데, 첫 번째 인자는 주기이고 두 번째 인자는 주기마다 호출할 함수 이름입니다. t.every(1000, takeReadingt)이라고 명령하면 1000ms마다 takeReading() 함수를 호출하라는 뜻입니다.

15.4 스위치 디바운스 처리

15.4.1 채터링 현상

스위치는 잘 아시는 바와 같이 끊어진 두 선을 연결해 주기도 하고 다시 끊어 놓기도 하는 소자입니다. 통상 누르면 연결, 누르지 않으면 끊어지는 형태로 동작하는 스위치가 일반적입니다. 반대로 누르면 끊어지고 누르지 않으면 연결되어 있는 스위치도 있습니다. 그런데 스위치를 누르면 두 접점이 한번에 '딱!' 하고 연결되는 것이 아니라 몇 번 '따다닥'하면서 연결되는 경우가 드물지만 발생합니다. 따다닥이라고 표현한 것의 의미는 짧은 시간 동안 접점이 붙었다 떨어졌다를 몇 번 반복한 후 연결된다는 뜻입니다. 이런 현상을 그림 15-7에 보이고 있습니다. 스위치를 누를 때도 스위치에서 손을 땔 때도 채터링 현상은 발생할 수 있습니다.

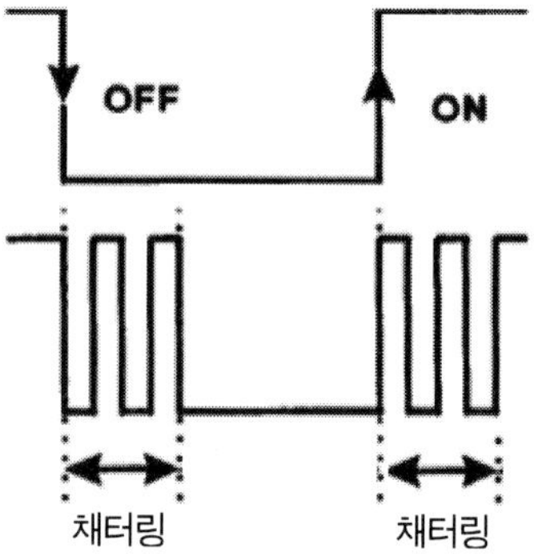

그림 15-7 채터링 현상

만약 스위치를 몇 번 눌렀는지 카운트를 하는 경우, 한 번 눌렀는데 두 접점이 붙는 과정에서 따다닥 거려서 여러 번 누른 것으로 오인될 수도 있습니다. 이런 튀는 현상을 채터링이라고 하는데 이런 현상을 극복하는 것을 디바운싱이라고 합니다. 디바운싱을 하는 방법은 하드웨어적으로 처리하는 방법도 있으나 본 예제에서는 소프트웨어적인 방법으로 디바운싱 처리를 해보겠습니다.

먼저 스위치 채터링을 경험해 볼 수 있는 스케치를 작성해 보겠습니다.

1) 실습 내용 및 목표

스위치에 의한 채터링이 발생할 수 있는 회로를 구성하고 채터링 현상을 경험해 볼 수 스케치를 작성합니다.

2) 회로 구성

회로 구성은 그림 15-8과 같이 구성하십시오.

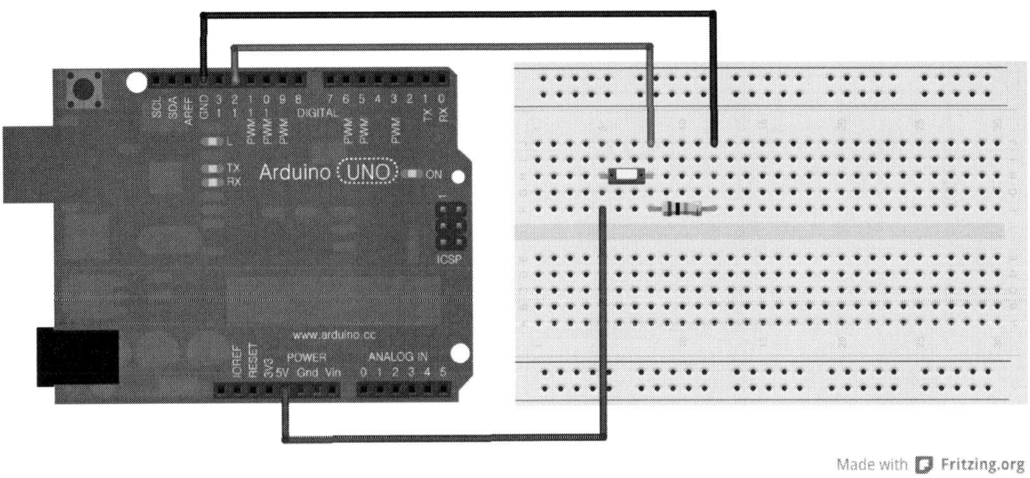

그림 15-8 스위치 디바운싱

3) 스케치 작성

```
int pushButtonPin = 12;
int ledPin = 13;

int pushButtonState;
int prePushButtonState = LOW;
int ledState = LOW;

void setup()
{
  pinMode(ledPin, OUTPUT);
  pinMode(pushButtonPin, INPUT);
}
```

```
void loop()
{
  pushButtonState = digitalRead(pushButtonPin);

  if ( pushButtonState != prePushButtonState ) {
    if (pushButtonState == HIGH) {
      ledState = !ledState;
    }
  }
  digitalWrite(ledPin, ledState);
  prePushButtonState = pushButtonState;
}
```

4) 설명

위 스케치를 업로드 하면 초기에 13번 핀에 연결된 LED는 꺼져있습니다. 스위치를 한 번 누르면 LED에 불이 들어오고 다시 스위치를 누르면 불이 꺼집니다. 스위치를 한 번 누를 때마다 LED의 상태가 반전됨으로 스위치를 짝수 번 누르면 두 번 반전되어 원 상태로 되돌아갑니다. 스위치를 짝수 번 눌러 보십시오. 8번, 10번, 12번 몇 차례 반복해서 눌러 보십시오. 어느 순간 원 상태에 있어야 하는 LED의 상태가 그렇지 않은 경험을 하시게 될 겁니다. 저의 경우, 사용한 스위치에서 채터링으로 인한 문제는 거의 일어나지 않았습니다. 사용하는 스위치의 특성에 따라 채터링은 거의 발생하지 않을 수도 있습니다.

15.4.2 디바운스 처리

자~ 이제 디바운스 처리하는 스케치를 작성해 보겠습니다.

1) 실습 내용 및 목표

채터링을 소프트웨어적인 방법으로 극복하는 스케치를 작성해 보겠습니다.

2) 회로 구성

그림 15-8과 같이 구성하시면 됩니다.

3) 설명

이번에는 설명부터 드리고 스케치를 작성하겠습니다. 스위치를 달아 놓은 디지털 입력 핀에 채터링 현상 또는 노이즈에 의해 핀의 전압 상태가 흔들릴 수 있습니다. 채터링 현상에 의한 디지털 입력 핀의 상태 불안정 현상은 매우 짧은 시간동안 발생한 후 사라집니다. 따라서 채터링이 현상이 사라진 후 스위치가 연결된 디지털 입력 핀의 상태가 HIGH인지 LOW인지 식별하면 스위치 오작동을 막을 수 있습니다.

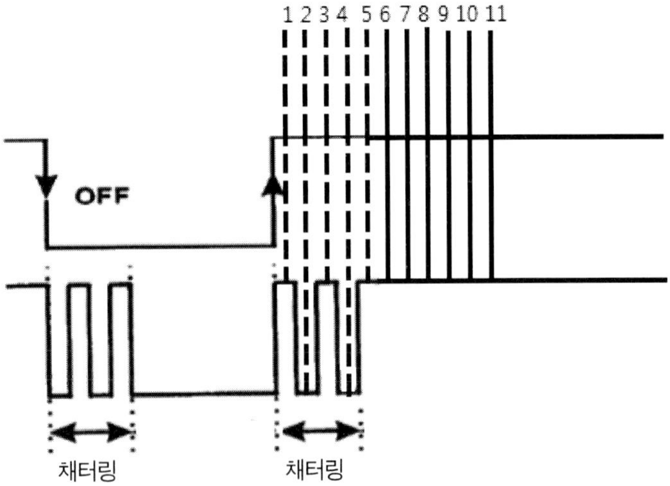

그림 15-9 채터링 극복

채터링 현상이 살아졌다고 판단하는 기준은 스위치가 연결된 디지털 입력 핀의 상태가 변하다가 일정 시간동안 상태 변화가 일어나지 않으면 안정화 상태에 들어갔다고 판단하는 것입니다. 그림 15-9에서는 디지털 입력 핀에서 채터링이 사라진 후 입력 핀의 상태를 결정하는 방법을 도시하고 있습니다. '1'로 표시된 시점에서 스위치가 연결된 핀의 상태는 LOW에서 HIGH로 변한 직후이며 HIGH로 인식됩니다. 채터링 현상 때문에 '2'번 시점에서는 핀의 상태는 LOW가 됩니다. '3'번 시점과 '4'번 시점까지 핀의 상태를 일정하게 유지하지 못하고 계속 흔들리는 것을 볼 수 있습니다. '5'번 시점에서의 디지털 입력 핀의 상태는 다시 HIGH가 되었습니다. '6'번, '7'번 … '11'번까지 일정 시간 구간동안 핀의 상태 변화가 일어나지 않았습니다. 이렇게 가장 최근의 핀의 상태가 변한 시점 이후 일정 시간동안 핀의 상태가 유지되면 그 상태를 스위치에 의한 채터링이 사라진 것으로 판단하고 그 상태를 스위치 입력으로 처리합니다.

상태 변화가 일정 시간동안 유지하는 지를 검사하는 방법을 비유적으로 설명해 보겠습니다. 그림 15-9의 '1'번 시점에서 시간을 '안정화 시작 시간'이라는 카드에 기록합니다. '2'번 시점에서 상태가 변경되었기 때문에 '안정화 시작 시간'이라는 카드에 '2'번 시점의 시간을 다시 씁니다. '3'번 시점에서 상태가 또 변경되었기 때문에 '안정화 시작 시간'이라는 카드에 '3'번 시점의 시간을 다시 기록합니다. 이전 상태와 검사 시점의 상태가 바뀌면 '안정화 시작 시간'이라는 카드에 측정 당시의 시간을 다시 기록하는 것입니다. '5'번 시점에도 이전과 다른 상태입니다. '안정화 시작 시간'이라는 카드에 '5'번 시점의 시간을 기록합니다. '6'번 시점에는 이전 상태와 지금 상태가 같습니다. 상태가 같은 경우 '안정화 시작 시간' 카드는 새로 작성하지 않고 현재 시간에서 카드에 기록된 시간을 빼서 얻은 경과 시간이 충분히 흘렀는지 검사합니다. 상태가 안정화에 들어갔을 만큼 충분한 시간이 흐르지 않았다면 다시 '7'번 시점에서 이전 상태와 '7'번 시점의 상태가 같은지 조사합니다. '7'번 시점의 상태가 이전 시점의 상태와 같을 경우는 '안정화 시작 시간' 카드를 갱신하지 않고 '7'번 시점에서 '안정화 시작 시간' 카드에 있는 시간을 빼서 상태 변화 없이 시간이 얼마나 흘렀는지를 조사합니다. '11'번 시점까지 이전 상태와 '11'번 상태가 동일함으로 '11'번 시점의 시간에서 '5'번 시점에 기록한 '안정화 시작 시간' 카드에 있는 시간을 빼서 얻은 상태 변화 없이 경과된 시간이 충분하다면 그 디지털 입력 핀의 상태를 결정짓는 것입니다.

4) 스케치 작성

```
const int buttonPin = 12;
const int ledPin = 13;

int ledState = LOW;
int buttonState = LOW;
int preButtonState = LOW;
int lastReading = LOW;

unsigned long int lastBounceTime = 0;
unsigned long int delayForDebounce = 50;

void setup() {
  pinMode(buttonPin, INPUT);
  pinMode(ledPin, OUTPUT);
  digitalWrite(ledPin, ledState);
}

void loop() {
  int reading = digitalRead(buttonPin);
```

```
  if (reading != lastReading) {
    lastBounceTime = millis();
  }
  lastReading = reading;

  if ((millis() - lastBounceTime) > delayForDebounce) {
     buttonState = reading;

 // LOW에서 HIGH로 즉 그림 15-8의 회로에서 스위치가 눌렸을 때를 인식
     if ( buttonState == HIGH && preButtonState == LOW) {
          ledState = !ledState;
          digitalWrite(ledPin, ledState);
       }
       preButtonState = buttonState;
  }
}
```

15.4.3 스위치 누름 카운트

우리는 2.2절과 15.1.3에서 스위치를 이용하여 디지털 입력 핀의 상태가 HIGH 또는 LOW가 되게 만들었습니다. 그리고 아두이노 보드의 디지털 입력 핀의 상태를 읽는 방법을 살펴봤습니다.

1) 실습 내용 및 목표

주어진 시간에 스위치를 몇 번 눌렀는지를 카운트 하는 상황을 고려해 보겠습니다. 이 실습을 통해 '15.2 delay() 함수를 사용하지 않고 경과 시간 측정'에서 다룬 내용에 대해 더 깊이 이해하는 기회가 될 수 있습니다.

2) 회로 구성

회로 구성은 그림 15-8과 같습니다.

3) 스케치 작성

아래 스케치를 업로드 한 후 시리얼 모니터 프로그램을 실행시키십시오.

```
const int buttonPin = 12;
const int ledPin = 13;

int buttonState = LOW;
int preButtonState = LOW;
int lastReading = LOW;

unsigned long int lastBounceTime = 0;
unsigned long int delayForDebounce = 50;
unsigned long int startTime;
int count = 0;

void setup() {
  pinMode(buttonPin, INPUT);
    Serial.begin(9600);
  Serial.println("Read?");
    delay(1500);
  Serial.println("start....");
    startTime = millis();
}

void loop() {
  int reading = digitalRead(buttonPin);
  if (reading != lastReading) {
     lastBounceTime = millis();
  }
  lastReading = reading;

  if ((millis() - lastBounceTime) > delayForDebounce) {
     buttonState = reading;
    if ( buttonState == HIGH && preButtonState == LOW) {
        count++;
      }
      preButtonState = buttonState;
  }
  if (millis() - startTime > 2000) {
    Serial.println("End");
    Serial.print("Count : ");
    Serial.println(count);
    count = 0;
    delay(2000);
    Serial.println("₩nRead?");
    delay(1500);
```

```
    Serial.println("start....");
    startTime = millis();
  }
}
```

4) 설명

위 스케치는 2부의 '15.4.2 스위치 디바운스 처리'에서 사용한 스케치를 응용한 것입니다. 스위치를 주어진 시간 안에 몇 번 눌렀는지를 파악할 때 채터링으로 인한 잘못된 카운트를 할 수 있는데 디바운싱을 통해 채터링 문제를 해결하여 정확한 카운팅이 가능한 스케치입니다.

처음 setup() 함수에서 시작을 알리는 "start" 메시지를 출력하고 2초 후에 "End" 메시지를 출력합니다. 시작 메시지가 출력되고 종료 메시지가 출력되기 전까지 2초 동안 몇 번 스위치가 눌렀는지 카운트합니다.

A R D U I N O

제 3 부

스마트 폰의 블루투스를 이용하여 조종하는

아두이노 이동로봇

스마트 폰의 블루투스 기능을 이용하여 아두이노가 장착된 이동 로봇을 제어하는 방법에 대해 학습하게 됩니다.

제 3부의 내용을 학습하고 나면 스마트 폰으로 아두이노를 제어하는 방법을 알게 됩니다.

제16장
블루투스 통신

리아텍의 "스마트 폰의 블루투스 통신으로 조종하는 아두이노 이동 로봇 키트"는 이름 그대로 스마트 폰의 블루투스 통신 기능을 이용하여 무선으로 아두이노가 탑재된 이동 로봇을 조종하는 실습을 해볼 수 있는 키트입니다. 이 키트는 크게 세 가지 물품으로 구성되어 있습니다. 자동차 바디와 블루투스 통신 모듈 그리고 모터 드라이버 보드로 구성되어 있습니다. 이 무선 자동차를 완성하기 위해서는 아두이노 (우노) 보드와 브레드 보드 점퍼선이 추가로 필요합니다.(키트 및 기타 부품 구입은 네이버 카페, '아두이노 배우기'에서 구입하실 수 있습니다. http://cafe.naver.com/studyonarduino)

16.1 키트 구성품 확인

먼저 키트 구성품을 확인하겠습니다. 자동차 바디는 비닐 포장되어 있습니다. 그리고 아래 그림과 같은 블루투스 모듈이 있는지 확인하세요.

그림 16-1 블루투스 통신 모듈

다음으로 모터 드라이브 보드가 있는지 확인하세요. 그림 16-2에 보인 모터 드라이버 보드 오른쪽에 보이는 핀 헤더가 모터 드라이브 보드에 부착되어 있습니다.

그림 16-2 모터 드라이브 보드

다음으로 자동차 바디를 살펴보겠습니다. 자동차 바디에 포함된 모든 부품은 하나로 묶어 비닐 포장된 형태로 제공됩니다. 자동차 바디는 다음과 같은 부품으로 구성됩니다.

① 로봇 구조물(옴니휠 포함) x 1
② 모터 기아박스(모터 포함) x 2
③ 모터 기아박스 호환형 바퀴 x 2
④ 건전지 홀더(AA 사이즈 4개 장착형) x 1

그리고 조립에 필요한 조립설명서와 드라이버 그리고 볼트, 너트가 포함되어 있습니다.

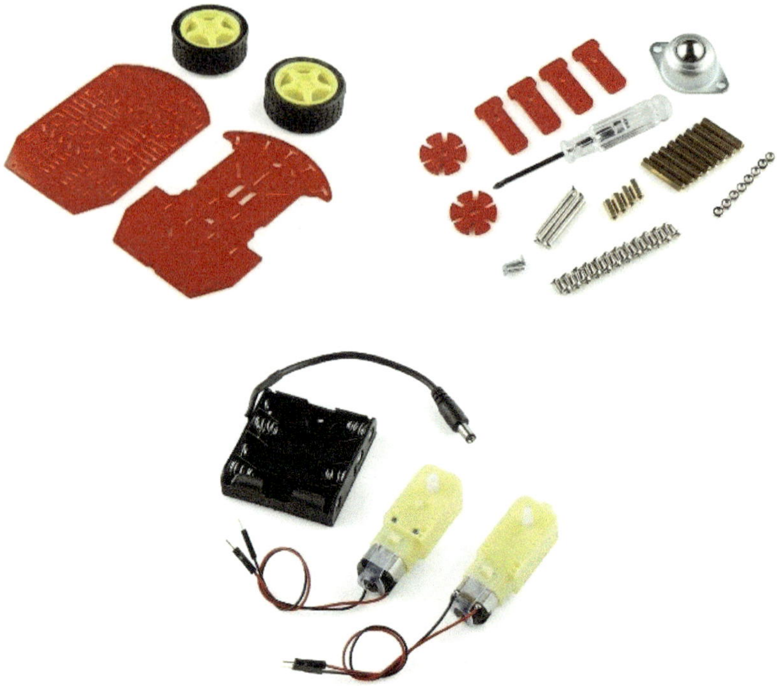

그림 16-3 모터 바디 구성품

구성품을 확인하셨다면 조립하고 싶은 마음을 잠시 접어 두고 블루투스 통신부터 학습하겠습니다.

16.2 블루투스 통신 모듈

블루투스(Bluetooth)란 근거리에서 무선으로 데이터를 주고받을 수 있는 통신 기술을 이르는 말입니다. 비교적 전력 소모가 적어서 배터리로 전원을 공급해야 하는 응용 분야에서 사용되는 무선 통신 기술입니다.

1) 실습 목표

블루투스 통신 모듈을 통해 아두이노 보드에 데이터를 전송할 것입니다.

2) 회로 구성

"스마트폰의 블루투스 통신으로 조종하는 아두이노 이동 로봇 키트"에서 사용하는 블루투스 통신 장치(모듈)의 모습은 그림 16-4과 같습니다. 아래 표 16-1에 제시한 것과 같이 블루투스 통신 모듈에는 전원 VCC핀과 GND 핀 그리고 RXD 핀과 TXD 핀 등이 있습니다. 아두이노 보드가 블루투스 통신 모듈을 통해 신호를 수신하기 위해 두 보드를 연결하겠습니다.

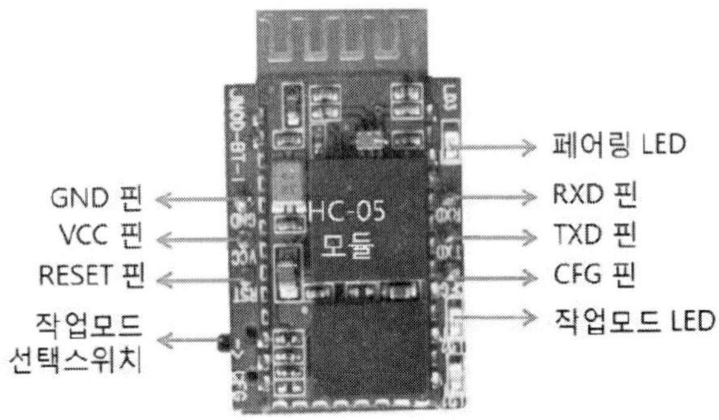

그림 16-4 블루투스 통신 모듈

표 16-1 블루투스 통신 모듈의 핀 설명

블루투스 통신 모듈 핀	아두이노 보드 핀
GND 핀	GND 핀
VCC 핀	5[V] 핀
TXD 핀 (무선으로 데이터를 수신하기 위해 아두이노의 Rx 핀과 연결)	아두이노 보드 2번 핀
RXD 핀 (무선으로 데이터를 송신하기 위해 아두이노의 Tx 핀과 연결)	아두이노 보드 4번 핀

블루투스 모듈을 그림 16-5와 같이 브레드 보드 맨 왼쪽에 꼽습니다. 그림 16-4를 참고하여 그림 16-5와 같이 결선합니다.

① 블루투스 통신 모듈의 VCC 핀을 브레드 보드의 붉은색 라인 옆의 구멍에 꼽습니다. 가급적 붉은색 점퍼선을 사용해서 연결하십시오.(나중에 이 붉은색 라인 옆의 구멍은 아두이노 5V 핀에 연결할 것입니다)

② 블루투스 통신 모듈이 GND 핀을 브레드 보드 파란색 구멍에 꼽습니다. 가급적 검은색 점퍼선을 사용하여 연결하십시오.(나중에 이 파란색 라인 옆의 구멍을 아두이노 GND 핀에 연결할 것입니다.)

③ 그리고 블루투스 통신 장치가 수신한 데이터를 아두이노 보드로 보내기 위해 블루투스 통신 장치의 TXD 핀을 아두이노 보드의 Rx 핀에 연결할 것입니다. SoftwareSerial 라이브러리를 이용하여 향후 아두이노 보드의 2번 핀을 수신 핀으로 설정할 생각이니 블루투스 통신 모듈의 TXD 핀을 아두이노 보드의 2번 핀에 연결하세요.

④ 파란 줄이 그어져 있는 구멍 중 하나와 아두이노 보드의 GND 핀을 연결합니다.

⑤ 붉은색 줄이 그어진 구멍 중 하나를 아두이노 보드의 5V 핀에 연결합니다.

⑥ 블루투스 모듈의 TXD 핀과 아두이노 보드의 디지털 2번 핀을 연결합니다.

그림 16-5 블루투스 모듈 결선

3) 스케치 작성

아래 스케치를 업로드 합니다. 시리얼 모니터를 실행시킵니다. SoftwareSerial 라이브러리를 이용하여 2번, 3번 핀을 가상 직렬통신 핀으로 설정하였습니다. setup() 함수에서는 블루투스 통신 모듈과 통신하기 위한 전송 속도를 115200[bps]로 설정하였습니다. Loop() 함수에서는 Bluetooth 통신 모듈이 연결되어 있는 가상 직렬통신 포트(2번, 4번)를 통해 수신된 데이터가 있는지 조사해서 수신 데이터가 있을 경우 컴퓨터와 연결되어 있는 하드웨어 직렬통신 포트로 수신된 데이터를 전송합니다.

```
#include <SoftwareSerial.h>
SoftwareSerial BluetoothSerial(2, 4); // 2번 핀: Rx, 4번 핀: Tx

void setup()
{
  BluetoothSerial.begin(115200);
  Serial.begin(9600);
}

void loop()
{
  char c;
  if ( BluetoothSerial.available() ) {
    c = BluetoothSerial.read();
      Serial.print(c);
  }
}
```

4) 폰 준비

블루투스 통신을 위해 (안드로이드) 스마트폰에 앱 설치하겠습니다.

① BlueTerm이라는 앱을 폰에 설치합니다. 이 앱을 이용하여 폰의 블루투스 통신으로 데이터를 전송할 것입니다.

② 폰의 환경설정으로 들어가겠습니다. 톱니바퀴 모양의 환경 설정 아이콘을 터치하여 환경설정 모드로 들어갑니다. 환경설정 메뉴에서 블루투스를 활성화합니다.

③ 주변 장치 검색을 합니다. 그러면 장치 이름이 HC-05 혹은 JCNET-BT-xxxxx이라는 블루투스 장치가 검색될 것입니다. 해당 장치를 선택하면 PIN 번호를 묻는데, "1234"라고 입력하십시오.

5) Blueterm을 통해 아두이노 보드로 데이터 전송

① BlueTerm을 실행시킵니다. 그림 16-6에서 보이고 있는 스마트 폰의 메뉴 버튼을 터치합니다.

② Connect Device 메뉴 터치 후 연결을 원하는 HC-05(혹은 JCNET-BT-xxxx)을 선택하세요. 만약 연결을 원하는 장치가 보이지 않을 경우 'Scan for devices'를 터치하여 주변 블루투스 장치를 찾을 수 있습니다.

③ BlueTerm 앱의 화면을 터치하면 자판이 나타나는데 영문으로 전환 후 영문자나 숫자를 입력하면서 컴퓨터 화면에 보이는 시리얼 모니터 창에 입력한 문자가 나타날 것입니다.

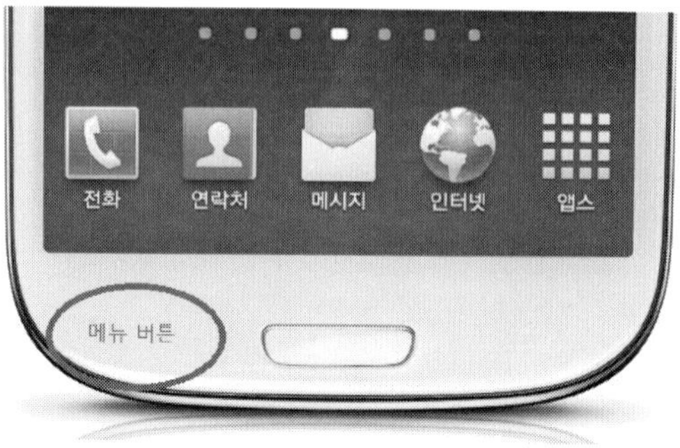

그림 16-6 메뉴 버튼

6) 예제 A – 아두이노로부터 데이터 받기

[예제 A-1] 실습 내용 및 목표

아두이노 보드에서 블루투스 통신으로 스마트 폰에 데이터를 전송하는 실습을 하게 됩니다.

[예제 A-2] 회로 구성

앞서 구성한 회로에 선 한 가닥을 더 연결하겠습니다.

그림 16-7 블루투스 모듈 아두이노 보드 송수신 라인 연결

블루투스 모듈 Rx 핀을 아두이노 보드 4번 핀에 연결합니다. 아두이노 4번 핀은 SoftwareSerial을 이용해서 수신핀으로 설정하여 사용할 것입니다.

[예제 A-3] 스케치 작성

```
#include <SoftwareSerial.h>
SoftwareSerial BTSerial(2, 4);
void setup()
{
    BTSerial.begin(115200);
    Serial.begin(9600);
}
void loop()
{
    char c;
    if ( BTSerial.available() ) {
    c = BTSerial.read();
    BTSerial.print("you : ");
    BTSerial.write(c);
    BTSerial.println("");
    Serial.print(c);
    }
}
```

[예제 A-4] 설명

아래 코드는 수신 핀은 2번, 송신 핀은 4번으로 하는 BTSerial으로 가상 직렬 포트를 설정한 것입니다.

```
SoftwareSerial BTSerial(2, 4);
```

만약 가상 포트로 수신된 데이터가 1바이트 이상 존재한다면 if(BTSerial.available()) { } 문은 괄호안의 조건이 만족되어 아래 스케치가 수행됩니다.

```
c = BTSerial.read();
    BTSerial.print("you : ");
    BTSerial.write(c);
    BTSerial.println("");
    Serial.print(c);
```

아래 코드는 블루투스 모듈이 연결되어 있는 가상 포트로부터 1바이트를 읽어옵니다.

```
c = BTSerial.read();
```

아래 코드는 블루투스 모듈이 연결되어 있는 가상 포트로 "you : "라는 문자열을 출력합니다.

```
BTSerial.print("you : ");
```

그러고 나서 다음 코드가 실행됩니다. 변수 c에 저장된 값을 가상 직렬 포트로 전송하고 있습니다.

```
BTSerial.write(c);
```

변수 c에는 좀 전에 블루투스가 연결된 가상 직렬 포트로부터 받은 데이터 즉, 블루투스로부터 받은 데이터, 즉 스마트 폰이 보낸 데이터를 저장하고 있습니다. 결국 스마트폰이 보낸 데이터를 아두이노 보드가 받아서 다시 스마트 폰으로 전송하고 있습니다.

7) 예제 B - 스마트 폰으로 아두이노 보드 제어하기

[예제 B-1] 실습목표

스마트 폰으로 아두이노 보드의 디지털 출력을 제어해보는 실습을 하겠습니다. 스마트 폰에서 'a'문자를 전송하면 아두이노 보드 13번 핀에 연결되어 있는 LED를 On하고 'b'라는 문자를 전송하면 아두이노 보드 13번 핀에 연결되어 있는 LED를 Off 하도록 스케치를 작성해 보겠습니다.

[예제 B-2] 회로 구성

16.2절에서 앞서 구성한 회로를 그대로 사용하겠습니다.

[예제 B-3] 스케치 작성

```
#include <SoftwareSerial.h>
SoftwareSerial  BTSerial(2, 4);
void setup()
{
  BTSerial.begin(115200);
  pinMode(13, OUTPUT);
}
void loop()
{
```

```
  char c;
  if ( BTSerial.available() ) {
    c = BTSerial.read();
    if ( c == 'a') {
        digitalWrite(13, HIGH);
        BTSerial.println("LED ON");
     }
    if ( c == 'b') {
      digitalWrite(13, LOW);
      BTSerial.println("LED OFF");
    }
  }
}
```

[예제 B-4] 설명

블루투스 모듈이 연결되어 있는 가상 포트로부터 수신한 데이터가 'a'이면 13번의 상태를 HIGH로 만들고 가상포트로 "LED ON"이라는 메시지를 날립니다.

```
if( c ==' a' ) {
    digitalWrite(13, HIGH);
    BTSerial.println( "LED ON" );
}
```

블루투스 모듈이 연결되어 있는 가상 포트로부터 수신한 데이터가 'b'이면 13번의 상태를 LOW로 만들고 가상포트로 "LED OFF"이라는 메시지를 날립니다.

```
if( c ==' b' ) {
    digitalWrite(13, LOW);
    BTSerial.println( "LED ON" );
}
```

제17장 모터 드라이브 보드 구동

키트 구성품 확인을 다 하셨다면 동봉된 조립 설명서를 참고하셔서 자동차 바디를 조립하십시오. 모터에 연결된 두 가닥의 전선은 모터에 납땜으로 붙여 놓았기 때문에 이 두 선을 부주의하게 다룰 경우 모터에 납땜으로 연결해 놓은 부분이 떨어질 수 있습니다. 그리고 동봉된 조립 설명서의 (4)번 부품을 조립할 때 (4)번 부품이 자동차 몸체와 닿지 않도록 하십시오. 아니면 (4)번 부품은 조립하지 않아도 됩니다.

[주의 사항]

① 모터에 연결된 전선을 살살 다루세요.

② 4번 부품을 조립하지 않거나 조립 시에 자동차 몸체와 닿지 않도록 주의하세요.

조립 설명서대로 만들면 건전지 홀더는 차체 안쪽에 위치하게 됩니다. 향후 배터리를 교환할 때 다소 불편할 수 있습니다. 향후 배터리 홀더의 위치를 바꾸실 수 있습니다. 조립을 다 하고 나면 자동차 바디는 그림 17-1 그리고 그림 17-2의 모습일 것입니다.

그림 17-1 아두이노 이동 로봇 몸체

그림 17-2 아두이노 이동 로봇 몸체

지금까지 자동차 조립을 하셨습니다. 이제는 자동차에 달려 있는 모터를 구동시켜 보겠습니다. 모터 구동에 대해서는 앞서 9장에서 언급한 내용을 먼저 학습하시는 것이 이해를 하시는데 도움이 됩니다.

[step 1] 모터 구동 보드 배치

① 아래 그림 17-3과 같이 자동차에 아두이노 보드와 브레드 보드를 배치시킵니다. 아래 그림에서는 아두이노 보드를 자동차 몸체에 나사로 고정했습니다만 반듯이 고정해야 하는 것은 아니니 적당한 위치에 그냥 올려놓으셔도 됩니다.

그림 17-3 아두이노 보드와 브레드 보드 배치

② 하얀색 브레드 보드 아래쪽에는 빨간색 모터 구동 보드를 배치했습니다. 모터 구동 보드는 아래 그림 17-4를 참조해서 브레드 보드에 꽂습니다. 그림 17-4에서는 모터 구동 보드가 어느 위치에 꽂혔는지를 보여드리기 위해 브레드 보드 위에 살짝 걸쳐 놓았는데 위치를 잘 잡으셨다면 모터 구동 보드 양쪽을 동시에 꾹 눌러서 브레드 보드에 잘 끼우십시오. 아래 이미지에서 브레드 보드의 세로 방향으로 숫자가 1, 2, …. 23, 24, 25, 26, 27, 28, 29, 30이 보입니다. 모터 구동 보드의 글씨가 바로 보이는 방향으로 놓고 봤을 때 모터 구동 보드의 맨 아래 핀 두 개는 각각 30이라고 쓰여진 라인에 꽂으세요.

그림 17-4 브레드 보드에 모터 구동 보드 위치 잡기

[step 2] 아두이노 보드와 모터 구동 보드 그리고 모터 결선하기

아두이노 보드와 모터 드라이버 보드를 연결하기 앞서서 모터 드라이버 보드에 대해 알아보겠습니다. 모터 드라이버 보드의 핀 이름을 그림 17-5에 보이고 있으며 각 핀의 기능에 대한 설명을 표 17-1에 보이고 있습니다.

그림 17-5 모터 드라이버 보드

표 17-1 모터 구동 보드의 핀 설명

핀 이름	설명	핀 이름	설명
VM	모터 구동 전원	PWMA	A 모터 회전 속도 제어용 PWM 신호
VCC	모터 구동 보드 논리 전원	AIN2	A 모터 회전 방향 결정
GND	그라운드	AIN1	A 모터 회전 방향 결정
A01	A 모터의 한쪽 라인에 연결	STBY	모터 드라이버 보드 활성/비활성 선택
A02	A 모터의 다른 한쪽 라인에 연결	BIN1	B 모터 회전 방향 결정
B02	A 모터의 한쪽 라인에 연결	BIN2	B 모터 회전 방향 결정
B01	A 모터의 다른 한쪽 라인에 연결	PWMB	B 모터 회전 속도 제어용 PWM 신호
GND	그라운드	GND	그라운드

아래 이미지를 보시고 결선이 가능하신 분들은 스스로 결선을 하시고 살짝 당황스러우신 분들은 저와 같이 하나씩 연결해 보겠습니다.

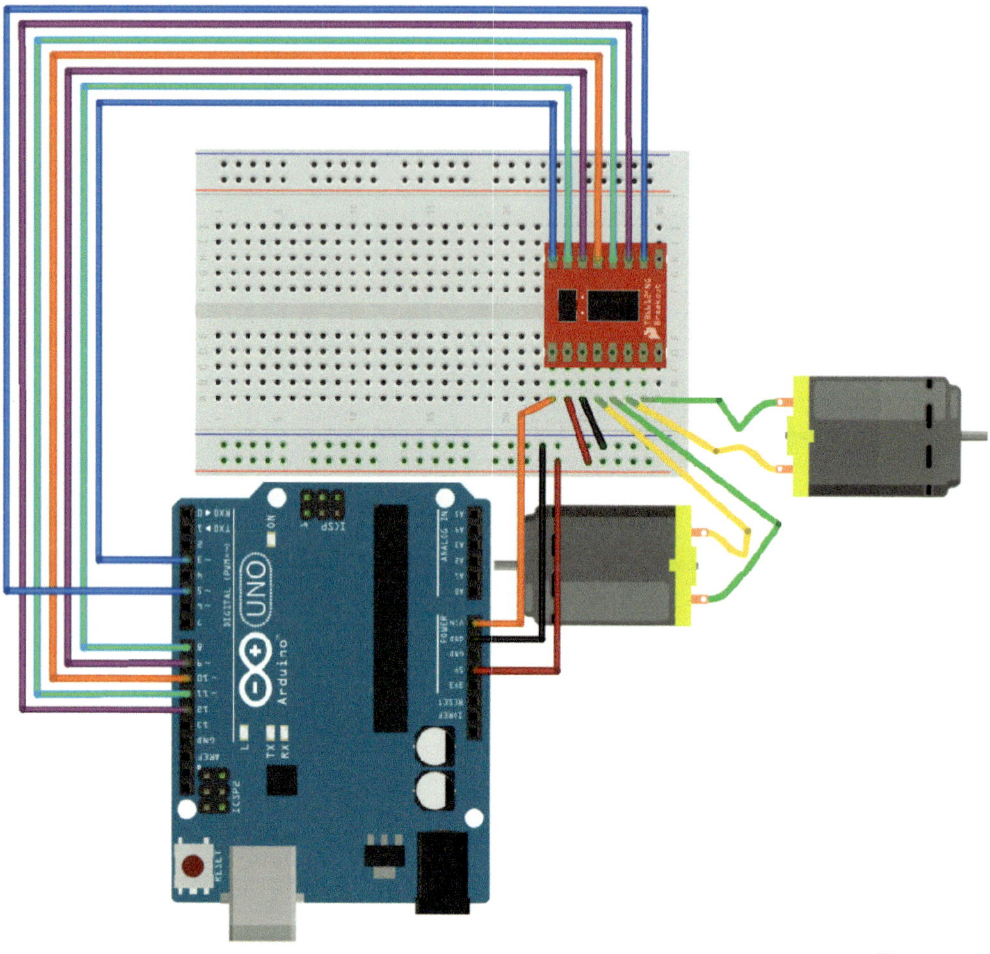

그림 17-6 모터 구동 회로

① 모터에 두 가닥의 선이 연결되어 있습니다. 모터에서 나온 붉은색 선과 검은색 선을 각각 모터 드라이브 보드의 B01과 B02에 연결합니다.(브레드 보드의 28번과 29번에 연결합니다.) B01 핀과 B02 핀에서 모터를 구동하기 위한 전류가 출력됩니다.

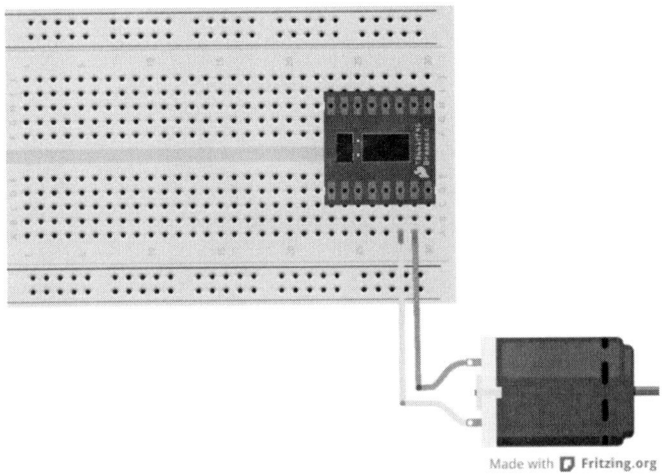

그림 17-7 모터 연결

② 나머지 모터에서 나온 붉은색 선과 검은색 선을 각각 모터 드라이버 보드의 A02과 A01에 연결합니다.(브레드 보드 26번과 27번에 연결합니다.) A01 핀과 A02 핀에서 모터를 구동하기 위한 전류가 출력됩니다.

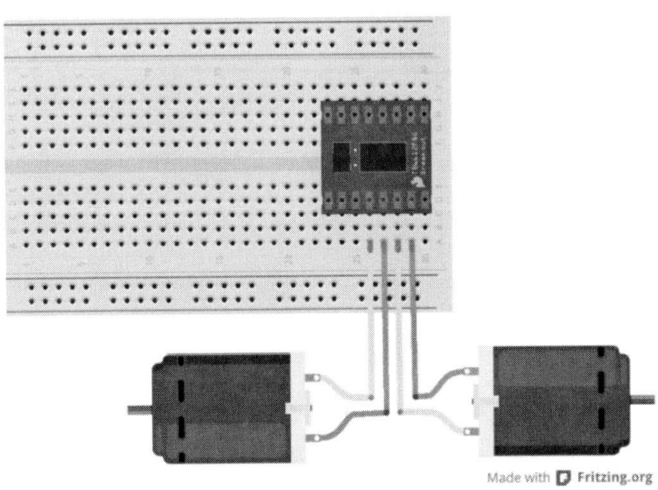

그림 17-8 모터 연결

③ 모터 드라이버 보드의 전원 관련된 결선을 해보겠습니다. 모터 드라이버 보드의 VCC 핀을 아두이노 보드의 5V 핀에 연결합니다. 모터 드라이버 보드의 GND 핀을 아두이노 보드의 GND 핀에 연결합니다. 모터 드라이버 보드의 VM 핀은 아두이노 보드의 5V에 연결합니다.

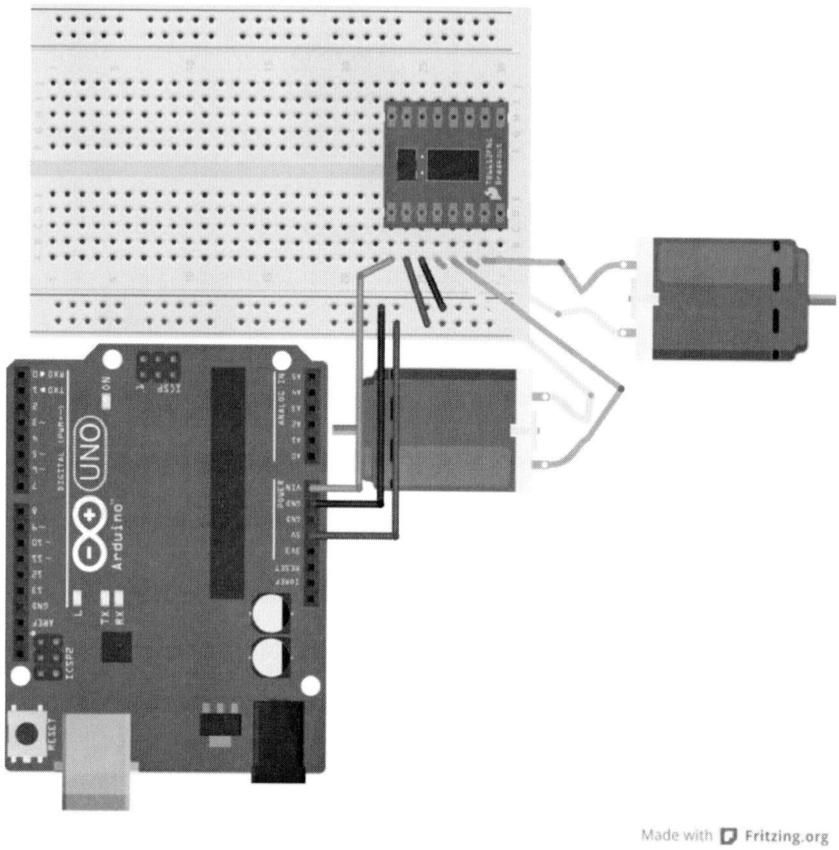

그림 17-9 전원 연결

④ 모터 구동 보드를 제하는 결선을 해보겠습니다. 위에서 꾸민 회로에 추가하여 아래와 같이 결선을 추가할 것입니다. 모터 드라이버 보드의 PWMA 핀은 PWM 신호를 입력 받습니다. 따라서 아두이노 보드의 PWM 출력이 가능한 ~3번 핀에 연결하겠습니다. AIN1과 AIN2 두 핀으로 모터에 흘러 들어가는 전류 방향을 제어합니다. 즉 모터의 회전 방향을 결정합니다. AIN2는 아두이노 8번 핀에, AIN1은 아두이노 9번 핀에 연결하겠습니다.

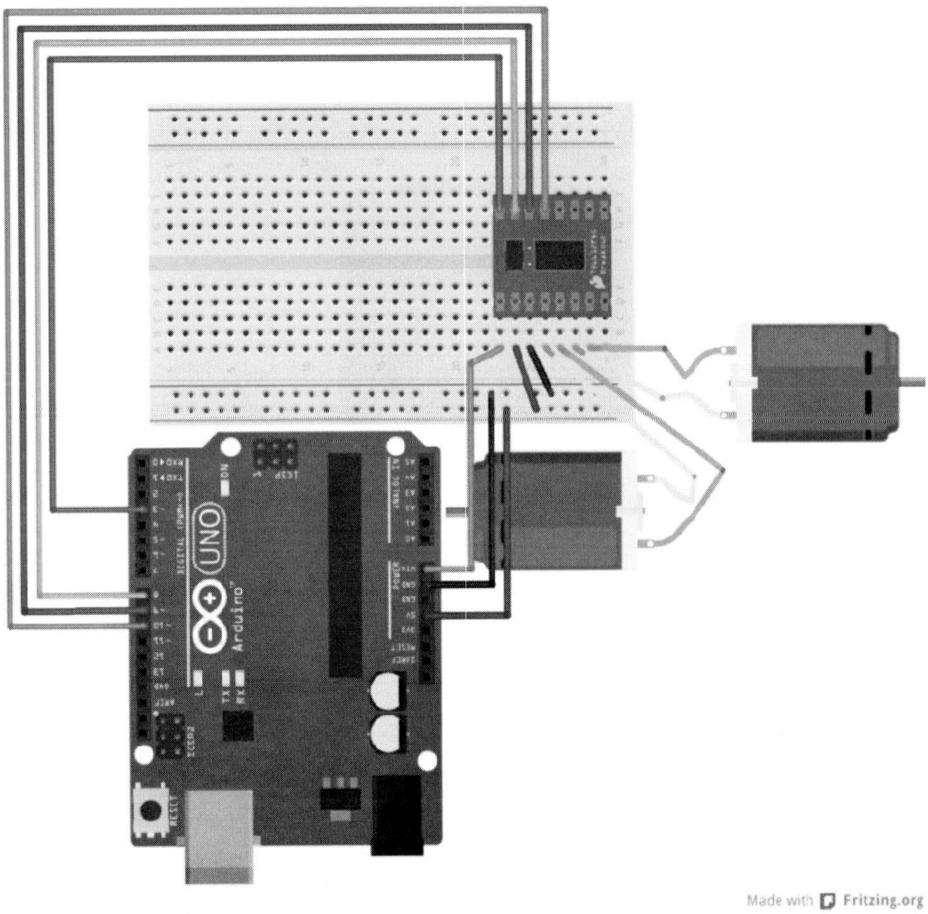

그림 17-10 제어선 연결

⑤ 위 그림 17-10의 회로에 아래 그림 17-11과 같이 추가로 선 3가닥을 결선하세요.

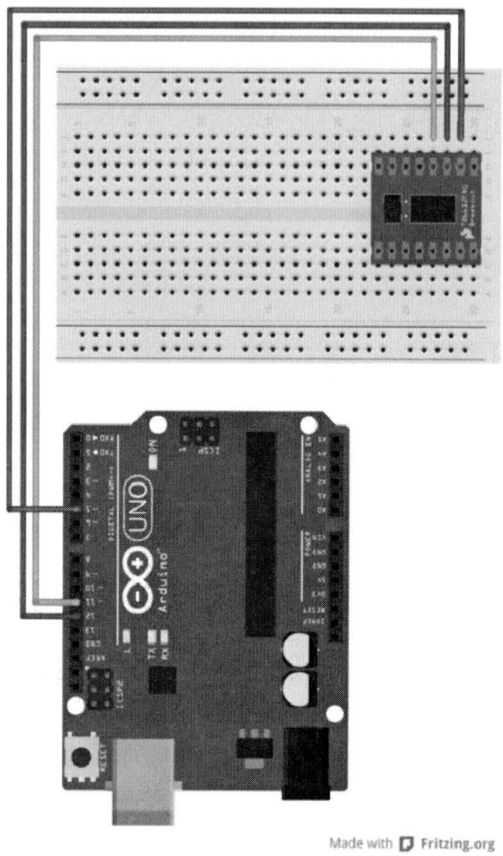

그림 17-11 제어선 추가 연결

[step 3] 모터 구동 프로그램 업로드

이제 모터를 돌려 볼 순서입니다.

① 아두이노 보드를 USB 케이블을 이용하여 컴퓨터에 연결합니다.
② 아두이노 통합개발환경을 실행시킵니다.
③ 주 메뉴 아래 **도구** 아래 보드 메뉴에서 Arduino Uno가 선택되었는지 확인하시고 또 주 메뉴 아래 **도구** 아래 **시리얼 포트**가 맞게 설정되었는지 확인하세요.
④ 모터 구동 테스트를 위해 아래 코드를 아두이노 보드에서 실행시켜 볼 것입니다. 아래 코드는 네이버 카페인 "아두이노 배우기"의 게시글에 첨부 파일 형태로 제공되고 있습니다(http://cafe.naver.com/studyonarduino/636). 첨부된 압축 파일을 풀면 motorTest라는

폴더가 있고 그 안에 motorTest.ino라는 파일이 있습니다. motorTest.ino 파일을 더블 클릭하면 아두이노 통합개발환경이 해당 파일을 엽니다. 또는 열기( ) 아이콘을 클릭한 후 압축을 푼 폴더에서 motorTest 파일을 찾아 선택하고 열기 버튼을 클릭하시면 됩니다.

```
int STBY = 10;              // 모터 구동 보드 "대기"
int PWMA = 3;               // A 모터 속도 제어 PWM 신호
intAIN1=9;                  // A 모터 방향 제어
intAIN2=8;                  // A 모터 방향 제어
int PWMB = 5;               // B 모터 속도 제어 PWM 신호
intBIN1=11;                 // B 모터 방향 제어
intBIN2=12;                 // B 모터 방향 제어

voidsetup(){
  pinMode(STBY,OUTPUT);
  pinMode(PWMA, OUTPUT);
  pinMode(AIN1,OUTPUT);
  pinMode(AIN2,OUTPUT);
  pinMode(PWMB, OUTPUT);
  pinMode(BIN1,OUTPUT);
  pinMode(BIN2,OUTPUT);
}

voidloop(){
  move(1,190,1);    // 1:모터 A, 190:0부터 255까지의 숫자 중 하나, 속도, 1:회전 방향 결정
  move(2, 190, 1);  // 2:모터 B, 190:0부터 255까지의 숫자 중 하나, 속도, 1:회전 방향 결정
  delay(1000);      // 1초 지연, 1초 동안 회전
  stop();//stop     // 모터 정지.
  delay(2000);      // 2초 지연, 2초 동안 멈춤
}
void move(int motor, int speed, int direction)
{

  boolean inPin1;
  booleaninPin2;
  digitalWrite(STBY, HIGH);  // 모터 구동 칩 활성화

  if(direction == 1){
      inPin1 = HIGH;
      inPin2 = LOW;
  }else{
      inPin1 = LOW;
      inPin2 = HIGH;
```

```
  }

  if(motor == 1){                          // 모터 A에 대한 회전 방향 결정, 회전 속도 결정
      digitalWrite(AIN1,inPin1);
      digitalWrite(AIN2,inPin2);
      analogWrite(PWMA,speed);
  }else{                                   // 모터 B에 대한 회전 방향 결정, 회전 속도 결정
      digitalWrite(BIN1, inPin1);
      digitalWrite(BIN2,inPin2);
      analogWrite(PWMB,speed);
   }
}

void stop(){
   digitalWrite(STBY,LOW);                 // 모터 구동 칩 비활성화
}
```

⑤ 이제 툴바에서 업로드( ) 아이콘을 클릭합니다. 이 스케치는 양쪽 모터를 돌려서 자동차가 전진하도록 작성되었습니다만 두 모터가 각기 다른 방향으로 회전하여 자동차는 제자리에서 빙빙 돌 수도 있고 전진 또는 후진을 할 수도 있습니다. AIN1, ANI2 핀의 상태에 따라 A01과 A02의 전압 상태가 변경되어 A01과 A02 사이의 전류 흐름이 변경된다. 즉 모터의 회전 방향이 변경된다.

표 17-2

<table>
<tr><th colspan="4">Input</th><th colspan="3">Output</th></tr>
<tr><th>IN1</th><th>IN2</th><th>PWM</th><th>STBY</th><th>OUT1</th><th>OUT2</th><th>Mode</th></tr>
<tr><td>H</td><td>H</td><td>H/L</td><td>H</td><td>L</td><td>L</td><td>Short brake</td></tr>
<tr><td rowspan="2">L</td><td rowspan="2">H</td><td>H</td><td>H</td><td>L</td><td>H</td><td>CCW</td></tr>
<tr><td>L</td><td>H</td><td>L</td><td>L</td><td>Short brake</td></tr>
<tr><td rowspan="2">H</td><td rowspan="2">L</td><td>H</td><td>H</td><td>H</td><td>L</td><td>CW</td></tr>
<tr><td>L</td><td>H</td><td>L</td><td>L</td><td>Short brake</td></tr>
<tr><td>L</td><td>L</td><td>H</td><td>H</td><td colspan="2">OFF
(High impedance)</td><td>Stop</td></tr>
<tr><td>H/L</td><td>H/L</td><td>H/L</td><td>L</td><td colspan="2">OFF
(High impedance)</td><td>Standby</td></tr>
</table>

A. **후진**을 한다면 모터에서 나오는 빨간색 선과 검은색 선을 모터 구동 보드에 서로 바꿔서 꽂으세요. 빨간색 선이 꽂혔던 자리에 검은색 선을 연결하시고 검은색 선이 꽂혔던 자리에 빨간색 선을 꽂으세요.

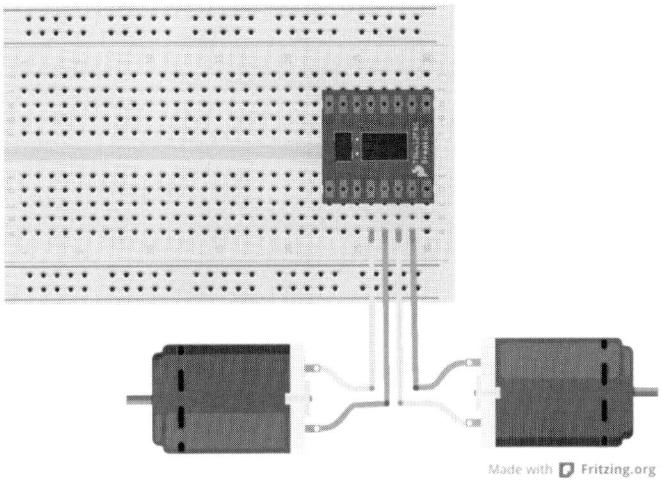

그림 17-12

B. 자동차가 오른쪽으로 돈다면 오른쪽 바퀴에 연결된 모터에서 나온 두 가닥의 선(빨간색 선과 검은색 선)을 서로 반대로 모터 드라이버 모드에 연결하십시오.

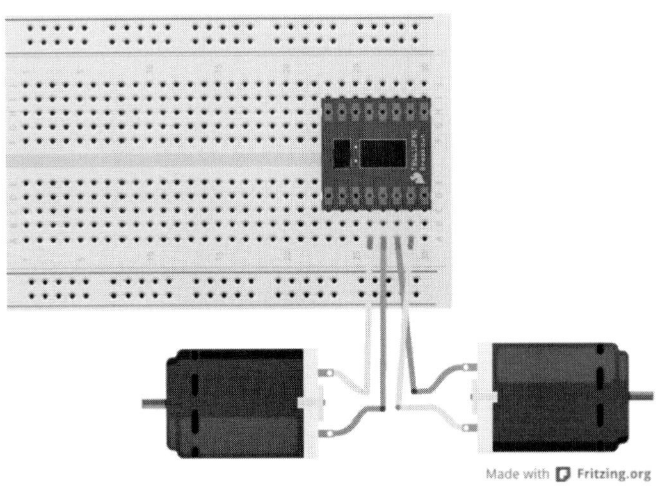

그림 17-13

C. 자동차가 왼쪽으로 돈다면 왼쪽 바퀴에 연결된 모터에서 나온 두 가닥의 선(빨간색 선과 검은색 선)을 서로 반대로 모터 드라이버 보드에 연결하십시오.

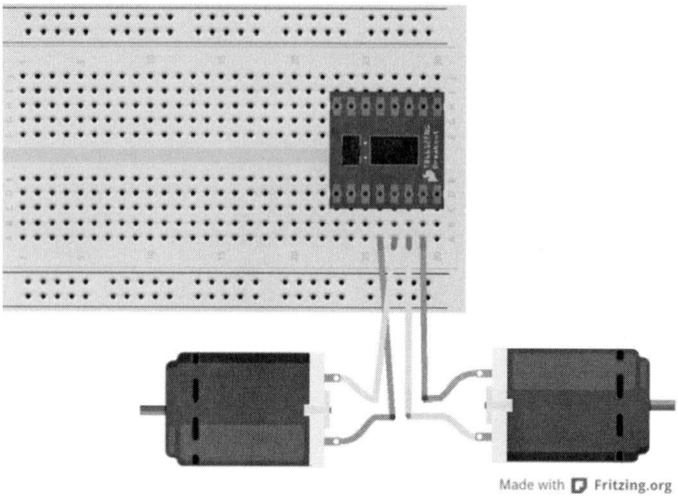

그림 17-14

만약 모터가 돌지 않는다면 회로 결선을 다시 검토해 주세요.

▶ **문제가 있으세요?**

(1) 스케치 업로드가 안 되는 것 같다. 업로드 중간에 뭔가 이상하다.

① 아두이노 보드가 연결되어 있는 COM 포트 설정이 맞게 되었는지 확인한다.

② 아두이노 보드에 연결된 USB 케이블을 뽑은 후 다시 USB 케이블을 아두이노 보드에 연결한 후 잠시 있다가 아두이노 통합개발환경에서 통신 포트 설정을 확인하세요.

(2) 아두이노 보드를 컴퓨터에 연결했으나 장치관리자에서 Arduino UNO(COMx)가 보이지 않을 경우

① USB 케이블을 분리 후 다시 컴퓨터에 연결해 본다.

② USB 드라이버를(수동으로) 다시 올린다.

① 스마트 폰(안드로이드 폰)을 이용하여 아래 링크에 접속합니다.

http://cafe.naver.com/studyonarduino/589

② 그리고 첨부된 bluetoothcar.apk 파일을 다운로드 한 다음 폰에 설치하십시요.

③ BTconnect_copy라는 앱이 폰에 설치가 되었을 것입니다. 이 앱을 실행시키십시요.

④ 그리고 아두이노 보드의 블루투스 장치를 검색한 후 Connect 버튼을 클릭하세요. 그런 다음 나머지 방향 버튼을 클릭해 보세요.

수고하셨습니다~!
관련 학습 사항은 카페(http://carfe.naver.com/studyonarduio)를 참고하세요.

이 책을 여기까지 다 보신 분들께

"아두이노 배우기" 이 책은 아두이노 또는 마이크로컨트롤러에 처음 입문하시는 분들도 쉽게 이해할 수 있도록 쓰려고 노력했습니다. 그리고 제 1부와 제 2부에서는 아두이노를 활용하여 무엇인가를 만들려고 할 때 필요한 내용들을 간단하게나마 모두 언급하려고 노력했습니다.

제 1부와 제 2부에서 학습한 내용은 비유하건데, 음식을 만들기 위한 여러 가지 재료들을 살펴본 것과 같습니다. 고기, 파, 소금, 미역, 마늘, 생선, 고추장, 양파 등등 각 재료의 특성에 대해 살펴 본 것입니다. 이런 재료들을 어떤 비율로 섞고 어떤 조리 과정을 거치느냐에 따라 요리가 되는 것처럼 말입니다. 이 책의 1~2부까지 다 보신 분이시라면 '뭔가 만들 수 있겠다!'라는 생각이 드실 것입니다. 그래서 제 3부에서는 스마트 폰의 블루투스 기능을 활용하여 무선으로 조종하는 아두이노 자동차를 만들어 보았습니다.

이제 여러분들이 하셔야 하는 일은 더 많은 요리를 직접 해보시는 것입니다. 이 책의 내용을 더 다듬고 내용을 보강해갈 계획이며 아두이노를 활용하여 구체적으로 무엇인가를 만들어 보는 과정을 다루는 책도 출판할 계획입니다. 그리고 초 · 중 · 고등학교 학생들도 아두이노를 보다 쉽게 익혀서 활용할 수 있도록 학생 수준에 맞춘 책도 출판을 계획하고 있습니다. 이 책을 통해 배움이 있으셨다면 큰 보람으로 생각하겠습니다.

부록에서는 랩뷰(LabVIEW)로 아두이노 보드 구동 프로그램 작성 방법에 대해 간단히 설명하였습니다. 그리고 아두이노 보드의 일종인 아두이노 릴리패드 사용법에 대해 설명하였으며 앱인벤터에 대해서도 간단히 소개를 하였습니다. 끝으로 프로그램이나 마이크로컨트롤러 세상에 입문하는 초보자들을 위한 '아두이노를 위한 스크래치(Scratch for Arduino, S4A)'를 소개하였습니다.

감사합니다.

대표 저자 김성필

부록 및 색인

부록 A
LabVIEW로 아두이노 구동 프로그램 작성

아두이노 보드에서 컴퓨터로 데이터를 전달하면 그 데이터를 확인하기 위해 또는 그 데이터를 적절히 처리하기 위해 컴퓨터에서 실행되는 프로그램을 작성해야 할 경우가 있는데, 대부분의 아두이노 교재들은 프로세싱(Processing)이라는 언어를 사용해서 처리하는 방법을 설명하고 있습니다. 대부분의 교재들이 프로세싱을 아두이노의 짝꿍으로 다루는 데는 아두이노 출생의 역사와 관계가 있는 것으로 보입니다.

아두이노의 하드웨어는 Wiring이라는 하드웨어에서 그 DNA를 가져왔고 아두이노 통합개발 환경은 프로세싱의 것을 따왔습니다. 그래서 아두이노와 프로세싱이 '사귀고' 있는 것 같습니다.☺ 이 교재에서는 아두이노에게 새로운 여자 친구를 소개할까 합니다. LabVIEW는 프로세싱보다 훨씬 능력이 뛰어나다고 말하고 싶습니다. 다만 프로세싱보다 친해지는데 시간이 더 걸릴 수는 있습니다.☺ 그리고 개발 환경을 구축하는데 여러 과정을 거쳐야 합니다. 컴퓨터 프로그래밍 환경 구축에 익숙하지 않으신 분들은 '도전' 정신을 가지고 이 책을 읽어 나가야 합니다. 큰 '산맥'을 넘어야 하니 '작은 고개'부터 하나씩 넘어보도록 합시다.

이번 장에서 다루는 내용의 범위는 LabVIEW로 아두이노 보드를 프로그래밍 할 수 있다는 것과 아두이노 보드가 컴퓨터로 전송하는 데이터를 처리하는 프로그램을 랩뷰로 작성할 때 좋은 점이 있다는 두 가지를 염두에 두고 이야기를 진행할 것입니다. 랩뷰에 익숙하지 않은 독자라면 꽤 난해할 수 있으나 차근차근 따라오시기 바랍니다.

A.1 LabVIEW 소개

LabVIEW는 Laboratory Virtual Instrument Engineering Workbench의 National Instruments (사)에서 만든 가상 프로그래밍 언어(virtual programming language)를 위한 개발 환경과 시스템 디자인 플랫폼을 이르는 말입니다. 말이 너무 어렵습니다. 우리는 그냥 프로그램을 만들 수 있는 툴이라고만 생각하겠습니다. 일종의 컴퓨터 언어라고 생각하시면 되겠습니다. 그런데 LabVIEW는 다른 프로그램 개발 언어(툴)와 다른 큰 특징이 있습니다. 대부분의 컴퓨터 언어는 텍스트 코딩을 해서 프로그램을 작성하는데 반해 LabVIEW는 아이콘들을 연결해서 프로그램을 작성합니다. LabVIEW를 이하 랩뷰라고 쓰겠습니다.

A.2 아두이노 프로그래밍을 위한 LabVIEW 환경 구축

A.2.1 랩뷰 설치

컴퓨터를 쓰다 보면 프로그램을 설치해야 할 때가 자주 생깁니다. 그런데 설치 과정에서 뭔가를 선택해야 하는 경우가 있는데 대개 이런 경우 권고 사항을 선택하면 아무런 문제없이 인스톨이 되었습니다. 따라서 랩뷰를 설치하는 과정은 생략하겠습니다. 랩뷰에 대한 체계적인 학습을 원하신다면 'LabVIEW의 정석(기본편)' 책을 추천합니다. 랩뷰 평가판은 http://www.ni.com/trylabview/ko/에서 다운로드 하실 수 있습니다. 여기 가시면 아래 그림과 같은 모습을 볼 수 있습니다.

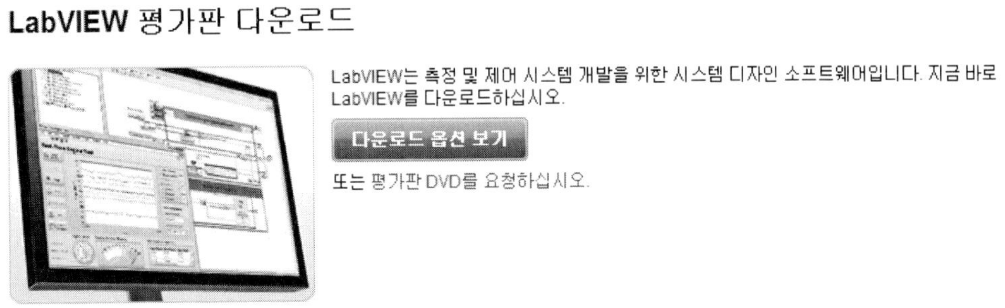

"다운로드 옵션 보기"를 클릭하시고 질문에 적절하게 답하십시요. 그리고 회원가입을 요구할 것입니다. 하라는 대로 해줘도 ☺ 별 문제가 없으니 그대로 쭉 진행하시면 됩니다. 친절하게 설명을 다 드리지 못해 죄송합니다만 랩뷰 설치는 여러분 스스로 잘 하시리라 생각됩니다.

랩뷰 설치가 다 되었다면 다음으로 중요한 작업이 하나 남아 있습니다. 지금 설치한 랩뷰는

"LabVIEW 2012" 평가판입니다. 그리고 7일 밖에 사용할 수 없습니다. 처음 랩뷰를 실행시킨 이후 7일이 경과하면 더 이상 랩뷰를 사용할 수 없습니다. 그러나 약간의 꼼수를 부리면 충분히 여러 날 동안 사용할 수 있습니다. 여기서 말한 꼼수가 무엇인지는 인터넷 검색을 통해 방법을 찾으실 수 있을 것입니다. 또는 네이버 카페 "아두이노 배우기"에서 그 힌트를 구할 수 있을 것입니다. 짐작하건데 NI(사)에서 의도적으로 '한쪽 눈'을 감고 있는 것 같습니다. 처음 랩뷰를 실행시킨 날 이후 컴퓨터의 날짜가 7일이 경과되지 않으면 계속 사용할 수 있습니다!

A.2.2 NI-VISA 드라이버 설치

NI-VISA 드라이버를 설치해야 합니다. 관련 인스톨 파일은 2013년 7월 현재 http://joule.ni.com/nidu/cds/view/p/id/3823/lang/ko에서 다운로드 하실 수 있습니다만 향후 웹페이지의 주소가 변경된다면 NI(사) 홈페이지에서 NI-VISA 드라이버를 찾으시면 됩니다.

A.2.3 LIFA 설치하기

LIFA는 LabVIEW Interface for Arduino의 약자로 랩뷰로 아두이노 보드를 구동하는 프로그램을 작성하기 위한 라이브러리(함수들 묶음)라고 생각하시면 되겠습니다. 랩뷰를 처음 설치했을 때 랩뷰에는 아두이노를 구동시키기 위한 라이브러리가 포함되어 있지 않기 때문에 별도로 설치를 해줘야 합니다. LIFA를 설치하기에 앞서서 "VI Package Manager (VIPM)"를 설치해야 합니다. VIPM을 통해 LIFA를 설치할 수 있습니다. VIPM 설치 파일은 아래 링크에서 구할 수 있습니다.

https://lumen.ni.com/nicif/us/evaltlktlvardio/content.xhtml

NI(사)에 회원 등록이 되어 있다면 로그인 후 VIPM 인스톨 파일을 다운로드 할 수 있습니다. 또는 아래 사이트에서 VIPM을 다운로드 받을 수 있습니다.

http://jki.net/vipm/download

사용하는 컴퓨터 환경에 맞는 VIPM 인스톨 파일을 다운로드 받으시기 바랍니다. 그리고 VIPM을 인스톨 하십시요. VIPM은 인스톨 된 후 자동 실행될 수 있습니다. VIPM이 실행된 창 하단을 보면 뭔가를 자꾸 다운로드 하고 있습니다. 잠시 기다리시면 그림 A-1과 같은 모습을 보입니다.

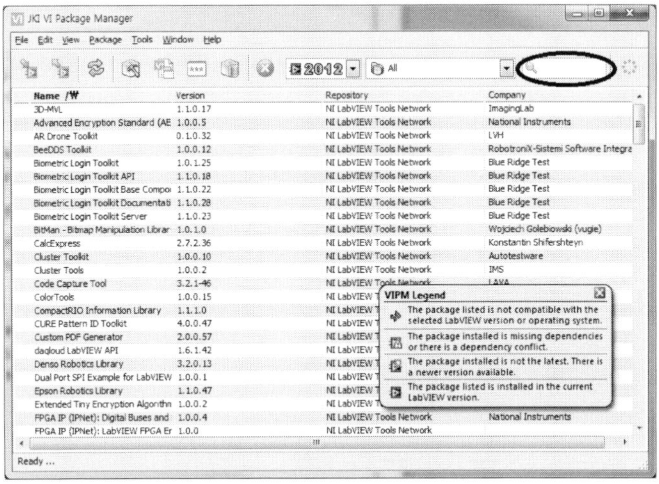

그림 A-1 VIPM 실행화면

그림 A-1의 상단 오른쪽 타원형으로 표시한 부분에 'Arduino'라고 입력하면 그림 A-2와 같은 모습으로 바뀝니다.

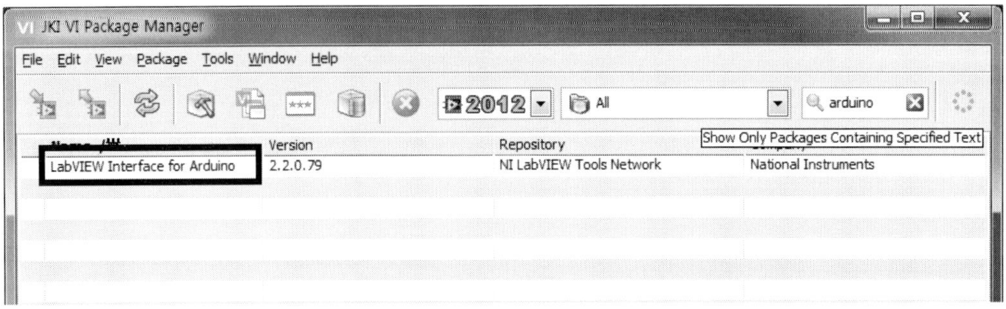

그림 A-2 LIFA(LabVIEW Interface for Arduino) 검색 화면

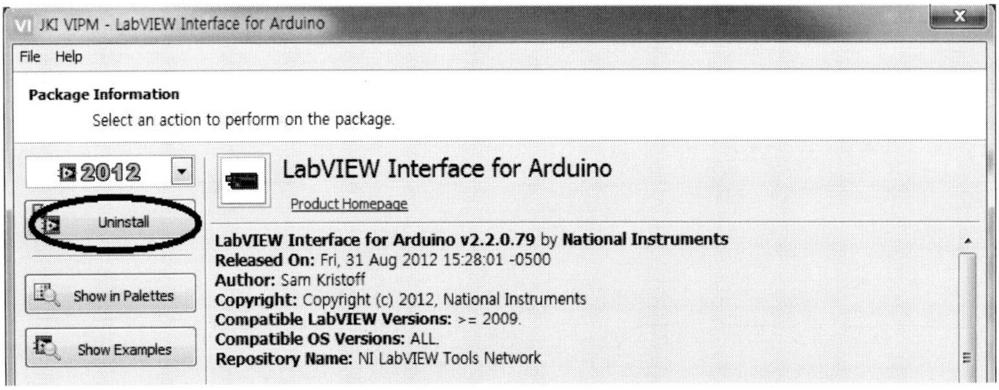

그림 A-3 LabVIEW Interface for Arduino 설치 화면

그림 A-2에서 사각형 박스 친 부분을 더블 클릭하면 그림 A-3과 같은 LIFA를 설치하는 화면이 나타납니다. 필자의 경우 컴퓨터에 이미 LIFA가 설치된 상태라서 'Uninstall'이라고 나타나지만 처음 설치하는 경우 'Install'이라고 나타납니다. 'Install'을 클릭합니다. 자~ 이제 지금까지 한 환경 구축 과정을 다시 확인해 보겠습니다.

① 랩뷰 설치
② NI-VISA 드라이버 설치
③ VIPM 설치
④ LIFA 설치

랩뷰로 아두이노 구동 프로그램을 작성하기 위한 환경 구축을 단계별로 차근차근 해오셨습니다. 작은 고개, 큰 고개를 넘어 오셨습니다. 이제 작은 고개 하나만 넘으면 산맥을 넘습니다. ☺

A.2.4 아두이노 보드 준비시키기

아두이노 보드를 구동시키는 랩뷰로 작성된 프로그램을 실행시키기 위해서 할 일이 하나 더 있습니다. 조금만 더 가면 됩니다. 힘내십시요. 랩뷰로 작성한 프로그램이 아두이노 보드를 구동하기 위해서는 아두이노 보드에서는 'LVIFA_Base.ino'파일이 실행되고 있어야 합니다. LIVIFA_Base.ino 파일은 아래 위치에 있습니다.

```
C:₩Program Files₩National Instruments₩LabVIEW 2012
₩vi.lib₩LabVIEW Interface for Arduino₩Firmware₩LVIFA_Base₩LVIFA_Base.ino
```

이 파일을 아두이노 보드에 업로드 한 후 아두이노 통합개발환경을 종료하십시오. 아두이노 통합개발환경 프로그램이 아두이노가 컴퓨터와 연결된 통신 포트를 점유하고 있게 되면 랩뷰 프로그램이 아두이노 보드와 통신할 수 없기 때문입니다. 이제 랩뷰로 아두이노 보드를 구동시키는 프로그램을 작성하고 실행시킬 수 있습니다.

A.3 랩뷰로 아두이노 구동 프로그램 작성

A.3.1 LED 깜박이기

앞서 말씀 드린 바와 같이 랩뷰는 텍스트 코딩이 아닌 아이콘들을 연결하는 형태로 프로그래밍을 합니다. 따라서 주로 그림을 보이면서 프로그래밍 과정을 설명하게 될 것입니다. 지금 우리가 작성하려는 프로그램은 아두이노 보드의 13번 핀에 달려 있는 LED를 1초 간격으로 깜박이게 하는 프로그램입니다. 아래 스케치와 동일한 동작을 하는 프로그램을 작성할 것입니다.

```
/*
Blink – 1초 동안 LED를 켜고 그런 다음 1초 동안 LED를 끄는 동작을 반복한다.
*/

// 아두이노 보드의 13번 핀에는 이미 LED가 보드 상에 연결되어 있다.
int led = 13;
// setup()함수는 보드가 reset되었을 때, 보드에 전원이 연결되었을 때 한번만 수행된다.
void setup() {
    pinMode(led, OUTPUT);    // 디지털 핀 13번을 출력으로 동작하도록 설정
}

// loop()함수에는 반복적으로 수행할 내용을 기술
void loop() {
  digitalWrite(led, HIGH);       // led(13번 핀)에 HIGH를 출력 – LED를 켠다.
  delay(1000);                   // 1000ms, 1초 기다린다.
  digitalWrite(led, LOW);        // led(13번 핀)에 LOW를 출력 – LED를 끈다.
  delay(1000);                   // 1000ms, 1초 기다린다.
}
```

[Step 1] 랩뷰 실행시키기

LabVIEW를 실행시킵니다. 랩뷰를 실행시키면 아래 그림 A-4와 같은 초기 화면이 나타납니다.

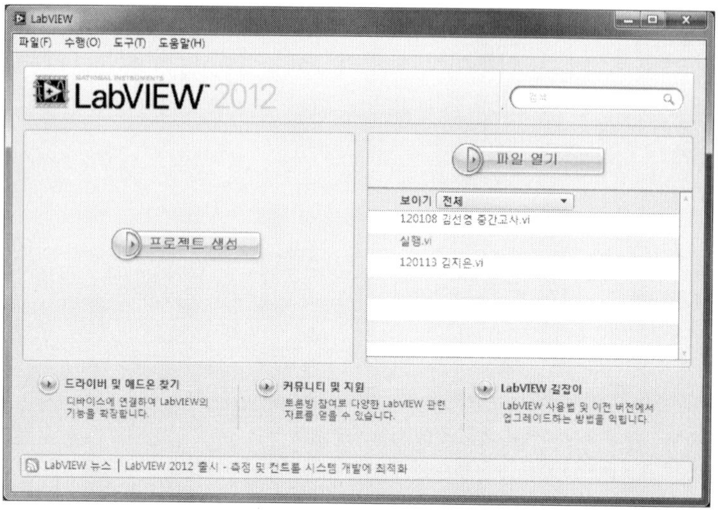

그림 A-4 랩뷰 첫 화면

주 메뉴의 '파일' 아래 '새 VI'를 선택하십시오. 그러면 그림 A-5와 같이 두 개의 창이 나타납니다. VI란 Virtual Instrument의 약자로 가상 장비라고 생각하시면 되겠습니다.

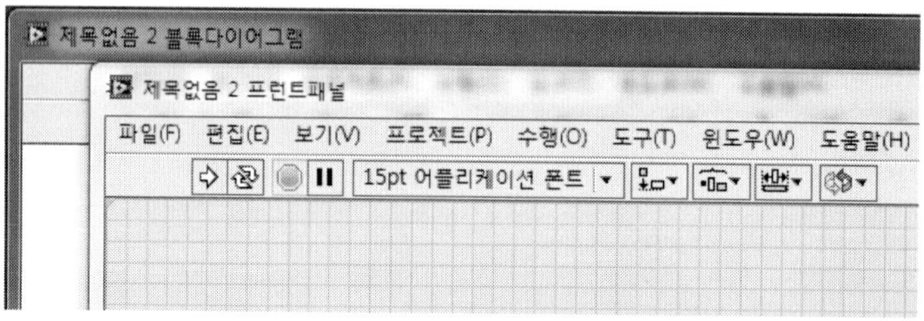

그림 A-5 프런트패널과 블록다이어그램

[Step 2] 프로그램 작성하기

그림 A-5에서 보여주고 있는 두 개의 창의 이름은 각각 프런트패널과 블록다이어그램입니다. 프런트패널은 프로그램이 실행되었을 때 사용자가 보게 되는 실행 화면이고 블록다이어그램은 프로그램을 코딩 하는 창입니다. 아래 번호 순서대로 하나씩 해나가 봅시다.

① 블록다이어그램을 선택(클릭)하십시오.

② 향후 블록다이어그램에 터미널의 모양을 작게 보이게 하기 위해, 주메뉴에서 도구/옵션을 선택하십시오. 나타난 화면의 왼쪽 "항목" 선택 창에서 '블록다이어그램'을 선택하십시오. 그리고 왼쪽 체크 사항 중에 '프런트패널 터미널을 아이콘으로 놓기'를 체크 해제하십시오.

③ 마우스 커서를 블록다이어그램에 올려놓고 마우스 오른쪽 버튼을 클릭하면 메뉴 창이 하나 열리는데 이 창을 '함수 팔레트'라고 합니다. 그림 A-6과 유사한 모습이 나타납니다.

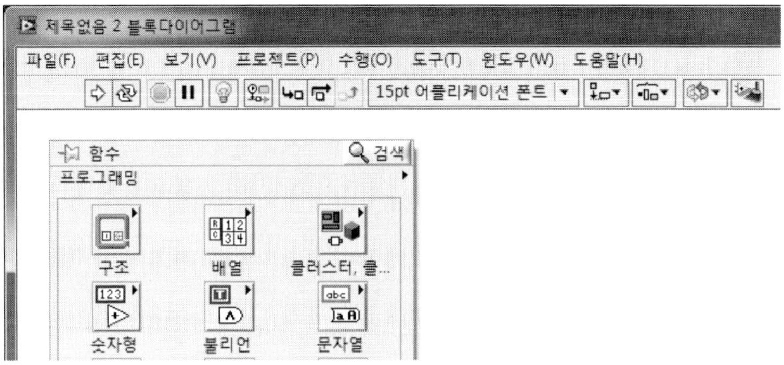

그림 A-6 블록다이어그램에서 바로 가기 메뉴

④ 함수 팔레트에서 'Arduino' 그룹을 찾습니다. 그림 A-7에서는 Arduino 그룹이 제일 아래에 있습니다. 만약 함수 팔레트에서 Arduino 그룹이 보이지 않는다면 A.2.3의 LIFA 설치 과정에서 문제가 있었다고 볼 수 있습니다. A.2.3 과정을 다시 진행하십시오.

⑤ Arduino 그룹을 선택하면 그림 A-8과 같은 모습을 볼 수 있습니다. 'Init' 노드를 선택(클릭)하여 블록다이어그램의 적당한 장소에 올려놓습니다. 그리고 'Close' 노드도 블록다이어그램의 적당한 장소에 올려놓습니다. 함수 팔레트에서 상수를 제외하고 팔레트 내에 있는 모든 함수, subVI, 구조들을 '노드'라고 부릅니다.

⑥ 다시 마우스 오른쪽 버튼을 클릭해서 함수 팔레트를 띄우십시오. 그림 A-6과 유사한 모습이 나타납니다. 이번에는 '프로그래밍' 그룹 아래 '구조' 그룹을 선택하십시오. 그림 A-9와 같은 모습을 보실 수 있습니다. 구조 그룹 내에 있는 'While 루프' 노드를 선택합니다. 그러면 함수 팔레트는 사라지고 마우스 커서의 모양이 바뀝니다. 블록다이어그램의 임의의 곳을 클릭한 채로 드래그 하십시오. 사각형이 적당히 커졌다고 생각되면 누르고

있던 마우스 커서를 놓습니다. 앞서 제시한 스케치의 loop() 함수를 구현하기 위해 while 루프 노드를 블록다이어그램에 올려놓았습니다. While 루프 노드는 아두이노의 loop() 함수와 비슷하게 While 루프 노드 안에 기술된 명령을 특정 조건이 하에서 무한 반복 수행합니다.

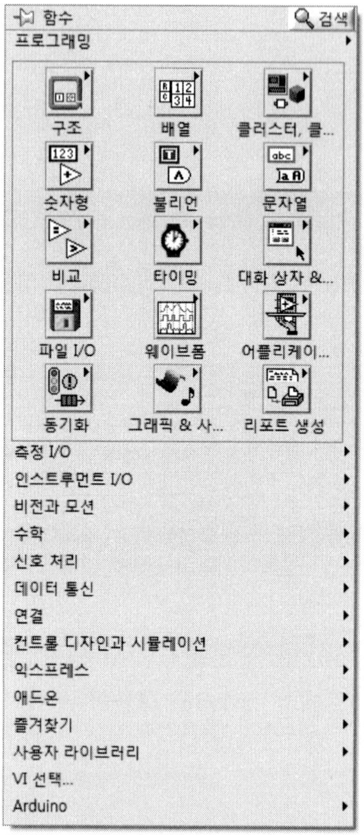

그림 A-7 블록 다이어그램에서 바로 가기 메뉴에 있는 Arduino 그룹 찾기

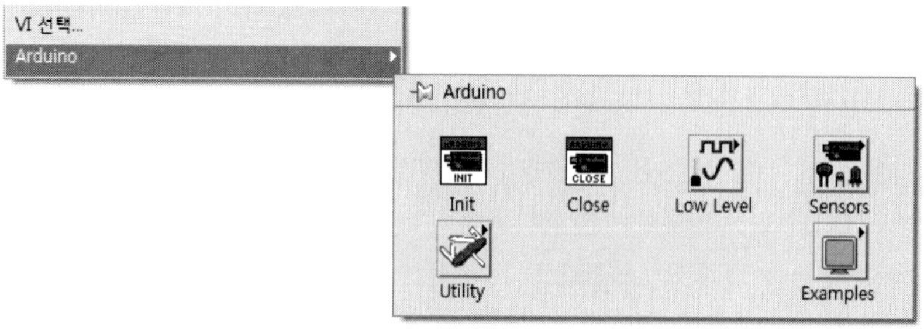

그림 A-8 블록다이어그램의 바로 가기 메뉴, Arduino 그룹 선택

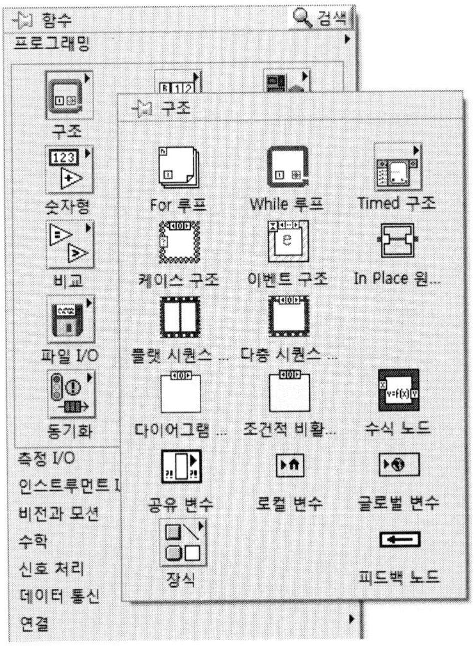

그림 A-9 블록다이어그램에서 바로 가기 메뉴 아래 '구조' 그룹 선택

⑦ 여기까지 잘 하셨다면 블록다이어그램에서 그림 A-10과 유사한 모습을 보시게 됩니다.

그림 A-10 Init, Close 그리고 while 루프 노드들

⑧ 마우스 오른쪽 버튼을 클릭해서 다시 함수 팔레트를 띄우시고 Arduino 그룹 아래 'Low Level' 그룹을 선택합니다. 그림 A-11과 같은 창이 나타나면 'Set Digital Pin Mode' 노드를 선택하여 블록다이어그램에 올려놓습니다. 앞서 보인 스케치의 setup() 함수에서 디지털 입출력 핀의 동작 모드를 결정하기 위해 pinMode() 함수를 호출했었는데, Set Digital Pin Mode 노드가 pinMode() 함수의 역할을 합니다.

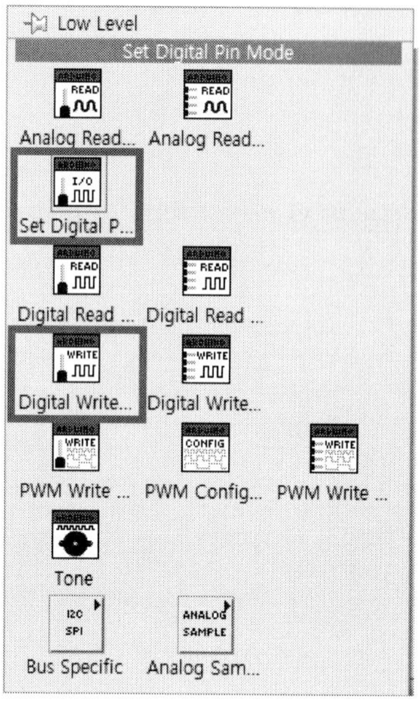

그림 A-11 바로가기메뉴/Arduino/Low Level

⑨ 그리고 'Digital Write Pin' 노드를 블록다이어그램에 올려놓습니다. Digital Write Pin 노드는 앞서 보인 스케치의 loop() 함수 안에 있는 digitalWrite() 함수와 동일한 기능을 수행합니다.

⑩ 다시 함수 팔레트를 열어서, 프로그래밍 그룹 아래 '타이밍' 그룹을 선택하고 타이밍 그룹 안에 있는 '기다림(ms)' 노드를 선택하여 블록다이어그램에 올려놓습니다. 그리고 블록다이어그램에 있는 여러 노드들의 위치를 그림 A-12와 같이 배치하십시오. 기다림(ms) 노드는 앞서 보인 스케치의 loop() 함수 안에 있는 delay() 함수와 동일한 기능을 수행합니다.

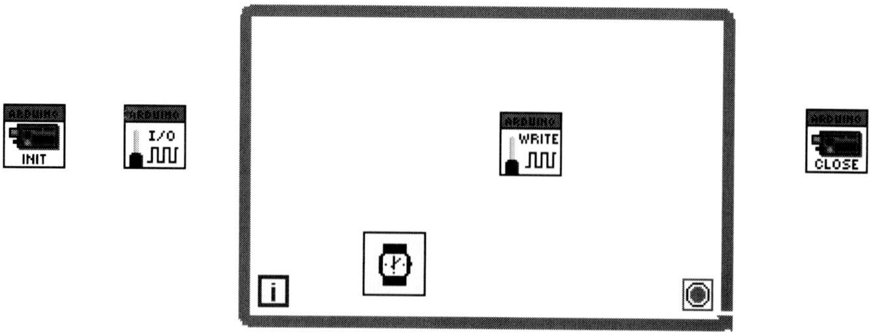

그림 A-12 노드들 배치

그런 다음 마우스 커서를 while 루프 노드 안에 있는 Digital Write Pin 노드에 올려놓으십시오. 그러면 노드 옆에 보이지 않던 선들이 나타날 것입니다. 마우스 커서를 노드 옆에 나타난 선 위에 올려놓으면 커서의 모양이 실타래 모양으로 바뀝니다. 실타래 모양으로 바뀌면 마우스 왼쪽 버튼을 클릭한 후 마우스를 움직이면 점선이 쭉 이어져 나옵니다. 연결하고 싶은 곳까지 선을 끌어온 후 마우스 왼쪽 버튼을 한 번 더 클릭을 하면 노드들 사이에 선을 연결할 수 있습니다. 그림 A-13과 같이 만들어 보세요. 선을 잘못 그렸을 경우 지우고 싶은 선을 선택하고 delete 키를 누르면 지워집니다. 그런데 그림 A-14와 같이 선 위에 X 표시가 나타난다면 선이 제대로 연결되지 않았다는 뜻입니다. X 표시가 나타난 선을 제거하려면 ctrl+b를 눌러 삭제 후 다시 그리거나 끊어진 선을 다시 이어주면 X 표시가 사라집니다. 참고로 이전 실행 취소는 여타의 프로그램에서와 같이 ctrl+z입니다.

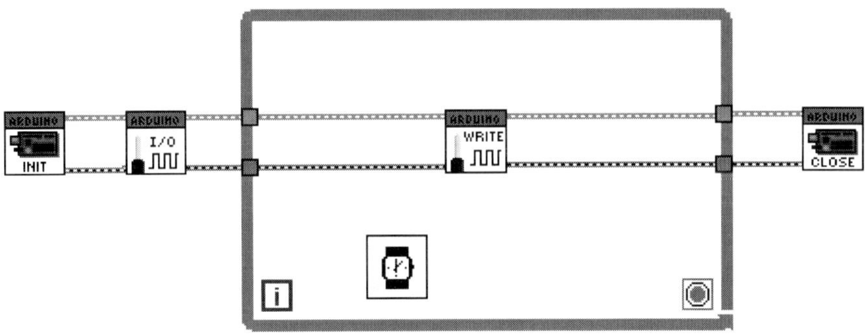

그림 A-13 와이어 연결

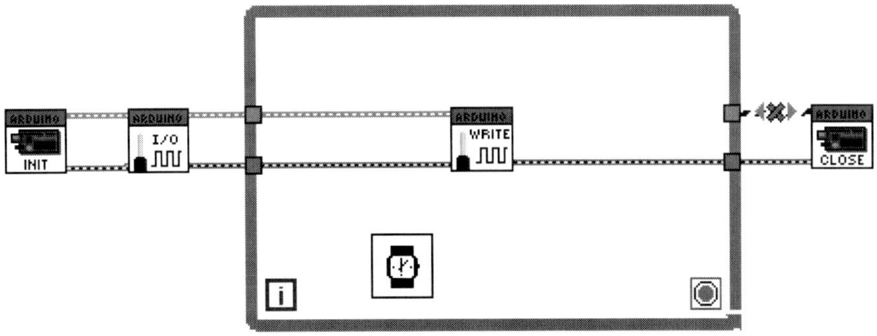

그림 A-14 끊어진 선

⑪ 스케치의 setup() 함수에서는 pinMode(13, OUTPUT)을 호출해서 13번 핀을 출력 모드로 설정했습니다. pinMode() 함수와 같은 기능을 수행하는 Set Digital Pin Mode 노드에도 핀 번호와 동작 모드를 알려줘야 합니다. 마우스 커서를 Set Digital Pin Mode 노드에 올려놓습니다. 그리고 ctrl+h키를 누르세요. 그러면 '기본 도움말' 창이 나타납니다. 마우스 커서를 Set Digital Pin Mode 노드의 왼쪽 면으로 옮겨 보십시오. 파란 색 선 두 개가 노드의 왼쪽에 나타날 것입니다. 마우스 커서를 위쪽 파란 선에 가까이 가져가 보십시오. 그러면 커서는 실타래 모양으로 변경됩니다. 현재 마우스 커서가 실타래 모양인데 위쪽 파란 선을 선택한 것인지 아래쪽 파란 선을 선택한 것은 구분이 잘 안될 때는 기본 도움말 창을 보십시오. 그러면 마우스 커서가 놓은 선에 해당하는 곳에 검은색 점이 깜박이는 것을 보실 수 있습니다. 지금 우리는 Set Digital Pin Mode 노드의 'Digital I/O Pin'을 선택했습니다. Digital I/O Pin을 선택한 상태에서 마우스 오른쪽 버튼을 누르면 이 상황에서 할 수 있는 것들을 보여주는 '바로 가기 메뉴'가 나타납니다. 메뉴의 '생성' 아래 '상수'를 선택하십시오. 그러면 안에 0이라고 쓰여진 파란 색 사각형이 Digital I/O Pin에 연결되는 것을 보실 수 있습니다. 파란색 사각형 안을 더블 클릭하면 안의 숫자를 바꿀 수 있습니다. 이 숫자의 의미는 아두이노 보드의 핀 번호입니다. 우리는 13번 핀을 출력 모드로 동작시킬 것이기 때문에 13을 입력합니다.

⑫ 다시 Set Digital Pin Mode 노드의 왼쪽 면으로 마우스 커서를 이동합니다. 보이지 않던 나머지 파란색 선 하나가 나타나고 커서는 실타래 모양으로 변합니다. 이 선은 동작 모드를 지정하는 선입니다. 커서가 실파래 모양인 상태에서 마우스 오른쪽 버튼을 클릭합니다. 나타난 바로가기 메뉴에서 '생성' 아래 '상수'를 선택합니다. Input이라고 쓰여진 파란색 사각형이 핀 모드를 지정하는 선에 연결됩니다. 우리가 원하는 동작은 Input이 아니라 Output입니다. 파란색 사각형을 클릭해 보십시오. 그러면 Input/Output을 선택하게 되어 있습니다. Output을 선택하십시오. 지금까지 잘 따라오셨다면 블록다이어그램의 모습은 그림 A-15와 유사할 것입니다. 이제 스케치의 setup() 함수에서 pinMode(13, OUTPUT)을 호출하는 것과 동일한 일을 수행하도록 Set Digital Pin Mode 노드의 설정을 마쳤습니다.

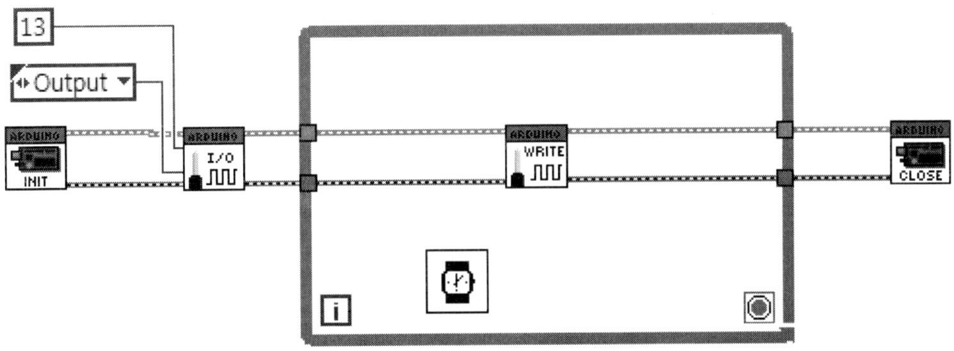

그림 A-15 Set Digital Pin Mode 터미널 설정

⑬ While 루프 노드 안에 있는 Digital Write Pin 노드의 왼쪽 면으로 마우스 커서를 옮기세요. 보이지 않던 파란색 선 두 가닥이 보입니다. 위 쪽 파란 선 위로 마우스 커서를 옮겨서 마우스 커서가 실타래 모양으로 변하면 마우스 왼쪽 버튼을 한 번 클릭하고 마우스를 이동하면 점선이 쭉 이어져 나옵니다. 13이라고 쓰여 있는 사각형 박스에서 나온 선에 마우스 커서를 올려놓고 한번 왼쪽 버튼을 클릭하시면 선이 연결됩니다. 점선으로 선을 그려 나가는 도중에 마우스 왼쪽 버튼을 한번 클릭하면 그 시점까지의 점선 궤적이 고정됩니다. 위 과정을 잘 수행하셨다면 블록다이어그램은 그림 A-16과 유사한 모양일 겁니다.

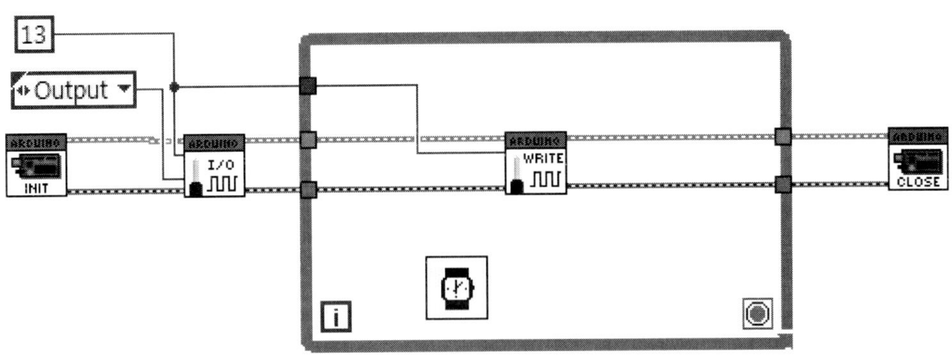

그림 A-16 Digital Write Pin 터미널에 핀 번호 지정

⑭ Digital Write Pin 노드는 digitalWrite() 함수와 동일합니다. 따라서 출력할 핀 번호와 출력할 값을 넘겨줘야 합니다. ⑫번 과정에서는 출력할 핀 번호를 알려줬습니다. Digital Write Pin 노드의 출력 핀은 13으로 지정하고 출력할 값으로 LOW와 HIGH를 반복적으로 넘겨준다면 아두이노 보드 13번 핀에 연결되어 있는 LED는 깜박이게 될 것입니다. 그림 A-16의 While 루프 노드 안쪽 왼쪽 밑을 보면 i라고 쓰여 있는 사각형 박스가 보입니다.

이 사각형 박스는 정수를 출력하는데 while 루프 노드가 실행될 때마다 그 값이 0부터 1씩 증가하게 됩니다. 즉 while 루프 노드가 몇 번 반복 수행했는지를 알려주는 것입니다. 이 i 박스(루프 인덱스)에서 나온 값을 2로 나누어 나머지를 취하면 i 박스의 값이 0, 1, 2, 3, … 증가할 때 그 값을 2로 나눈 나머지는 0, 1, 0, 1, … 형태 즉, LOW, HIGH, LOW, HIGH, … 형태가 될 것입니다. 이 값을 Digital Write Pin 노드에 넘길 것입니다. 마우스 커서를 블록다이어그램에 올려놓고 마우스 오른쪽 버튼 클릭해서 함수 팔레트를 실행시킵니다. 프로그래밍 그룹아래 '숫자형' 그룹 아래 '몫 & 나머지 터미널'을 선택하여 while 루프 노드 안에 배치시킵니다. 그리고 그림 A-17과 같이 연결합니다. 그리고 몫 & 나머지 노드의 왼쪽 면으로 마우스 커서를 옮겨 나타나는 연결하지 않은 핀 위에 커서를 위치시킵니다. 커서가 실타래로 바뀐 상태에서 마우스 오른쪽 버튼을 클릭해서 바로 가기 메뉴를 띄운 후 '생성' 아래 '상수'를 선택합니다. 그리고 생성된 상수 사각형을 더블 클릭해서 편집할 수 있게 되면 값을 2로 바꿉니다. 그림 A-18과 유사한 모습이어야 합니다.

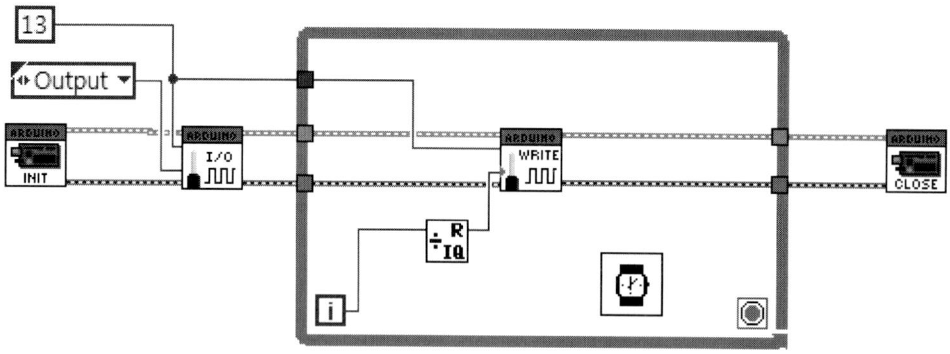

그림 A-17 몫 & 나머지 터미널 활용

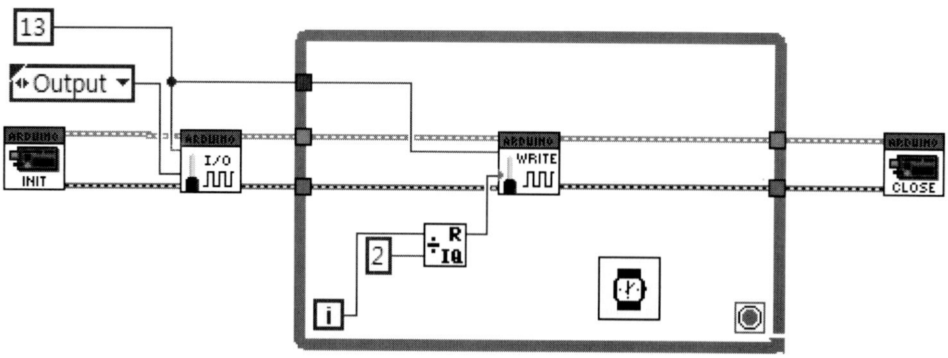

그림 A-18 몫 & 나머지 노드를 이용하여 0, 1, 0, 1… 반복 패턴 만들기

⑮ 이제 delay() 함수와 동일한 기능을 수행하는 시계 모양의 기다림(ms) 노드에 지연 시간을 정해 주는 일이 남아 있습니다. 기다림(ms) 노드의 왼쪽 면에 마우스 커서를 가져가면 연결되지 않은 선이 하나 보입니다. 마우스 커서를 그 연결되지 않은 선위에 올려놓습니다. 마우스 커서가 실타래로 바뀌면 마우스 오른쪽 버튼을 클릭해서 바로 가기 메뉴를 실행시키고 '생성' 아래 '상수'를 클릭합니다. 그리고 그 상수 값을 1000으로 바꿉니다. 단위는 ms이기 때문에 1초 지연하게 됩니다. 지금까지 작업을 잘 따라 오셨다면 그림 A-19과 유사한 모양의 블록다이어그램이 보일 것입니다. 그런데 블록다이어그램의 툴바에는 깨진 화살표 모양의 아이콘이 보입니다. 작성된 블록다이어그램에 에러가 있을 때 화살표 아이콘이 깨져서 보이게 됩니다. 이 블록다이어그램이 실행 불가능한 이유는 while 루프 노드가 언제 끝나는지 명확하게 표현하지 않았기 때문입니다.

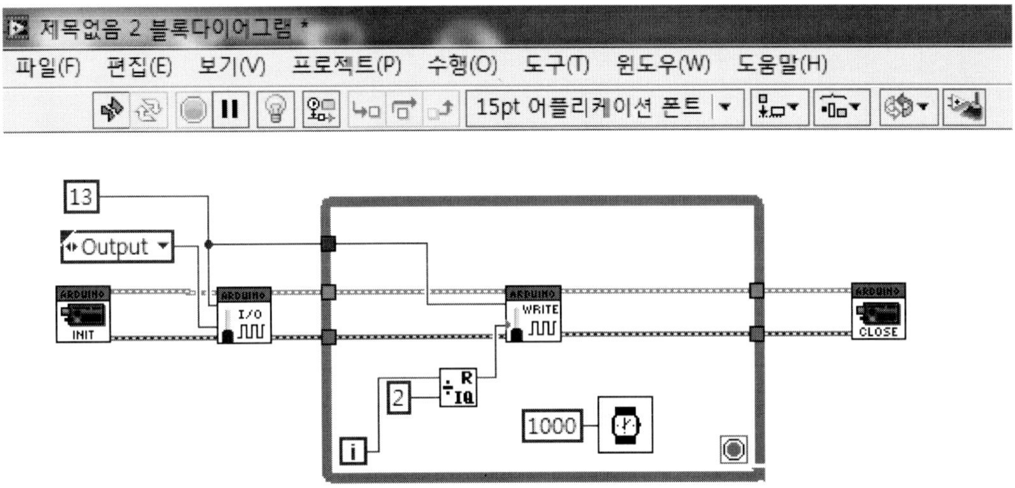

그림 A-19 실행 불가능-에러 발생

⑯ While 루프 노드 안의 오른쪽 아래를 보면 녹색 사각형 안에 붉은색 점이 있는 것이 보입니다. 마우스 커서를 그곳으로 옮깁니다. 사각형의 왼쪽 면에 마우스 커서를 올려 놓으면 커서는 실타래 모양으로 바뀝니다. 여기서 마우스 오른쪽 버튼을 클릭해서 바로 가기 메뉴를 띄운 후 '컨트롤 생성'을 선택합니다. 그러면 프런트 패널에는 버튼이 하나 생기고 그 버튼에 해당하는 터미널이 while 루프 노드의 탈출 조건에 연결됩니다. 지금까지 한 프로그램 코딩이 잘 되었다면 그림 A-20과 유사한 모양일 것입니다. 블록다이어그램의 툴바에 보이는 화살표 아이콘의 모양도 정상입니다. Ctrl+t를 누르십시오. 그러면 블록다이어그램과 프런트패널이 동시에 모니터 화면에 나타납니다. 프런트 패널에는 while 루프 노드를 빠져 나가기 위한 버튼이 보이고 있습니다.

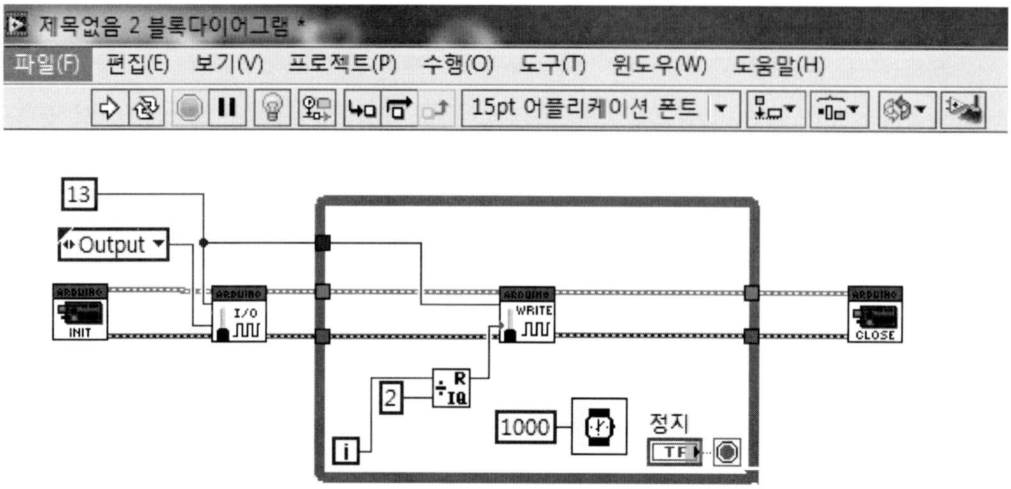

그림 A-20 LED 깜박이기 프로그램 완성

[Step 3] 랩뷰로 작성한 아두이노 구동 프로그램 실행시키기

A.2.4에서 말씀드린 LVIFA_Base.ino 프로그램이 이미 아두이노 보드에서 실행되고 있다면 이제 랩뷰로 작성한 위 코드를 실행시킬 수 있습니다.

① 만약 A.2.4에서 말씀드린 LVIFA_Base.ino이 아두이노 보드에 업로드 되어 있지 않다면 LVIFA_Base.ino을 업로드 한 후 통합개발환경 프로그램을 종료하십시오.

② 그런 다음 그림 A-17의 툴바에 보이는 화살표 아이콘을 클릭하십시오.

③ 이 프로그램을 종료하기를 원한다면, 즉 while 루프 노드에서 벗어나려면 프런트 패널에 있는 '정지' 버튼을 클릭하세요.

이번 A.3.1에서는 그저 따라 해보는데 의미를 두었습니다. 충분히 설명하지 못한 내용은 다음 A.3.2에서 조금씩 더 이야기를 풀어보겠습니다.

A.3.2 아두이노 제어하기

이번 '아두이노 제어하기'에서는 컴퓨터에서 실행 중인 랩뷰 프로그램으로 아두이노 보드의 13번 핀에 연결되어 있는 LED를 켜거나 꺼보도록 하겠습니다.

[Step 1] 랩뷰 실행시키기

A.3.1에서 랩뷰를 실행시켜서 새 VI를 만들어 빈 블록다이어그램에서 프로그램 작성을 시작했습니다. 이번에는 A.3.1에서 만들어 놓은 블록다이어그램을 수정해서 프로그램을 작성해 보겠습니다.

[Step 2] 프로그램 작성하기

① 먼저 그림 A-17에 보인 LED를 깜박이게 하는 프로그램에서 목&나머지 노드를 삭제합니다.

② 그리고 선 위에 x 표시가 된 끊어진 선을 ctrl+b를 눌러 삭제합니다.

③ 상수 2를 지웁니다.

④ 그리고 기다림(ms) 노드의 지연 시간을 지정한 값 1000을 더블 클릭해서 편집할 수 있는 모드로 전환하여 40으로 변경합니다. 위 과정을 수행하고 나면 블록다이어그램은 그림 A-21과 유사한 모습이 됩니다.

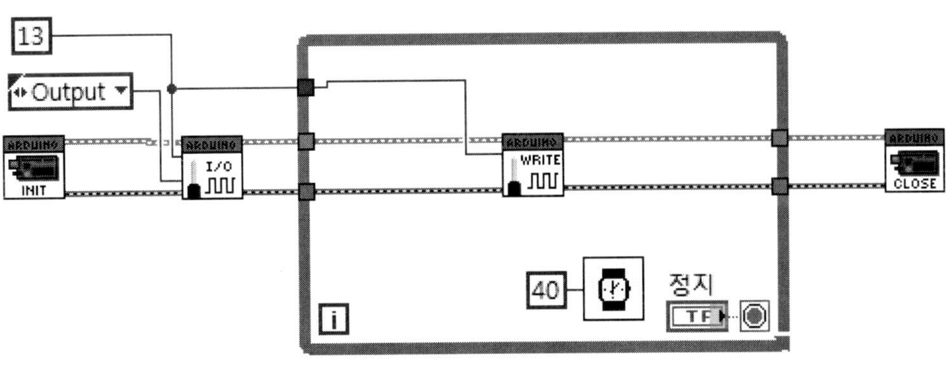

그림 A-21 블록다이어그램

⑤ 블록다이어그램과 프런트패널을 동시에 보기위해 ctrl+t를 누릅니다. 마우스 커서를 프런트 패널에 올려놓고 마우스 오른쪽 버튼을 눌러 컨트롤 팔레트를 띄웁니다. 랩뷰에서는 입력 기능을 갖는 것을 컨트롤이라고 부르고 출력 기능을 갖는 것은 인디케이터라고 부릅니다. 컨트롤 팔레트에는 컨트롤들과 인디케이터들을 모아 두었습니다. 컨트롤 팔레트의 일반 그룹 밑에 불리언 그룹을 선택하십시오. 그리고 불리언 그룹 밑에 '누름 버튼' 컨트롤이 그림 A-22와 유사하게 보입니다. 누름 버튼 컨트롤을 클릭하면 컨트롤 팔레트는 사라지고 마우스 커서 모양이 바뀝니다. 프런트 패널의 적당한 위치에 커서를 위치시킨 후 마우스를 클릭하면 프런트패널에 누름 버튼 컨트롤이 위치하게 됩니다. 그림 A-23과 유사한 프런트패널을 보실 수 있습니다.

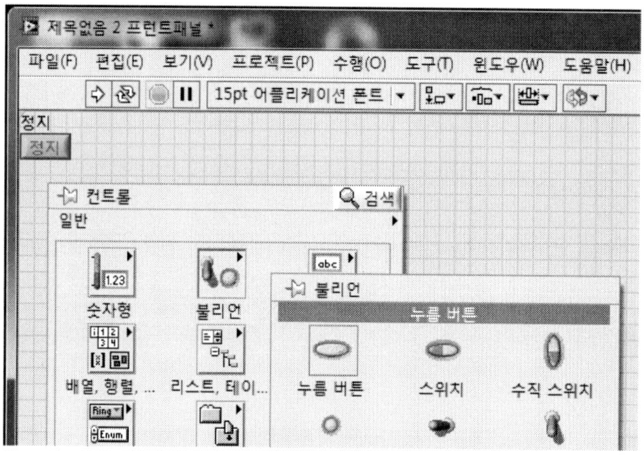

그림 A-22 프런트패널의 컨트롤팔레트에서 일반 아래 불리언 아래 누름 버튼

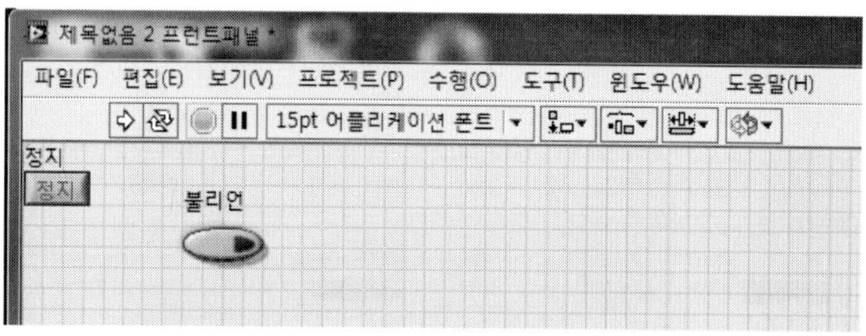

그림 A-23 누름 버튼을 프런트패널에 넣기

⑥ 프런트 패널은 이 프로그램이 실행될 때 모니터에 나타나는 실행 화면입니다. 이 프로그램을 완성한 후 실행시키면 그림 A-23과 같은 화면을 보게 됩니다.

⑦ 프런트패널에 올려놓은 누름 스위치 상태가 프로그램 소스 코드에 영향을 주도록 해야 합니다. 다시 블록다이어그램 창을 보십시오. 그러면 그림 A-24와 유사한 모습을 보시게 됩니다. 프런트 패널에 올려놓은 누름 스위치 컨트롤의 이름이 랩뷰에 의해 자동으로 '불리언'이라고 명명되었고 블록다이어그램에도 '불리언'이라는 이름의 터미널이 보입니다. 프런트패널에 어떤 변화를 주면 그 변화는 블록다이어그램에도 자동으로 반영됩니다.

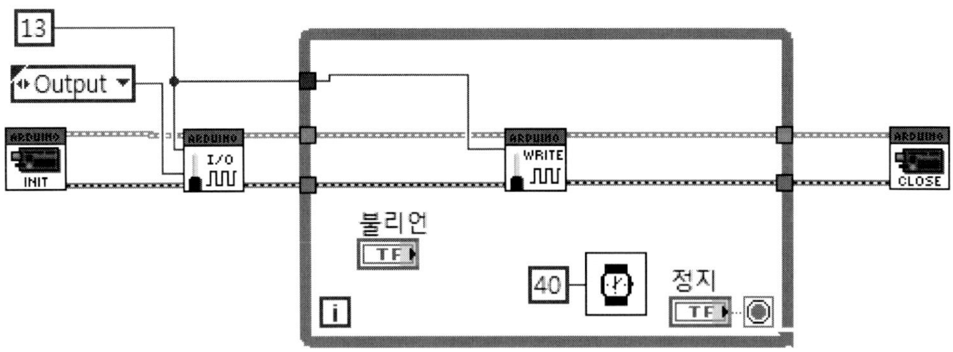

그림 A-24 누름 버튼 추가에 따른 블록다이어그램의 변화

⑧ 블록다이어그램에서 '불리언'이라는 글자를 더블 클릭해서 편집할 수 있게 만든 다음 '스위치'라고 누름 버튼 터미널의 이름을 바꾸겠습니다.

⑨ 이 누름 버튼의 출력 값의 형태는 참, 거짓인 불리언 값을 출력합니다. 그런데 Digital Write Pin 노드는 지정한 핀으로 출력할 데이터를 받을 때 0 또는 1의 정수를 받아들입니다. 따라서 불리언 값을 정수 값으로 변환해주는 노드가 필요합니다. 그림 A-25를 참고하여 '불리언을 (0,1)로' 노드를 찾으십시오. 블록다이어그램에 마우스 커서를 올려놓고 마우스 오른쪽 버튼을 클릭해서 함수 팔레트를 띄웁니다. 프로그래밍 그룹 아래, 불리언 그룹 아래, '불리언을 (0,1)로' 노드를 선택합니다.

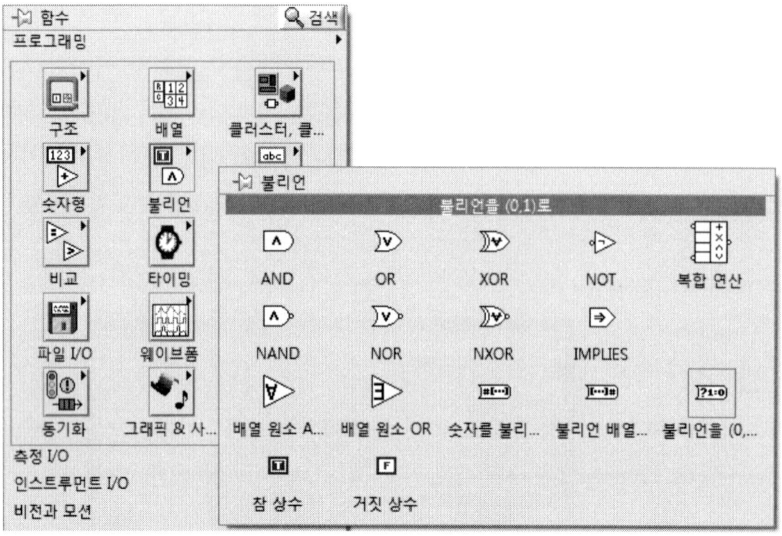

그림 A-25 불리언을 (0,1)로 터미널 위치

⑩ 블록다이어그램에서 스위치라고 명명한 누름 번튼 터미널의 오른쪽을 보면 검은색 화살표가 보입니다. 누름 버튼의 값이 출력되는 이 부분과 불리언을 (0,1)로 노드의 왼쪽을 연결합니다. 그리고 불리언을 (0,1)로 노드의 오른쪽을 Digital Write Pin 노드의 Value(0) 입력에 연결하십시오. 그러면 블록다이어그램은 그림 A-26과 유사한 모습을 하게 될 것입니다.

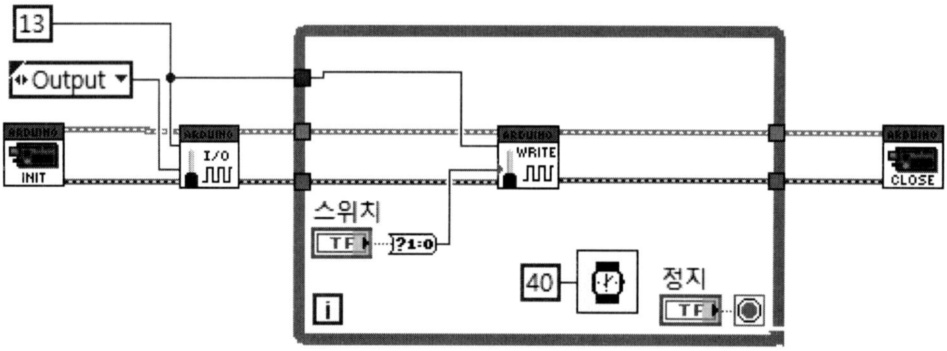

그림 A-26 스위치로 아두이노 보드의 13번 제어

[Step 3] 랩뷰로 작성한 아두이노 구동 프로그램 실행시키기

A.2.4에서 말씀 드린 LVIFA_Base.ino 프로그램이 이미 아두이노 보드에서 실행되고 있다면 이제 랩뷰로 작성한 위 코드를 실행시킬 수 있습니다.

① 만약 A.2.4에서 말씀드린 LVIFA_Base.ino이 아두이노 보드에 업로드 되어 있지 않다면 LVIFA_Base.ino을 업로드 한 후 통합개발환경 프로그램을 종료하십시오.

② 그런 다음 블록다이어그램이나 프런트패널의 툴바에 보이는 화살표 아이콘을 클릭하십시오.

③ 프런트패널의 누름 스위치를 마우스를 사용하여 눌러 보십시오. 클릭해보십시오. 그리고 아두이노 보드의 13번 핀에 연결된 LED의 상태를 확인하십시오.

④ 이 프로그램을 종료하기를 원한다면, 즉 while 루프에서 벗어나려면 프런트 패널에 있는 '정지' 버튼을 클릭하세요.

그런데 말이죠…!!

그런데 말이죠… 친절한 설명은 안하고 자꾸 따라 해보라고만 하는 것 같아 살짝 실망을 하셨을 수도 있는데 이렇게 생각해 주세요. 모방은 창조의 어머니!

그리고 원하는 부품 그러니까 원하는 노드 찾기가 너무 어렵다는 생각이 들 것입니다. 랩뷰를 처음 접하는 분들의 공통된 생각이 아닐까 싶네요. 그러나 조금만 더 만지작거리면 금세 익숙해집니다.☺ 함수 팔레트에 있는 많은 노드들은 성격과 특성에 맞게 잘 그룹 지어져 있습니다. 몇 번만 더 프로그램을 작성해 보시면 그런 부담감은 사라질 것입니다.

A.3.3 아두이노 모니터링 하기

제 1부의 4.2.3에서 온도센서(TMP36)를 이용하여 주변 온도를 측정한 후 직렬통신을 이용하여 시리얼 모니터로 그 값을 확인해 봤습니다. 이번 A.3.3에서도 온도센서(TMP36)를 이용하여 주변 온도를 측정하고 그 값을 랩뷰로 처리해서 모니터에 띄우는 예를 살펴보겠습니다.

[Step 1] 랩뷰 실행시키기

A.3.2에서 기존에 만들어 놓았던 VI를 이용한 것처럼 이번에도 이전에 작성한 VI를 수정하여 프로그램을 작성하겠습니다.

[Step 2] 프로그램 작성하기

① 그림 A-26의 블록다이어그램에서 스위치라고 명명한 누름 버튼 터미널을 제거합니다. 불리언을 (0,1)로 노드도 제거합니다.

② 기다림(ms) 노드의 지연 시간을 500으로 변경합니다.

③ Digital Write Pin 노드를 Analog Read Pin 노드로 바꾸기 위해 Digital Write Pin 노드를 지운 후 Analog Read Pin 노드를 함수 팔레트에서 찾아서 넣을 수도 있으나 여기서는 Digital Write Pin 노드를 Analog Read Pin 노드로 대체하는 방법을 쓰겠습니다. 먼저 Digital Write Pin 노드 위에 마우스 커서를 올려놓습니다. 그리고 마우스 오른쪽 버튼을 클릭해서 바로 가기 메뉴를 띄운 다음 '대체' 아래 'Low Level 팔레트' 아래 Analog Read Pin 노드를 선택합니다. 그러면 Digital Write Pin 노드가 Analog Read Pin 노드로 대체됩니다. 그리고 Analog Read Pin 노드의 왼쪽 면에 마우스 커서를 가져가면 연결되지 않은 선 하나가 나타나며 그 선의 이름은 Analog Read Input Pin(0)입니다. 이 핀 위에 마우스 커서를 올려놓고 오른쪽 버튼을 클릭해서 바로 가기 메뉴를 띄운 다음 '생성' 아래 '상수'를 클릭합니다. 블록다이어그램은 그림 A-27과 유사한 모습이 될 것입니다.

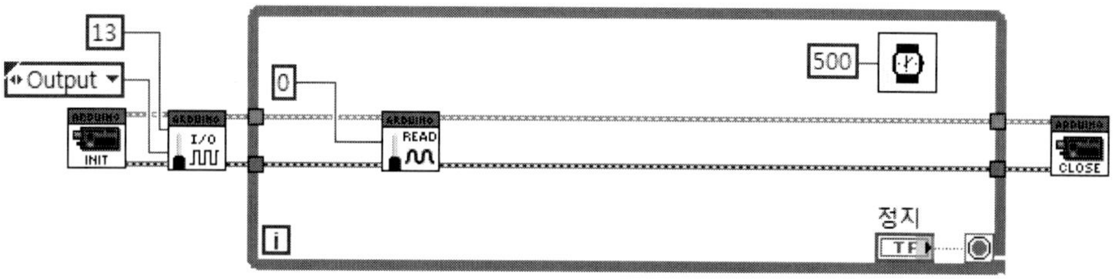

그림 A-27 Analog Read Pin 터미널 넣기

④ 그림 A-27의 Analog Read Pin 노드의 출력으로 나온 신호는 아두이노의 아날로그 입력 0번 핀에 걸린 전압 값입니다. 이 전압 값을 이용하여 온도로 환산하는 식은 제 1부의 4.2.3에서 설명했습니다. 이 환산 식을 적용하면 그림 A-28과 유사한 블록다이어그램이 됩니다.

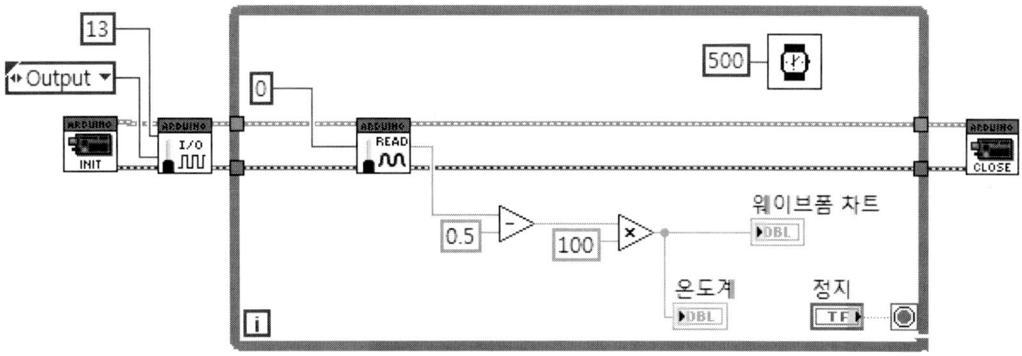

그림 A-28 온도센서의 출력을 온도 값으로 환산하여 출력

⑤ 그림 A-28에서 보이는 삼각형 모양의 '-' 노드나 'x' 노드는 함수 팔레트의 프로그래밍 그룹 아래 숫자형 그룹 안에 있습니다. 그리고 0.5나 100과 같은 상수 생성은 마우스 커서를 노드의 해당 핀에 가져다 놓고 마우스 오른쪽 버튼 클릭해서 바로 가기 메뉴를 띄운 후 '생성' 아래 '상수'를 선택하시면 됩니다. 그리고 생성된 상수를 더블 클릭하시면 새로운 값을 지정할 수 있는 편집 모드가 됩니다.

⑥ 웨이브폼 차트 인디케이터와 온도계 인디케이터를 추가해 보겠습니다. 프런트 패널을 선택한 다음 마우스 오른쪽 버튼을 클릭해서 컨트롤 팔레트를 띄웁니다. '일반' 그룹 아래 '숫자형' 그룹 아래에 온도계 인디케이터가 있습니다. 웨이브폼 차트 인디케이터는 컨트롤 팔레트의 '일반' 그룹 아래 '그래프' 그룹 내에 있습니다.

⑦ 그림 A-28과 같이 선으로 연결합니다.

⑧ 프로그램 작성이 잘 마무리 되었다면 프런트 패널이나 블록다이어그램의 툴바에 보이는 화살표 아이콘의 모양이 정상적으로 나타날 것입니다. 그림 A-29에는 지금 작성한 블록다이어그램에 대한 프런트 패널을 보여주고 있습니다.

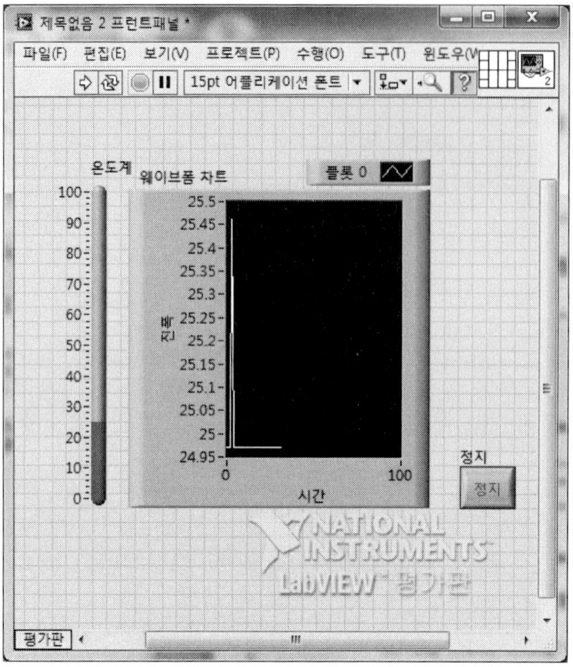

그림 A-29 온도 모니터링 프런트 패널

[Step 3] 랩뷰로 작성한 아두이노 구동 프로그램 실행시키기

① 먼저 아두이노와 온도센서가 적절하게 연결되어 있어야 합니다. 제 1부의 4.2.3에서 제시한 바 있습니다만 그림 A-30에 다시 한번 보여드리겠습니다.

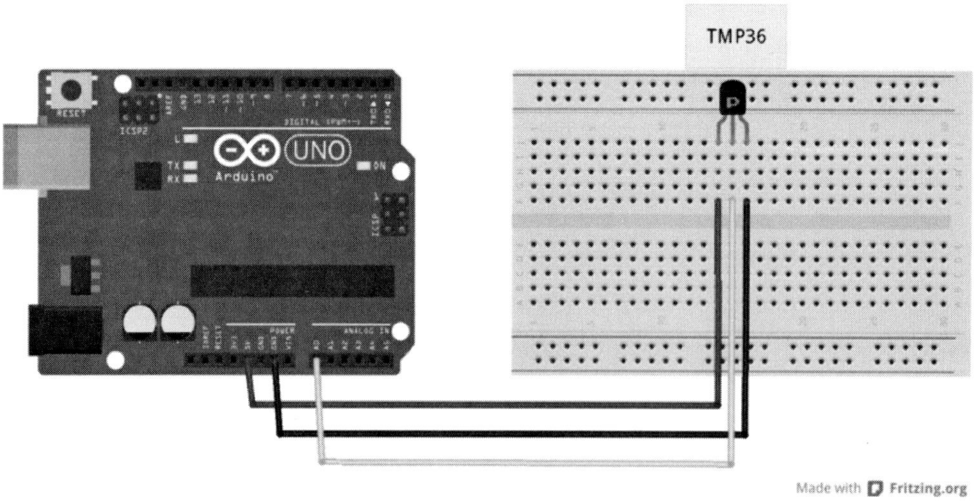

그림 A-30 아두이노와 온도센서 TMP36 결선 예

② 만약 A.2.4에서 말씀 드린 LVIFA_Base.ino가 아두이노 보드에 업로드 되어 있지 않다면 LVIFA_Base.ino을 업로드 한 후 통합개발환경 프로그램을 종료하십시오.

③ 그런 다음 블록다이어그램이나 프런트패널의 툴바에 보이는 화살표 아이콘을 클릭하십시오.

④ 온도센서를 손을 쥐었다 놓았다 하면서 프런트 패널의 온도계와 차트를 관찰하십시오.

⑤ 이 프로그램을 종료하기를 원한다면, 즉 while 루프에서 벗어나려면 프런트 패널에 있는 '정지' 버튼을 클릭하세요.

예제 A

[예제 A-1] 실습 내용 및 목표

A.3.3에서는 온도 센서로부터 얻은 전압 값을 이용하여 온도 값을 산출하고 그 결과를 컴퓨터 모니터에 출력하는 프로그램을 만들어봤습니다. 이 프로그램을 이용하여 설정한 온도 이상으로 주변 온도가 올라가면 에어컨을 가동시키는 프로그램을 작성해보겠습니다. 실질적으로 에어컨을 가동할 수는 없으므로 불리언 인디케이터인 '원형 LED' 인디케이터에 불이 들어오도록 하겠습니다. 주변 온도가 설정 온도를 밑돌면 에어컨 가동을 중단했다는 뜻으로 '원형 LED'을 끄겠습니다.

[예제 A-2] 회로 구성

회로 구성은 그림 A-30과 같이 하시면 됩니다.

[예제 A-3] 랩뷰 프로그램

A.3에 들어와서 세 개의 랩뷰 프로그램을 작성해 봤습니다. 그림 A-31에 보인 블록다이어그램을 보고 이제 스스로 작성해 보시기 바랍니다.

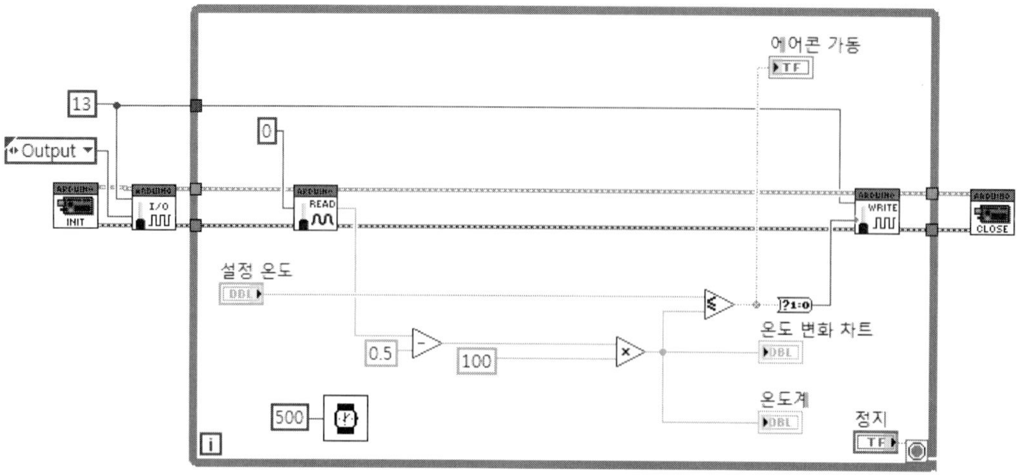

그림 A-31 설정 온도 이상이면 에어컨 가동

부록 B
아두이노 릴리패드

B.1 아두이노 릴리패드 소개

이하 기술되는 내용은 아두이노를 이용하여 스케치를 작성해 본 경험이 있다고 가정하고 설명을 합니다. 아두이노에서 실행될 스케치를 작성해 본 경험이 많지 않다면 최소한 컴퓨터 사용에 익숙하신 분이라는 가정을 하고 설명하고 있습니다.

B.1.1 릴리패드

릴리패드란 아두이노 호환 보드로 기능과 프로그래밍을 하는 측면에서 아두이노 우노 보드와 동일합니다. 릴리패드의 외형은 옷이나 가방 등에 부착하여 센서와 같은 소자를 전도성 실을 이용하여 연결할 수 있도록 되어 있습니다.

그림 B-1은 릴피패드 중 릴리패드 심플 보드의 모습입니다. 이 보드는 아두이노 우노와 같이 ATmega328을 MCU로 채택하고 있습니다. 릴리패드 심플 보드의 경우 보드 가장자리에 보드 외부와 연결할 수 있는 11개의 접점이 있는데 이 중 2개는 전원을 연결하기 위한 접점이고 나머지 9개는 신호를 주고받기 위한 접점입니다. 이 접점은 마치 단추처럼 가운데 구멍이 나 있어 전도성 실을 이용하여 바느질하는 형태로 외부 소자(센서, LED, 스위치 등)와 연결할 수 있습니다.

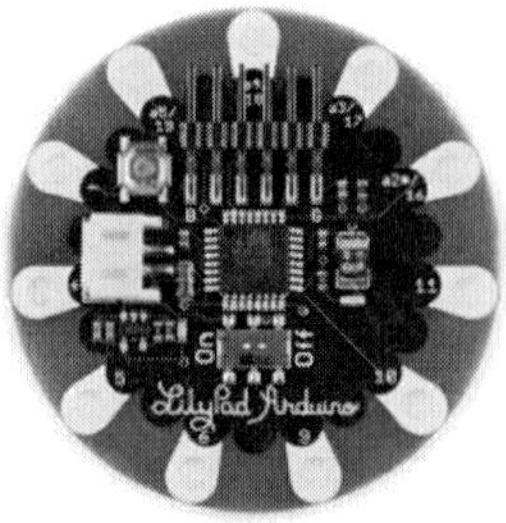

그림 B-1 릴리패드 심플 보드

B.2 릴리패드에 학습을 위한 키트와 준비물

릴리패드를 활용법을 학습하기 위해 그림 B-2와 같은 키트를 사용할 것입니다. 이 키트는 그림 B-3과 같은 릴리패드 개발 보드가 포함되어 있습니다.

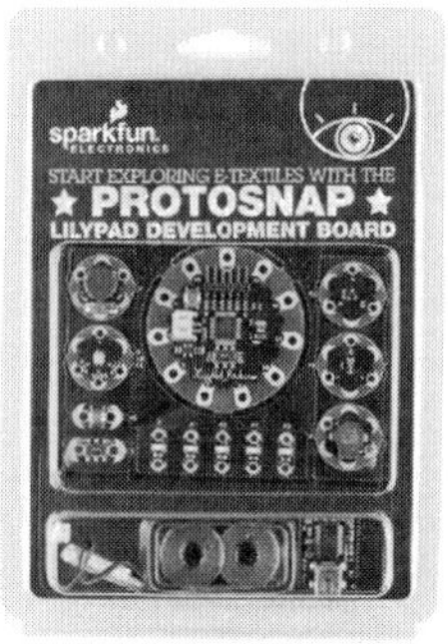

그림 B-2 ProtoSnap-LilyPad Development Board

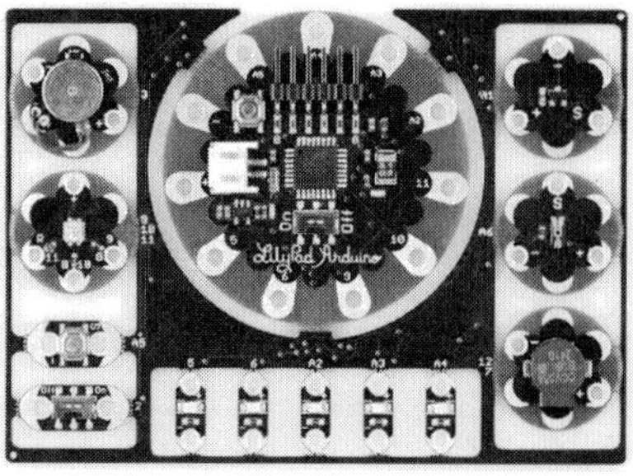

그림 B-3 LilyPad Development Board

그림 B-2에 보인 키트에서 두 가지만 우선 사용하겠습니다. 나머지 부품을 잘 챙겨 두시기 바랍니다. 그림 B-3의 릴리패드 개발 보드를 사용합니다. 그리고 그림 B-4에 보인 USB 시리얼 변환기인 FTDI 보드를 사용할 것입니다. 그리고 키트에는 포함되어 있지 않아서 별도로 마련해야 하는 그림 B-5에 보인 한쪽은 A 타입 그리고 한쪽은 mini B 타입인 USB 케이블이 필요합니다.

그림 B-4　FTDI 보드

그림 B-5　A Type-mini B Type USB 케이블

릴리패드에 학습을 위한 준비물은 ① 그림 B-2의 키트와 ② 그림 B-5의 USB 케이블입니다.

B.3 개발 보드와 컴퓨터 연결

[단계 1] 릴리패드는 스케치를 업로드 하기 위해서는 하드웨어 구성부터 해보겠습니다. 먼저 그림 B-6과 같이 USB-to-Serial 변환 보드인 FTDI 보드를 릴리패드에 연결하고 그 FTDI 보드를 USB 케이블로 컴퓨터와 연결합니다.

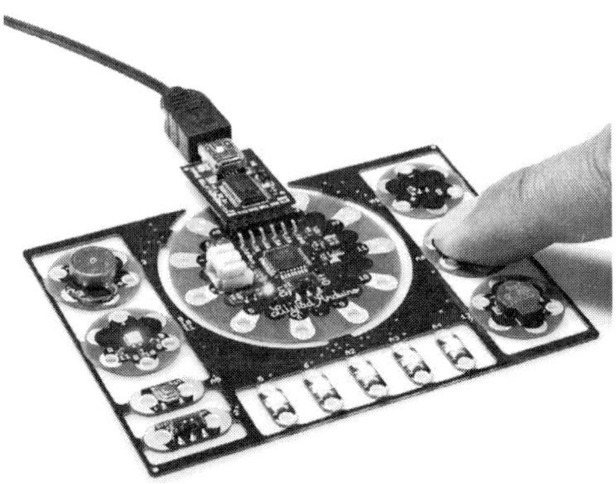

그림 B-6　하드웨어 구성

[단계 2] 컴퓨터가 USB 시리얼 변환기(FTDI) 드라이버를 자동으로 올려줍니다만 자동으로 인식되지 않는다면 수동으로 드라이버를 설치하셔야 합니다. 수동 설치를 할 경우 드라이버 파일은 여기(http://www.ftdichip.com/FTDrivers.htm)에서 찾으실 수 있습니다.

B.4 통합개발환경 설정

아두이노 통합개발환경에서 아두이노 우노 보드에 스케치를 업로드 하기 전에 확인해야하는 사항이 있었습니다. 스케치를 업로드하려는 보드가 다양한 아두이노 보드 중 어떤 보드인지 선택해야 했었고 해당 아두이노 보드가 몇 번 포트에 붙어 있는지를 확인했었습니다.

릴리패드 소개를 위해 사용할 릴리패드 개발 보드에는 그림 B-1에 보인 릴리패드 심플 보드와 여러 부가 소자로 구성되어있습니다. 아두이노 통합개발 환경에서 보드를 선택할 때 "LilyPad Arduino w/ATmega328"을 선택하시면 됩니다. 그리고 릴리패드가 연결되어 있는 포트도 적절하게 설정해 주셔야합니다.

B.5 릴리패드 개발 보드의 구성

그림 B-7의 릴리패드 개발 보드를 보면 각 소자를 기판에서 떼어내고 싶은 생각이 듭니다. 저만 그런가요? ☺ 릴리패드 개발 보드에 충분히 익숙해지기 전까지는 각각의 소자를 보드에서 떼지 마시라고 당부드립니다. 왜냐하면 소자를 떼어내면 가운데 원형으로 보이는 릴리패드와 소자를 전선으로 연결하시든 전도성 실로 연결하시든 적절한 방법으로 결선을 하셔야합니다만 그림 B-7의 릴리패드 개발 보드는 가운데 보이는 원형의 릴리패드 심플 보드와 주변 소자들이 전기적으로 연결이 되어 있는 상태입니다.

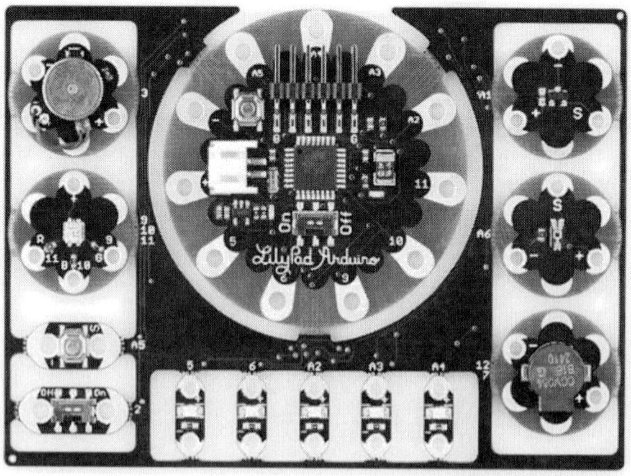

그림 B-7 LilyPad Development Board

릴리패드 개발 보드를 구성하고 있는 소자들을 살펴보겠습니다. 그림 B-7의 왼쪽 상단에는 진동 모터가 있으며 그 아래에는 3색 led, 푸시 버튼, 슬라이드 스위치가 릴리패드 심플 보드와 연결되어 있습니다. 그리고 반시계 방향으로 5개의 led와 부저, 조도센서, 온도센서가 부착되어 있습니다. 그리고 각각의 소자가 연결된 릴리패드 심플 보드의 핀 번호를 표 B-1에 보입니다.

표 B-1 릴리패드 개발 보드에서 각 소자와 연결된 릴리패드 심플 보드의 핀 번호

릴리패드의 핀 번호	연결된 소자	릴리패드의 핀 번호	연결된 소자
2	슬라이드 스위치	11	3색 LED(green)
3	진동 모터	12	부저(-)
5	LED	A2(16)	LED
6	LED	A3(17)	LED
7	부저 (+)	A4(18)	LED
9	3색 LED(red)	A5(19)	푸시 버튼
10	3색 LED(blue)	A6	조도 센서
		A1	온도 센서

B.6 릴리패드 개발 보드 테스트

릴리패드 개발 보드에 있는 각 소자를 하나씩 테스트해보기 앞서 친숙한 스케치를 하나 실행시켜보겠습니다. 아두이노 통합개발 환경에서 열기/01.Basic/Blink를 선택합니다. 그리고 그 스케치를 릴리패드에 업로드 합니다. 릴리패드 심플 보드의 13번 핀에 연결된 LED가 2초 주기로 깜박인다면 개발 준비가 잘 된 상태입니다.

B.6.1 진동 모터 테스트

진동 모터가 달린 소형 보드의 모습을 그림 B-8에 보이고 있습니다.

그림 B-8 진동 모터 보드

아래 스케치를 업로드 해보십시오.

```
void setup() {
   pinMode(3, OUTPUT);
}

void loop() {
      digitalWrite(3, HIGH);
      delay(1000);
      digitalWrite(3, LOW);
      delay(500);
}
```

표 B-1에 보였듯이 진동 모터는 릴리패드 심프 보드의 3번 핀에 연결되어 있습니다. 1000[ms] 동안 모터가 회전하고 500[ms] 동안 멈춥니다. 또한 릴리패드 심플 보드 3번 핀은 PWM 출력이 가능한 핀임으로 analogWrite() 함수를 이용하여 모터 속도를 제어해보십시요.

```
void setup() {
   pinMode(3, OUTPUT);
}

void loop() {
   analogWrite(3, 64);
   delay(500);
   analogWrite(3, 128);
   delay(500);
analogWrite(3, 192);
   delay(500);
analogWrite(3, 255);
   delay(1000);
analogWrite(3, 0);
   delay(1000);
}
```

B.6.2 삼색 LED

삼색 LED가 붙어 있는 소형 보드의 모습을 그림 B-9에 보이고 있습니다. 이 삼색 LED는 내부에 각기 다른 색(Red, Green, Blue)을 내는 3개의 LED를 하나로 만든 것입니다. 이 LED

보드는 + 공통 회로로 구성되어 있습니다. 즉 각 LED의 + 핀에 모두 + 전원을 연결해 놓고 켜려고 하는 LED의 - 핀에 LOW를 인가하면 해당 LED가 켜지는 구조입니다.

그림 B-9 삼색 LED

아래 스케치를 업로드 하십시오. 각각의 LED가 순차적으로 켜졌다가 꺼지기를 반복할 것입니다.

```
void setup() {
    pinMode(9, OUTPUT);
    pinMode(10, OUTPUT);
    pinMode(11, OUTPUT);
    digitalWrite(9, HIGH);
    digitalWrite(10, HIGH);
    digitalWrite(11, HIGH);
}

void loop() {
    digitalWrite(9, LOW);
    delay(1000);
    digitalWrite(9, HIGH);

    digitalWrite(10, LOW);
    delay(1000);
    digitalWrite(10, HIGH);

    digitalWrite(11, LOW);
    delay(1000);
    digitalWrite(11, HIGH);

}
```

C언어 프로그래밍에 좀 익숙하시다면 위에 보인 스케치와 아래 보인 스케치가 같은 동작을 한다는 것을 확인하실 수 있을 것입니다.

```
int ThreeColorLedPin[3] = { 9, 10, 11};

void setup() {
    for(int i = 0; i < 3; i++) {
      pinMode(ThreeColorLedPin[i] , OUTPUT);
      digitalWrite(ThreeColorLedPin[i], HIGH);
  }
}

void loop() {
    for(int i = 0; i < 3; i++) {
      digitalWrite(ThreeColorLedPin[i], LOW);
      delay(1000);
      digitalWrite(ThreeColorLedPin[i], HIGH);
  }
}
```

위 스케치가 업로드 되어 실행되면 1초마다 색을 바꾸면서 LED가 점등됩니다. 그런데 red LED가 점등되었을 때는 빨간색으로 보이고 blue LED가 점등되었을 때 파란색으로 보이는데 green LED가 점등되었을 때는 좀 모호한 색이네요. 두 가지 색을 동시에 점등시킬 수도 있으니 스케치를 수정하여 실행시켜 보시기 바랍니다. 또한 릴리패드 심플 보드의 9, 10, 11번 핀은 PWM 출력이 가능하니 analogWrite() 함수를 이용하여 다양한 색을 연출해 보시기 바랍니다☺.

B.6.3 푸시 버튼

푸시 버튼 보드의 모습을 그림 B-10에 보이고 있습니다. 릴리패드 개발 보드에는 릴리패드 심플 보드와 푸시 버튼 보드가 전기적으로 연결되어 있습니다. 푸시 버튼 스위치를 릴리패드 심플 보드에 연결하면서 풀업 저항이나 풀 다운 저항을 사용하지는 않았습니다. 따라서 내부 풀업저항을 활성화하여 스위치 입력을 받아들이기로 하겠습니다.

그림 B-10 푸시 버튼 보드

아래 스케치를 한번 보시죠. setup() 함수에서 푸쉬 버튼이 연결되어 있는 A5 핀에 대해 내부 풀업 저항을 활성화시켰기 때문에 별도의 부가회로(저항) 없이 푸시 버튼(스위치)을 연결할 수 있습니다. A5 핀은 내부 풀업 저항이 활성화되었기 때문에 평소에는 HIGH로 인식되다가 버튼을 눌렀을 때 LOW로 인식됩니다. 따라서 위 스케치가 실행되면 5번 핀에 연결된 led가 점등되어 있다가 스위치를 누르면 led가 소등될 것입니다.

```
void setup() {
    pinMode(A5, INPUT_PULLUP);
}

void loop() {
     int state = digitalRead(A5);
     digitalWrite(5, state);
     delay(50);
}
```

B.6.4 LED 사용하기

릴리패드 심플 보드에 LED를 연결해서 사용할 때 특별히 어려운 점은 없습니다. 아래 스케치를 스윽 한 번 보시면 되겠습니다.

```
const int ledpin[] = {5, 6, A2, A4, A3};
void setup()
{
      for(int i = 0; i< 5; i++) {
          pinMode(ledpin[i],OUTPUT);
    }
}
```

```
void loop()
{
      for(int i = 0; i< 5; i++) {
          digitalWirte(ledpin[i],HIGH);
          delay(500);
          digitalWirte(ledpin[i], LOW);
   }
}
```

B.6.5 부저 사용하기

릴리패드 개발 보드에 부착되어 있는 부저 보드를 그림 B-11에 보입니다. 부저 보드에는 + 표시된 접점과 - 표시된 접점이 있습니다. + 접점은 릴리패드 심플 보드의 7번 핀에 - 접점은 릴리패드 심플 보드의 12번 핀에 연결되어 있습니다.

그림 B-11 부저 보드

스케치를 보시겠습니다. 아래 스케치에서는 릴리패드 심플 보드의 12번 핀에 LOW를 출력하고 7번 핀에 HIGH 또는 LOW를 출력함으로써 부저에서 소리가 나도록 하고 있습니다.

```
void setup() {
  pinMode(7, OUTPUT);       // buzzer +
  pinMode(12, OUTPUT);      // buzzer -
  digitalWrite(12, LOW);
}

void loop() {
  digitalWrite(7, HIGH);
  delay(10);
  digitalWrite(7, LOW);
  delay(10);
}
```

tone() 함수를 이용한 스케치를 하나 더 보시겠습니다.

```
void setup() {
    pinMode(7, OUTPUT);       // buzzer +
    pinMode(12, OUTPUT);      // buzzer  −
    digitalWrite(12, LOW);
    tone(7, 1000);
}
void loop() {
}
```

B.6.6 조도 센서

릴리패드 개발 보드에 포함된 조도 센서 보드는 그림 B-12와 같은 모양입니다. 연결을 해야 하는 곳이 3군데라는 것을 짐작할 수 있습니다. +에는 전압을 걸어주고 -에는 그라운드를 연결하라는 의미입니다. 쉽게 말해서 전원 +와 −를 연결을 하라는 것입니다. 광량 변화에 따른 신호는 S라고 표현된 곳에서 출력됩니다. 이 조도 센서의 회로도를 그림 B-13에 보입니다.

그림 B-12 조도 센서 보드

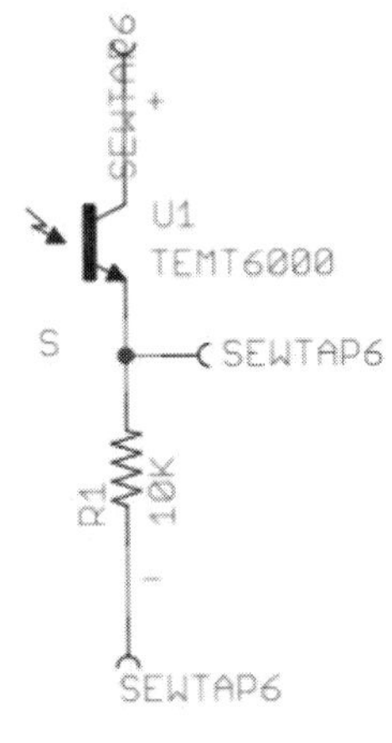

그림 B-13 조도 센서 회로도

조도 센서는 빛의 양에 따라 저항값이 변합니다. 그림 B-13을 보면 S라고 표현된 접점의 전압이 전압 분배에 의해 변한다는 것을 알 수 있습니다. 아래 스케치를 업로드 한 후 시리얼 모니터를 통해 조도 변화에 따른 센서 보드의 출력 전압값 변화를 확인하십시오.

```
void setup() {
  Serial.begin(9600);
}

void loop() {
  int sensorValue = analogRead(A6);      // A6이라는 표현 대신 20이라고 써도 된다.
                                         // int sensorValue = analogRead(20);
  Serial.println(sensorValue);
  delay(100);
}
```

B.6.7 온도 센서

릴리패드 개발 보드에 포함되어 있는 온도 센서 보드는 그림 B-14와 같습니다. 온도 센서 보드 사용은 좀 복잡합니다.

그림 B-14 온도 센서 보드

온도 센서 보드에는 접점이 3개 있습니다. 전원을 공급하는 + 접점과 - 접점이 있고 온도 변화에 따라 센서 보드의 출력 전압이 변하는 S접점이 있습니다. 릴리패드 개발 보드에서 이 온도센서 보드의 S 접점은 릴리패드 심플 보드의 A1 핀과 연결되어 있습니다. 따라서 아래 스케치가 실행될 때 시리얼 모니터 창을 통해 온도 변화를 확인하실 수 있습니다.

```
void setup() {
 Serial.begin(9600);
}
void loop() {
    int sensorValue = analogRead(A1);
    Serial.println(sensorValue);
    delay(100);
}
```

그러나 위 스케치에서는 실제 온도 값을 읽어 오는 것이 아니라 단순히 온도센서 보드가 온도 변화에 따라 변하는 출력 전압 값을 디지털 부호화해서 출력하고 있습니다. 이 온도센서 보드에는 MCP9700이라는 온도센서가 달려 있는데 측정된 온도 값과 출력 전압 사이에는 다음과 같은 관계가 있습니다.

$$Vo = Tc \times Ta + V0$$

Vo는 센서 출력 전압이고 V0는 0도에서 센서 출력 전압(약 0.5[V])이며 Tc는 온도 계수(여기서 온도 계수는 10[mV/C])입니다. 그리고 Ta는 주변 온도 값을 의미합니다. 따라서 실제 온도 계산은 아래와 같이 할 수 있습니다.

$$Vo = 0.01 \times Ta + 0.5$$

$$Ta = (Vo - 0.5) \times 100$$

위 관계식을 이용하여 스케치를 다시 만들었습니다.

```
void setup() {
  Serial.begin(9600);
}

void loop() {
  float Temp;
  int sensorValue = analogRead(A1);
  float voltage = (float)sensorValue * 3.3 / 1024.0;
  Temp = (voltage - 0.5) * 100;
  Serial.println(Temp);
  delay(100);
}
```

릴리패드 심플 보드의 구동 전압이 5[V]냐 3.3[V]냐에 따라 코딩이 달라져야 합니다. 구동 전압이 5[V]인 경우 float voltage = (float)sensorValue * 5.0 / 1024.0;으로 코딩해야 하며 구동 전압이 3.3[V]인 경우 float voltage = (float)sensorValue * 3.3 / 1024.0;으로 코딩해야합니다.

부록 C

아두이노를 위한 스크래치 소개

스크래치(Scratch)는 컴퓨터 프로그래밍을 처음 접하시는 분들이나 초중고 학생들에게 프로그래밍 기법을 가르치기 위해 MIT(Massachusetts Institute of Technology)에서 개발한 프로그램을 작성하는 소프트웨어입니다. 이런 스크래치(Scratch)라는 프로그램에 기반을 둔 "아두이노를 위한 스크래치"라는 툴을 이용하여 아두이노라는 소형 컴퓨터 보드를 운영하는 방법을 소개합니다. 아두이노를 위한 스크래치(Scratch for Arduino, S4A)는 문자로 프로그램 코드를 작성하는 것이 아니라 직관적으로 그 의미를 알 수 있는 그래픽 블록을 서로 연결하여 프로그램을 작성합니다. 따라서 누구나 쉽게 프로그래밍 세계에 들어오실 수 있습니다. 쉽게 배워서 사용할 수 있는 S4A를 이용하여 아두이노라는 소형 컴퓨터를 제어하는 방법을 소개합니다.

아두이노를 위한 스크래치(Scratch for Arduino, S4A)에 대해 더 친절하고 자세한 이야기가 필요하신 분은 책, 『아두이노를 위한 스크래치 배우기(김성필 저, 복두출판사)』을 보시기 바랍니다.

C.1 개발 환경 구축

[단계 1] S4A는 S4A 공식 홈페이지(http://s4a.cat)에서 최신 버전의 프로그램을 다운 받을 수 있습니다. 그림 C-1에 보인 S4A 공식 사이트의 메뉴를 살펴보면 Downloads 탭이 보일 것입니다.

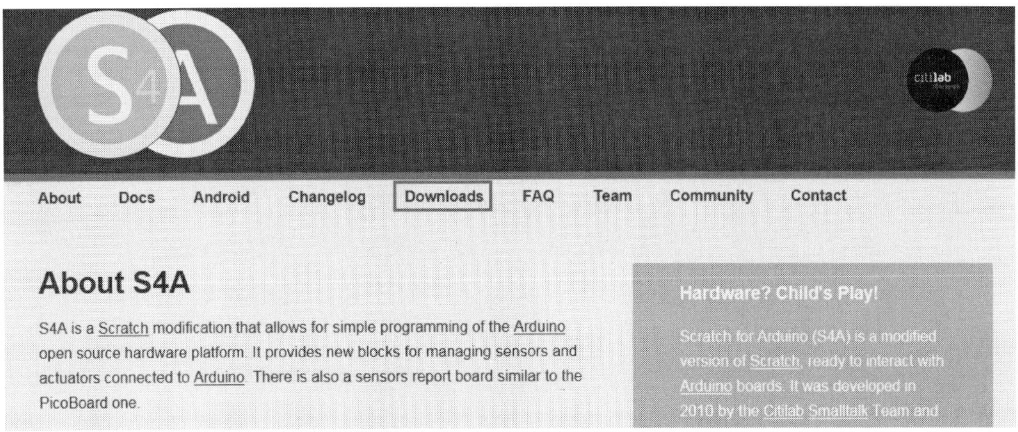

그림 C-1　S4A 공식 사이트

[단계 2] 이 Downloads 글씨를 클릭하여 새롭게 열린 페이지에서 사용하고 있는 OS 종류별로 S4A를 다운 받을 수 있도록 되어 있습니다. 저는 Windows 7을 사용하고 있기 때문에 그림 C-2에서 Windows를 클릭했습니다.

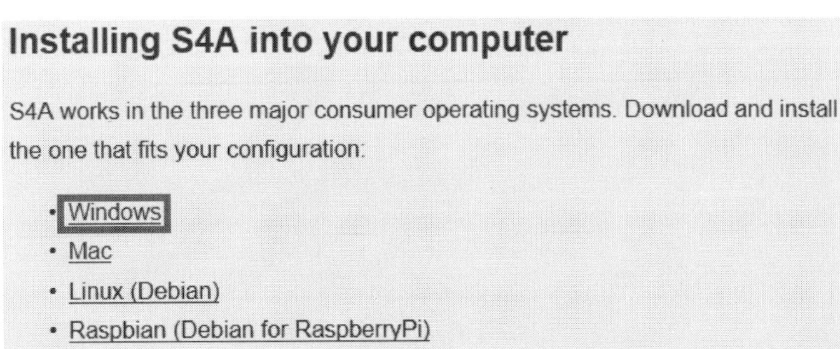

그림 C-2　운영체제에 따른 S4A 다운로드

[단계 3] 다운로드 된 파일, "S4A15.exe"를 더블 클릭하여 실행시킵니다. 그러면 설치 마법사가 실행됩니다. 아래 그림 C-3과 같은 창이 나타나면 화면 하단의 "Next〉" 버튼을 클릭합니다.

그림 C-3 S4A 설치 마법사 실행

다음으로 라이선스에 동의하는지 묻고 있습니다. “I accept the agreement”를 선택하고 “Next 〉” 버튼을 클릭합니다. 다음에는 S4A를 어느 폴더에 설치할 것이지는 묻습니다. 설치 경로 변경 없이 “Next 〉” 버튼을 클릭하세요. 대부분의 프로그램 설치 과정과 유사하게 계속 “Next〉” 버튼을 클릭하시면 됩니다. 그리고 그림 C-4와 같은 창이 나타나면 “Install” 버튼을 클릭하십시오.

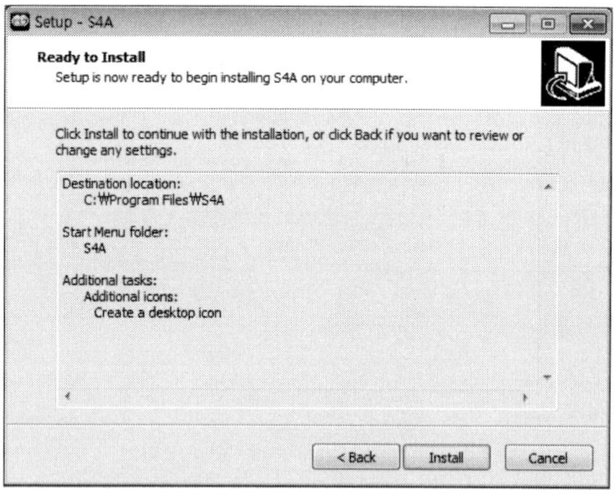

그림 C-4 설치 준비 알림

그러면 설치가 진행되는 과정을 보여주는 창이 나타납니다. 설치가 완료되면 그림 C-5와 같은 창이 보입니다. 창의 하단에 보이는 “Finish” 버튼을 클릭하여 설치를 완료하십시요.

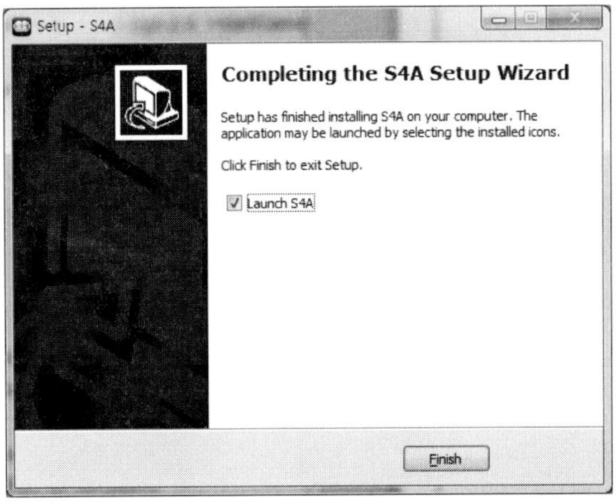

그림 C-5 설치 완료

C.2 개발 환경 간단 설명

설치가 완료되면 그림 C-7과 같은 S4A가 화면에 나타날 것입니다. 그림 C-7과 같은 S4A가 나타나지 않는다면 바탕화면에 있는 S4A 바로 가기 아이콘을 더블 클릭해서 실행시킵니다. S4A의 통합개발환경의 화면 구성을 살펴보기 앞서 "블록 코드"에 대해 알아보겠습니다.

그림 C-6

블록 코드들을 기능에 따라 8종류 구분하여 묶어 놓았으며 각각의 블록 그룹을 선택할 수 있는 버튼이 그림 C-7의 왼쪽 상단에 보입니다. 파란색의 "동작" 버튼을 클릭하면 동작과 관련된 블록 코드들이 왼쪽 아래 나타납니다. "동작" 관련 블록 코드들은 모두 파란색입니다.

버튼 왼쪽에 황색 때가 있는 "제어" 버튼을 클릭하면 제어와 관련된 블록 코드들이 보이게 됩니다. 그림 C-7에서 가운데 부분은 스프라이트 영역인데 이 영역은 현재 선택된 스프라이트 정보를 보여주는 부분과 현재 선택된 스프라이트에 대한 스크립트, 모양, 소리로 설정할 수 있는 영역으로 구성되었습니다. 그림 C-8의 왼쪽 위를 보이는 공간을 "무대"라고 부릅니다.

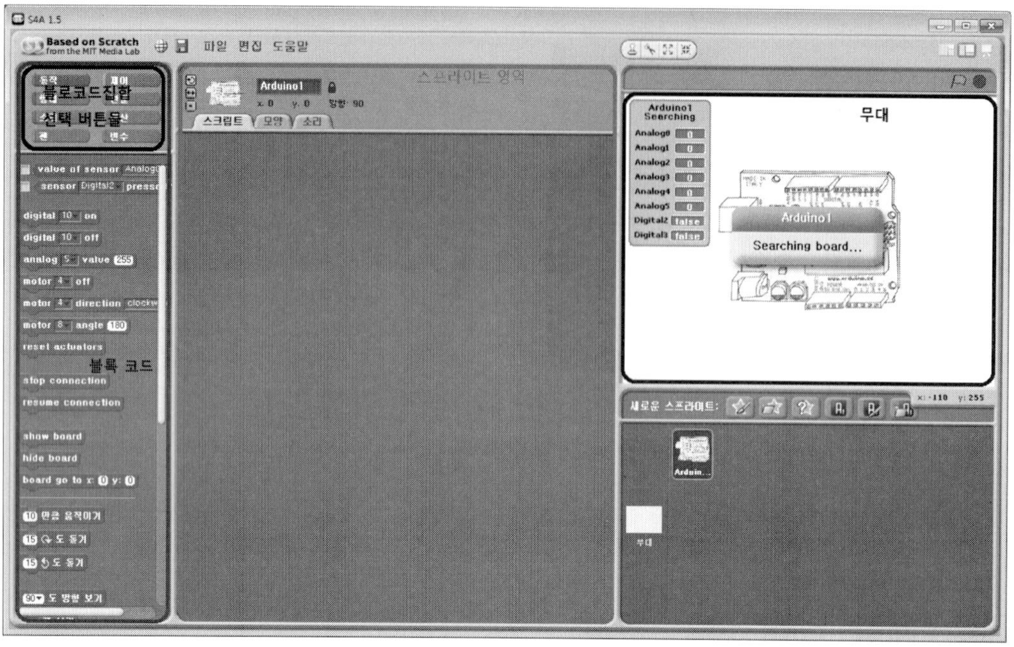

그림 C-7 S4A 실행 화면

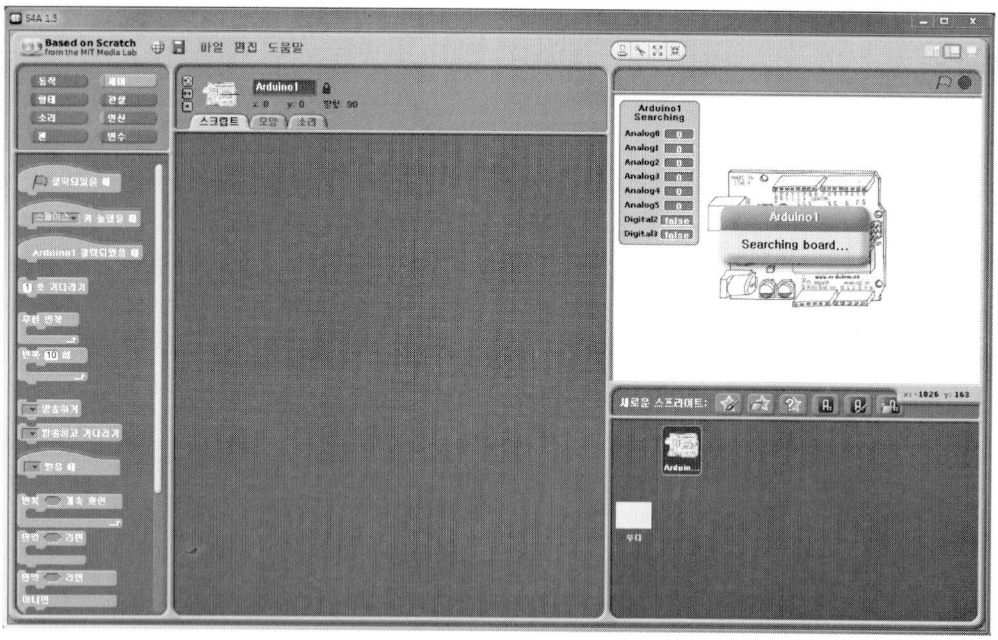

그림 C-8 제어 블록을 선택한 화면

C.3 S4A로 작성한 첫 번째 프로그램

S4A를 이용한 첫 번째 프로그램을 작성해 보겠습니다. 일단 단계별로 따라와 보시기 바랍니다.

[단계 1] S4A를 실행합니다. 그림 C-9에 보인 S4A의 주 메뉴에서 파일 아래 새로 만들기를 선택합니다. 그러면 S4A의 모습은 그림 C-10과 유사할 것입니다.

그림 C-9 S4A의 주 메뉴

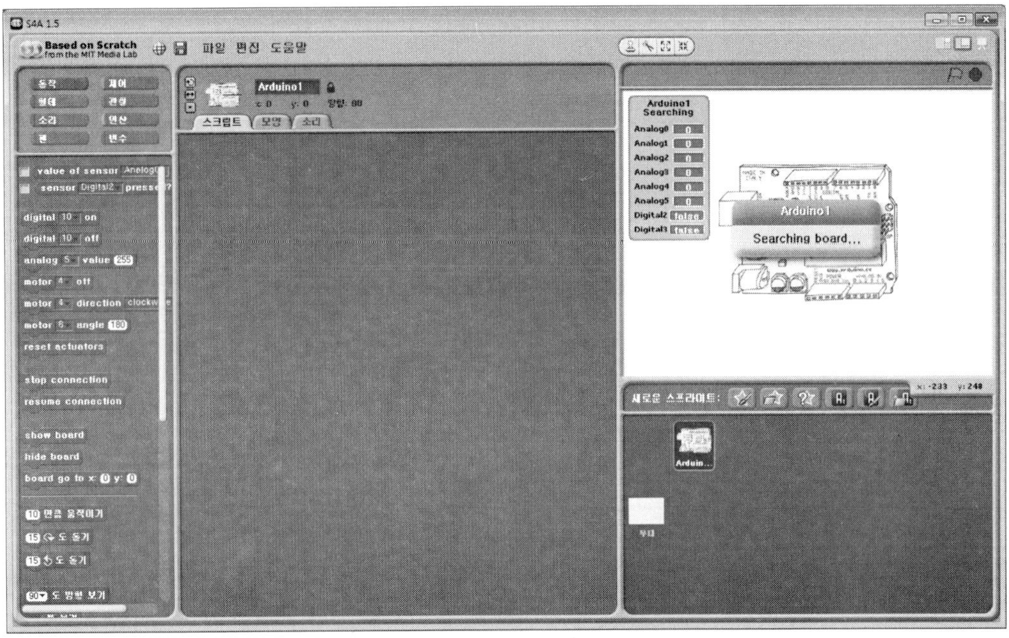

그림 C-10 S4A의 실행 화면

[단계 2] 당장은 아두이노 스프라이트를 사용하지 않을 것이기 때문에 Arduino1 스프라이트를 삭제하겠습니다. 그림 C-11의 영역에서 Arduino1 스프라이트를 클릭하여 선택합니다. 마우스 오른쪽 버튼을 클릭하여 나타난 팝업 메뉴에서 삭제를 선택합니다. 그러면 그림 C-11 영역에서 아두이노 스프라이트가 사라지고 무대에서 아두이노 이미지가 사라집니다.

그림 C-11　아두이노 스프라이트 삭제

[단계 3] 스프라이트 영역에서 스크립트 탭을 클릭합니다.

[단계 4] S4A의 왼쪽 상단 영역을 그림 C-12에 보이고 있습니다. 노란색 때가 쳐져 있는 제어 버튼을 클릭합니다. 아래 보이는 " 클릭되었을 때" 블록 코드를 클릭하고 마우스 버튼을 누를 체로 마우스를 이동시키면 " 클릭되었을 때" 이미지가 움직입니다. "~ 클릭되었을 때" 블록을 스크립트 영역으로 옮긴 다음 마우스 버튼을 누르고 있던 손을 놓습니다.

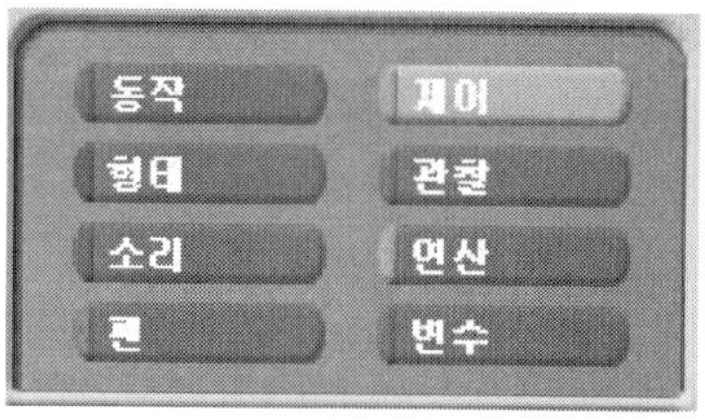

그림 C-12　블록 코드 집합 선택 버튼

[단계 5] 그리고 "반복 10회" 블록 코드도 스크립트 영역으로 옮겨 놓습니다.

[단계 6] 그림 C-12의 영역에서 소리 버튼을 클릭합니다. 그리고 "끝날 때까지 꺼내기 소리내기" 블록을 그림 C-13과 같이 스크립트 영역으로 옮겨 놓습니다.

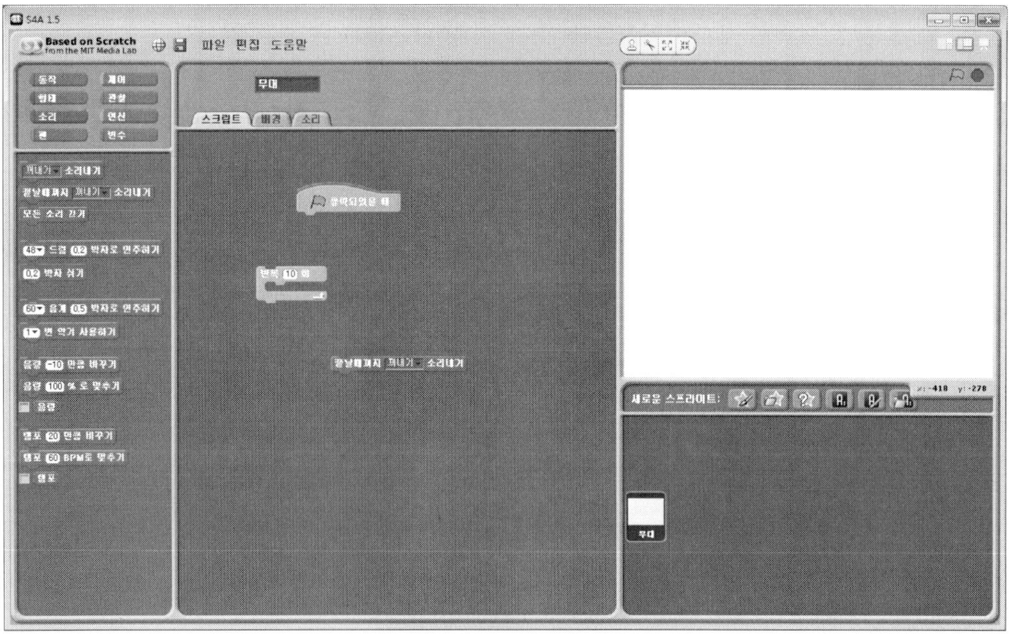

그림 C-13 블록 코드 스크립트 영역으로 옮겨 놓기

[단계 7] 세 개의 블록 코드가 스크립트 영역에 있습니다. 이 블록들을 그림 C-14와 같은 모습이 되게 만드세요. 블록을 마우스로 클릭한 다음 클릭한 다음 마우스 버튼에서 손을 때지 않고 마우스를 이동하면 블록을 이동시킬 수 있습니다.

그림 C-14 블록 코딩

[마지막 단계] 그림 C-13의 S4A 실행 화면에서 왼쪽 위를 보면 녹색 깃발 모양의 아이콘이 있습니다. 이 아이콘을 클릭하면 프로그램이 실행됩니다. 실행 아이콘을 클릭해 보십시오. 컴퓨터에 스피커가 연결되어 있다면 어떤 소리를 10번 들리는 것을 확인하실 수 있습니다.

S4A 실행 화면 왼쪽 위에 있는 녹색 깃발의 실행 아이콘( )이 클릭되면 " 클릭되었을 때" 블록이 실행됩니다. 그리고 " 클릭되었을 때" 블록 아래로 연결되어 있는 블록들이 실행됩니다. "반복 10회" 블록은 "반복 10회" 블록이 감싸고 있는 블록들을 10번 반복 수행합

니다. "끝날 때까지 커내기 소리내기" 블록은 소리 '꺼내기' 파일을 읽어서 그 소리 파일의 처음부터 끝까지 소리가 나게 합니다. 그래서 꺼내기 소리 파일이 10번 플레이 됩니다.

C.4 S4A에 아두이노 인식시키기

C.4.1 아두이노 통합개발환경 프로그램 설치

S4A를 실행시키면 모니터에 아래 그림 C-15와 같은 S4A 실행 화면을 보실 수 있을 것입니다.

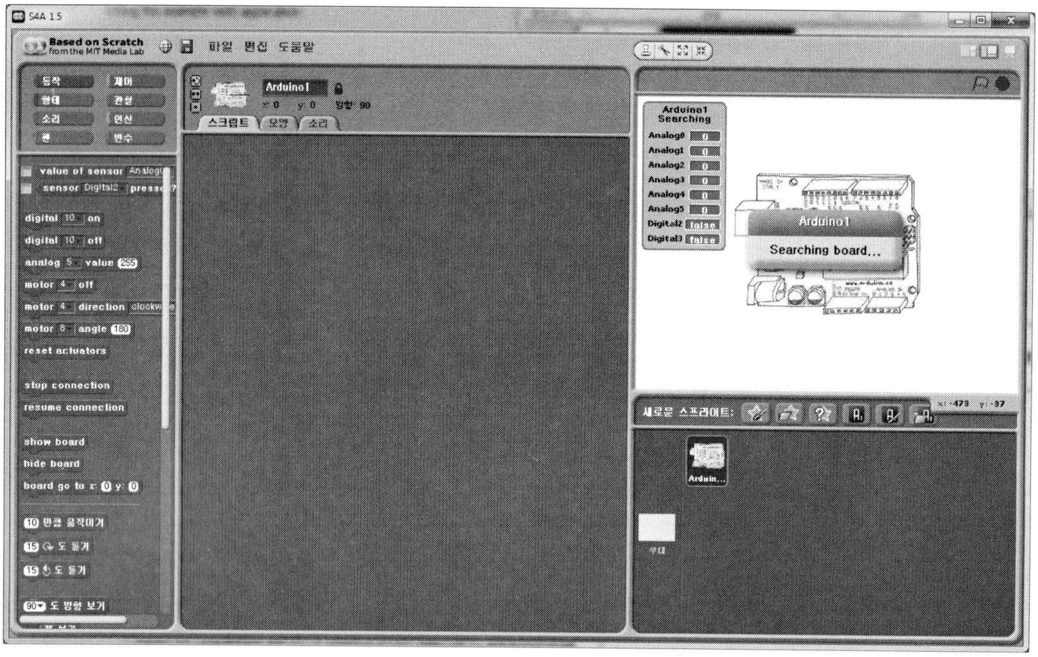

그림 C-15 S4A 실행 화면

프로그램을 실행시키면 위와 같은 화면이 보이면서 오른쪽에 "Searching board..."라는 메시지가 뜰 것입니다. 이 메시지는 현재 S4A 프로그램이 아두이노 보드를 인식하지 못했기 때문에 아두이노 보드를 찾고 있다는 뜻입니다. 이제 S4A가 아두이노 보드를 인식하게 만들어야 합니다.

S4A가 아두이노 보드를 제대로 인식하고 S4A에서 작성된 블록 코드가 아두이노 보드와 연동하기 위해서는 특정 프로그램을 아두이노 보드에 업로드 해줘야 합니다. 이 프로그램 파일은 S4A 공식 홈페이지에서 다운로드 하실 수 있습니다. S4A 공식 홈페이지(http://s4a.cat)

에서 다운로드 메뉴를 선택합니다. 새롭게 열린 페이지에서 그림 C-16과 같은 곳을 찾습니다. 그림 C-16의 맨 아래에 있는 here를 클릭하여 S4AFirmware15.ino 파일을 다운로드 받아두십시오.

Installing the Firmware into your Arduino

This firmware is a piece of software you need to install into your Arduino board to be able to communicate with it from S4A.

- Download and install the Arduino environment by following the instructions on http://arduino.cc/en/Main/Software. Take in account Arduino Uno requires at least version 0022.
- Download our firmware from here

그림 C-16 S4A와 연결하기 위해 아두이노 보드 준비시키기

아두이노 보드에 프로그램을 업로드 하기 위해서는 아두이노를 위한 통합개발환경 프로그램이 있어야 합니다. 따라서 아두이노 통합개발환경(프로그램)을 설치하겠습니다. 아두이노 통합개발환경은 스케치를 작성할 수 있는 편집창 뿐만 아니라 작성된 스케치를 아두이노가 알아들을 수 있는 형태로 바꿔주는 기능과 작성한 스케치의 오류의 찾아 주기도 합니다.

C.4.2 S4A에 아두이노 인식시기키

앞서 다운로드 받은 S4AFirmware.ino 파일을 더블 클릭하면 "아두이노 통합개발환경"을 이 파일을 읽어 들입니다. 아두이노 통합개발환경에의 도구/보드 메뉴를 선택하여 아두이노 보드 선택이 올바른지 확인하십시오. 그리고 통합개발환경의 도구/시리얼 포트 설정이 정확하게 되었는지 확인을 하십시오. 그런 후에 통합개발환경의 툴바에서 업로드 아이콘을 클릭해서 아두이노 보드로 스케치를 업로드 하면 자동으로 실행되며 비로소 아두이노 보드는 S4A에 연결됩니다.

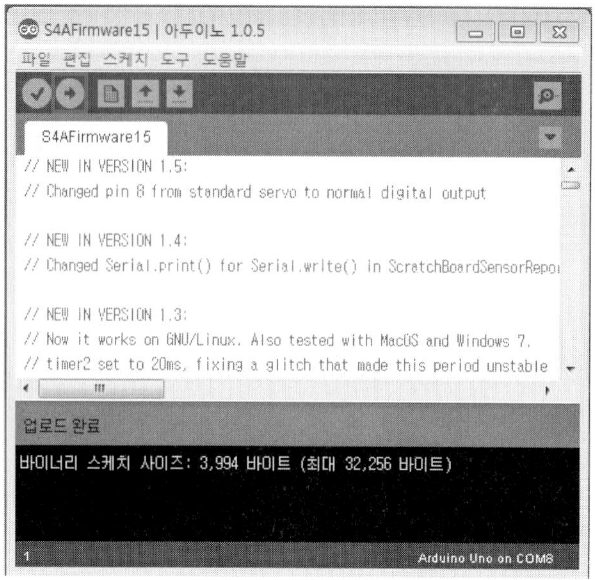

그림 C-17　S4AFirmware15.ino 파일을 연 아두이노 통합개발환경

S4A를 실행하세요. S4A 통합개발환경의 오른쪽에 보이던 "Searching board..."라는 메시지가 사라졌으며 그림 C-18과 같이 Analog0 ~ Analog5 옆의 숫자들이 변하는 것을 보실 수 있을 것입니다. 이제 S4A를 이용하여 아두이노를 조종하는 프로그램을 작성할 수 있는 환경이 구축되었습니다.

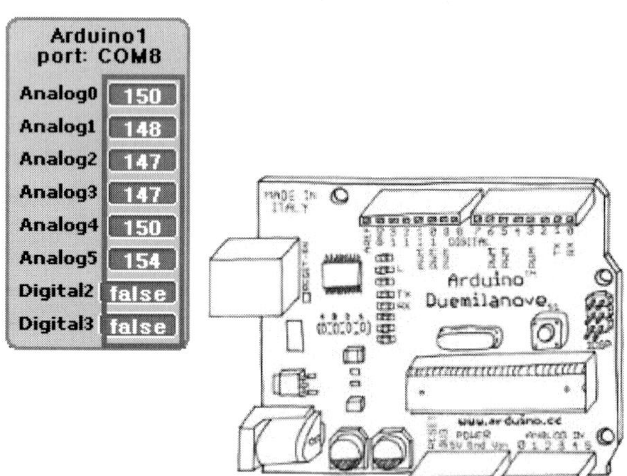

그림 C-18　아날로그 포트 값 변화

C.5 S4A를 이용한 디지털 출력

이제 아두이노 보드를 구동시키는 프로그램을 S4A로 프로그램을 작성해 보겠습니다. 먼저 아두이노 보드의 외형부터 조금 살펴보겠습니다. 그림 C-19를 보시면 위쪽으로 0번부터 13번 가지 그리고 GND, AREF핀이 보입니다. 0번부터 13번 핀은 디지털 신호를 입출력 할 수 있는 핀입니다. 그림 C-19의 아래쪽을 보시면 오른쪽에 A0부터 A5번 핀이 보입니다. 이 핀들은 아날로그 신호를 입력 받을 수 있는 핀들입니다. 그리고 아래 왼쪽을 보시면 전원 관계된 핀들이 보입니다. 5V핀은 보드 외부로 5[V]의 전압을 공급할 수 있는 핀입니다. 배터리라고 가정하면 +극이 되는 것입니다. 그리고 GND라는 핀이 있습니다. 이 핀은 배터리에서 -극에 해당하는 핀입니다.

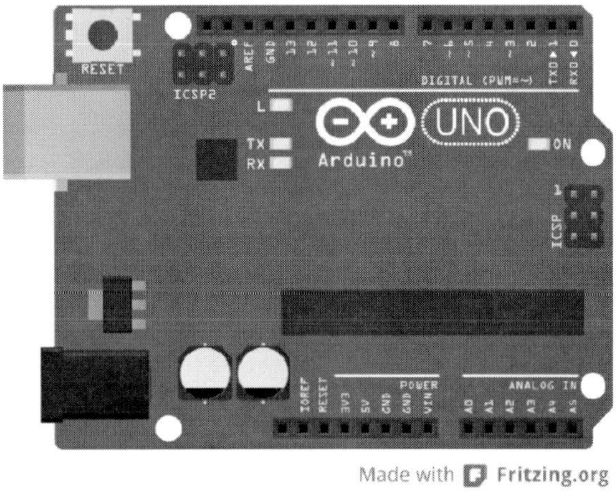

그림 C-19 아두이노 우노 보드 외형

아두이노 보드에 전원을 공급하는 방법은 USB 케이블을 통해서 가능하고 또한 어댑터와 파워잭을 연결하여 아두이노 보드에 전원을 공급할 수도 있습니다.

자~ 이제 아두이노 보드를 조종하기 위한 프로그램을 S4A를 이용하여 작성해 보겠습니다. 구구한 설명 보다는 한 번 따라 해보시는 것이 이해에 더 도움이 될 것입니다. 단계별로 하나씩 같이 가시죠.

[단계 1] S4A를 실행합니다. 기존에 작업하던 사항을 S4A가 보여주고 있다면 통합개발환경의 주 메뉴에서 '파일/새로 만들기'를 실행합니다.

[단계 2] S4A의 통합개발환경의 왼쪽 상단에 보이는 그림 C-20 영역에서 "제어" 버튼을 클릭하면 코드 블록 영역에서는 제어와 관련된 황색 코드 블록들만이 나타납니다. 여기서 '무한 반복' 코드 블록을 선택해서 화면 중앙의 스프라이트 영역에 옮겨 놓습니다.(드래그 &드랍 형태로 옮겨 놓을 수 있음) 다음으로 '1초 기다리기' 코드 블록 2개를 스프라이트 영역으로 옮겨 놓습니다.

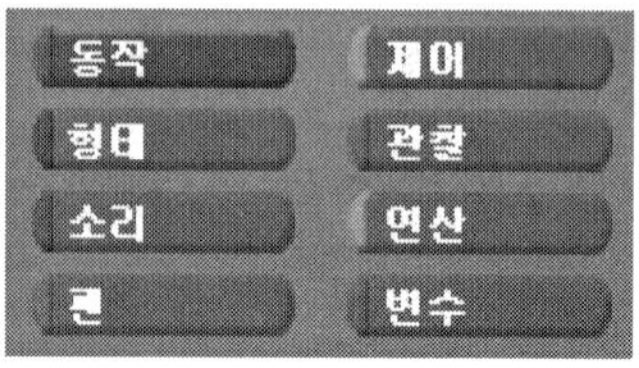

그림 C-20 코드 블록

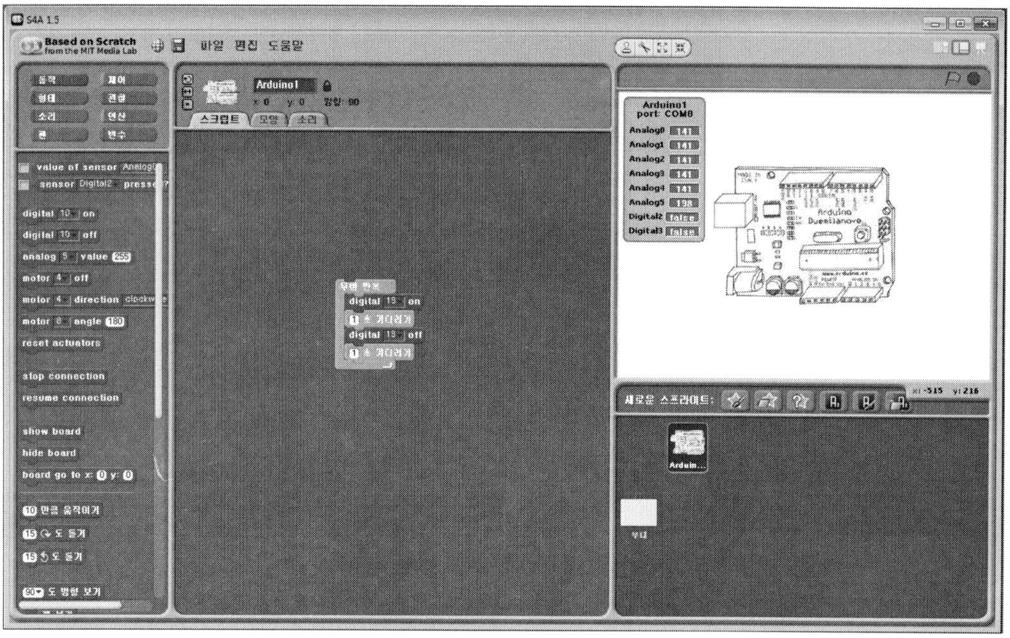

그림 C-21 첫 번째 S4A 프로그램 작성

[단계 3] 통합개발환경의 왼쪽 상단에 보이는 그림 C-20 영역에서 동작 버튼을 클릭합니다. 그러면 코드 블록 영역에 파란색의 코드 블록들만이 보이게 됩니다. 여기서 "digital 10 on" 코드 블록과 "digital 10 off" 블록 코드를 각각 한 개씩 스프라이트 영역의 스크립트 작성 공간에 옮겨 놓습니다. 그리고 스프라이트 영역에 있는 각각의 코드 블록들을 그림 C-21 또는 그림 C-22와 같이 연결합니다.

[단계 4] 그림 C-22와 같이 “digital 10 on” 코드 블록을 “digital 13 on”으로 바꾸시고 “digital 10 off”를 “digital 13 off”로 바꾸시기 바랍니다.

그림 C-22 코드 블록 결합하여 프로그램 작성

[단계 5] 그림 C-21에 보인 통합개발환경에서 오른쪽 상단을 보면 녹색 깃발 아이콘이 있는데 이 아이콘은 실행 아이콘이며 빨강색 원은 멈춤 아이콘입니다. 녹색 깃발을 클릭하고 나서 그림 C-22의 블록 코드들을 클릭하세요. 그러면 블록 코드가 실행됩니다.

[중간 점검 단계 & 단계 6] 아두이노 보드의 13번 옆에 있는 황색 LED에 불이 1초 동안 들어왔다가 1초 동안 꺼져있기를 반복하는지 확인하세요. “digital 10 on” 블록은 아두이노 보드의 13번 핀에 전압을 출력하라는 의미이고 “digital 10 off” 블록은 아두이노 보드의 13번 핀에 전압을 0[V]로 만들라는 뜻입니다. S4A를 이용해서 어떻게 아두이노 보드를 조종하는지 이제 감이 살짝 올 것입니다.

[단계 7] 그림 C-22의 블록 코드를 조금 수정해 보겠습니다. 통합개발환경의 왼쪽 상단 영역에서 제어 버튼을 클릭하고 블록 코드 영역에서 맨 위에 보이는 “클릭되었을 때”라는 블록 코드 가지고 와서 그림 C-23과 같이 만듭니다.

그림 C-23 블록 코딩

[단계 8] 통합개발환경 오른쪽 상단에 있는 녹색 깃발 모양의 실행 아이콘을 클릭하여 그림 C-23의 블록 코드를 실행시킵니다.

[마지막 단계] 그림 C-22에 보인 코드가 실행되었을 때와 그림 C-23에서 보인 코드가 실행될 때 어떤 차이가 있는지 살펴보시기 바랍니다.☺ "클릭되었을 때" 블록 코드를 제거하기 위해서, "무한 반복" 블록 코드를 클릭해서 선택한 다음 마우스 오른쪽 버튼을 누른 채로 이동하신 다음 마우스 버튼에서 놓으면 블록 코드가 분리됩니다. "클릭되었을 때" 블록 코드를 삭제하기 위해서는 "클릭되었을 때"를 클릭한 다음 마우스 왼쪽 버튼을 누르면 메뉴가 나타나는데 거기서 삭제를 선택하시면 됩니다. 삭제하시기 전에 블록 도움말을 한번 보시면 좋겠습니다.

그림 C-24 "클릭되었을 때" 블록 코드에 대한 도움말

"클릭되었을 때" 블록 코드는 실행 아이콘( )이 클릭되었을 때 이어지는 블록 코드를 실행하라는 뜻입니다☺.

이번에는 아두이노 외부에 led를 달아서 그 led를 켰다 껐다 하는 프로그램을 작성해 보겠습니다. 가장 기본적인 예제로서 아두이노 보드가 외부로 디지털 신호를 출력하는 방법에 대해 알아보기로 하겠습니다.

1) 실습 내용 및 목표

아두이노 보드에 연결된 LED를 디지털 신호(HIGH/LOW)로 On/Off 시켜봄으로써 디지털 신호를 출력하는 방법을 알 수 있습니다.

2) 회로 구성

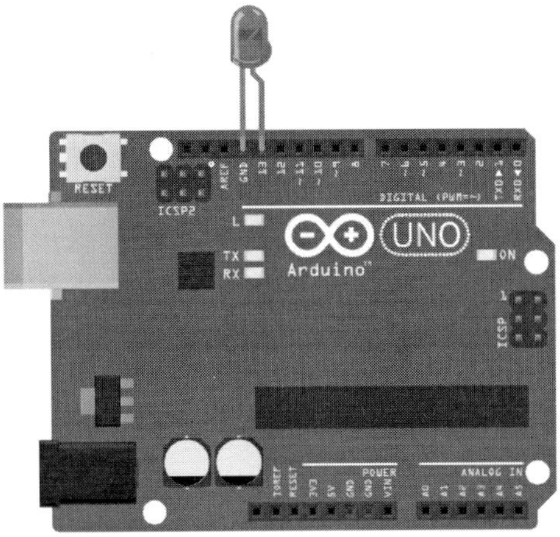

그림 C-25 led 1개 연결

그런데 말이죠…!!

위의 회로도에서 저항 없이 LED를 연결하였지만 원래 아두이노 보드의 13번 핀에는 저항이 1kΩ 붙어 있어서 따로 저항을 연결하지 않았습니다. 만약 다른 핀을 이용한 LED점멸이라면 꼭 저항을 직렬로 연결하여 LED가 타지 않도록 주의하시기 바랍니다.

그런데 말이죠…!!

LED는 Light Emitting Diode의 약자로 대개 두 개의 다리를 갖고 있습니다. 순방향으로 전류를 흘려보내면(적합한 방향으로 전압을 인가하면) 불이 들어오는 소자입니다. LED의 두 다리 중 한쪽 다리가 길게 생산되는데 긴 다리에 + 극성을 인가하고 짧은 다리에 - 극성을 연결하면 불이 켜집니다. LED의 극성을 구분하는 다른 방법으로는 플라스틱으로 쌓여있는 LED 내부의 모양을 살펴봄으로써 알 수 있습니다. 더 넓은, 더 큰 모양을 하고 있는 쪽 다리가 - 극성이며 상대적으로 작은 모양을 하고 있는 쪽 다리가 + 극성입니다. **LED는 반드시 극성에 주의해서 연결해야 합니다.** LED의 극성을 제대로 연결하지 않는다면 LED가 정상 동작하지 않고 심지어 파손될 수도 있습니다.

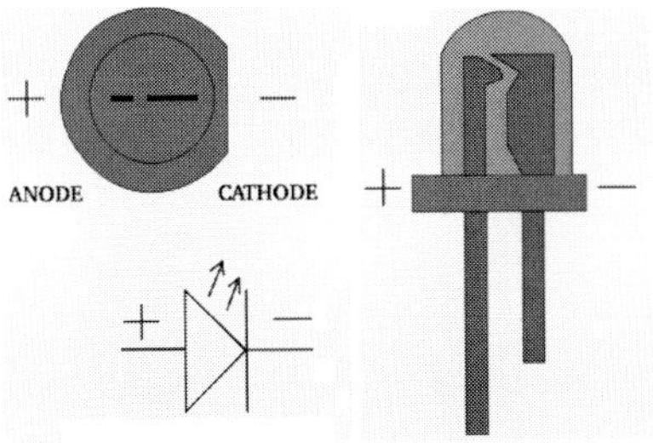

3) 스크래치 작성

그림 C-26 "동작" 관련 블록과 "제어" 관련 블록

위와 같이 블록 코드를 작성한 다음 아래 그림 C-27에 보인 영역에서 우측 상단의 "녹색 깃발"을 클릭하면 LED가 On/Off 될 것입니다.

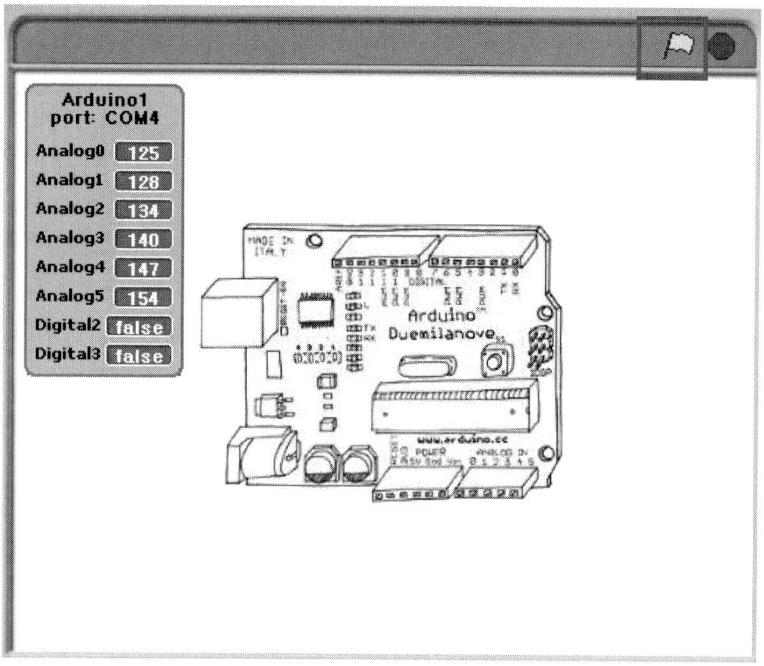

그림 C-27 프로그램 실행 시작

아두이노 13번 핀에는 자체적으로 저항과 LED가 부착되어있지만 좀 더 확실하게 결과값을 보기 위해 보드 외부에 LED를 연결해보았습니다.

4) 설명

S4A는 직관적으로 블록 코드들을 이용하여 프로그래밍 한다는 점을 생각하면서 위 블록 코드를 살펴보겠습니다. "녹색 깃발"이 클릭되었을 때 "무한 반복"으로 진입하면서 안에 있는 명령어들이 순차적으로 무한 반복이 됩니다. "Digital 13번 핀에 on"은 13번 핀에 HIGH 레벨 신호를 인가해주는 뜻입니다. 13번 핀이 HIGH가 되면 LED를 거쳐서 GND로 전류가 흐르게 되니 LED에 불이 들어오게 됩니다. "1초 기다리기"는 말 그대로 1초 대기하는 블록입니다. "digital 13번 핀에 Off"는 13번 핀에 LOW 레벨 신호를 인가해주라는 뜻입니다. 이렇게 되면 LED 양단에 걸린 전압의 차가 발생하지 않아서 LED에 전류가 흐르지 않아서 불이 꺼지게 되는 것입니다.

C.6 조도센서를 활용한 아날로그 입력

CDS(조도센서)를 통해 어두워지면 led가 켜지고 주변이 밝으면 led가 꺼지는 간단한 장치와 프로그램을 만들어 보겠습니다.

1) 실습 내용 및 목표

CDS는 주변 밝기에 따라 자신의 저항 값이 변하는 소자입니다. 그림 C-29와 같이 회로를 구성하고 조도 센서인 CDS를 손으로 가려보면서 아날로그 입력 A1 핀의 전압이 어떻게 변하는지 살펴보시기 바랍니다.

2) 회로 구성

CDS는 핀이 두 개인 소자입니다. 이 두 핀을 극성이 없습니다. CDS의 두 핀 중 한 핀을 저항과 같이 연결합니다. 아무 것도 연결되지 않은 저항 핀을 아두이노 보드의 GND와 연결합니다. 그리고 아무 곳에도 연결되어 있지 않은 CDS의 남은 핀을 아두이노의 5V 핀에 연결합니다. 그리고 그림 C-28에서 보이는 것과 같이 CDS와 저항이 연결된 접점을 아두이노 아날로그 입력 A1 핀과 연결합니다. 그리고 led의 긴 핀(+)을 13번 핀에 연결합니다. Led의 짧은 핀을 GND 핀에 연결합니다.

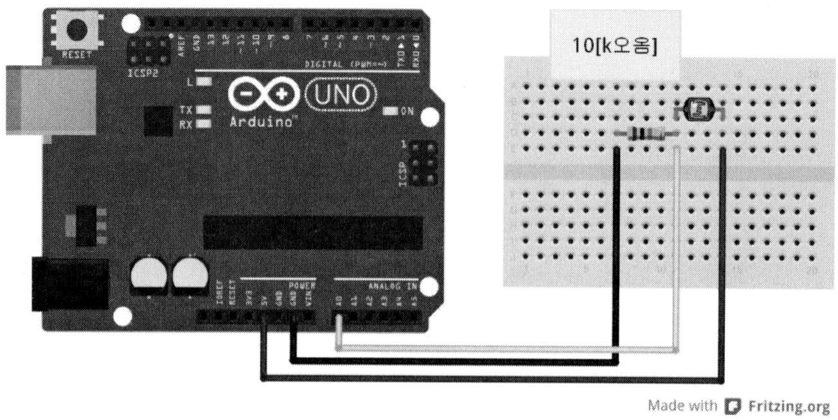

그림 C-28 CDS 회로

3) 스크립트 작성

그림 C-29는 완성된 스크립트는 아닙니다. 일단 SensorValue라는 변수를 생성해서 그림 C-29와 같이 스크립트를 작성하시오. 다 작성하셨으면 실행 아이콘을 눌러 실행시키십시오. 그리고 무대에 보이는 변수 SensorValue의 값을 변화를 관찰하면서 조도 센서(CDS)를 주변을 어둡게 하기 위해 센서를 손으로 가려 보십시오. 다시 조도 센서 주변을 밝게 하기 위해 가렸던 손을 치워 보십시오. SensorValue의 값은 어떻게 변합니까? 그림 C-28의 회로에 이상이 없다면 조도 센서 주변이 어두워지면 SensorValue의 값은 작아지고 조도 센서 주변이 밝아지면 SensorValue의 값은 살짝 커지는 것을 보실 수 있을 것입니다.

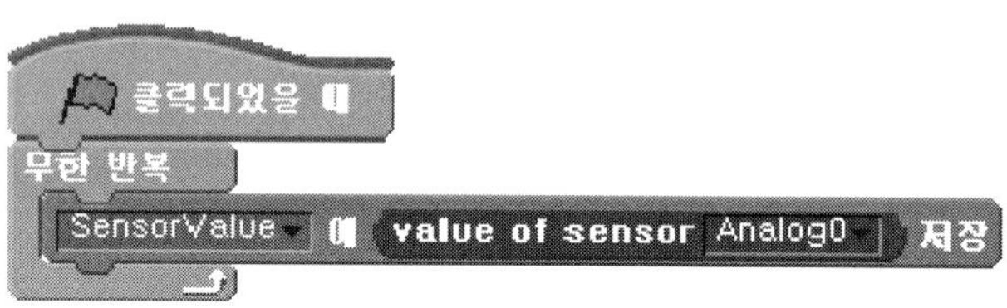

그림 C-29 블록 코드

이 실습에서 우리의 주변이 어두워지면 led를 켜고 주변이 밝으면 led를 끄려고 합니다. 조도센서의 의해 SensorValue 값이 변경되는데 그 값이 얼마 이하면 어둡다고 판단하고 얼마 이상이면 밝다고 판단해야 할까요? 실습 환경에 따라 그 기준 값이 서로 다를 것입니다. 필자가 테스트 한 환경에서는 SensorValue의 값이 200 이하면 어둡다고 보기로 했습니다.

따라서 주변이 어두워지면 우두이노 13번 핀에 연결해 놓은 led를 켜고 주변이 밝으면 led를 끄기 위한 코드를 그림 C-30과 같이 작성했습니다. 그림 C-30의 코드를 약간 수정해서 그림 C-31과 같이 작성하셔도 무방합니다.

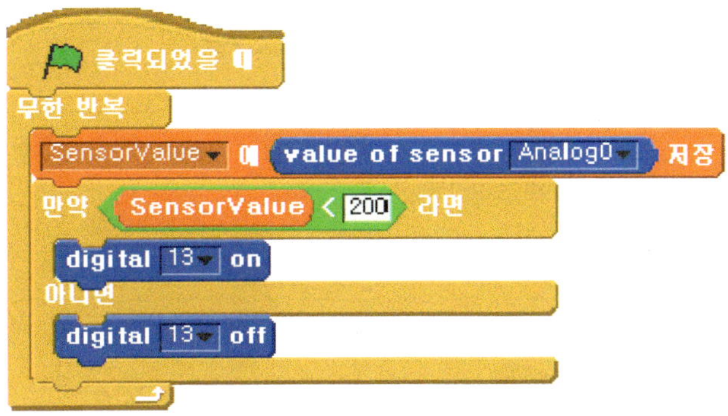

그림 C-30 주변 밝기에 따른 led on/off 제어

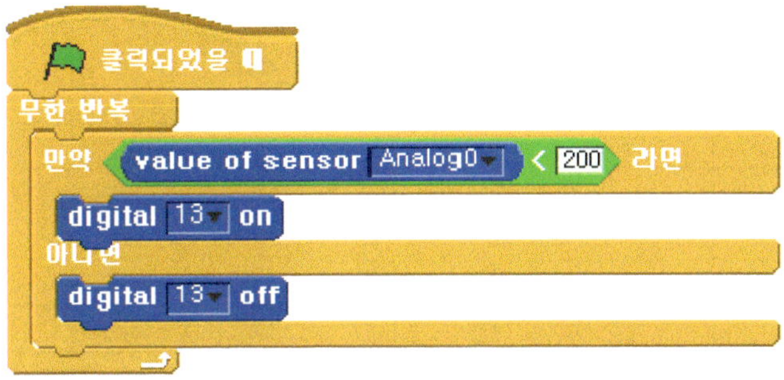

그림 C-31 주변 밝기에 따른 lcd on/off 제어

부록 D. 아두이노 배우기 풀 키트 소개

RiaTech

경기도 용인시 기흥구 중동. 사업자등록번호 : 142-08-51551

아두이노 배우기 풀 키트 ver. 1.3			
아두이노 우노 x 1	USB 케이블 x 1	브레드 보드 x 1	점퍼 케이블 1 set(65개)

DC 모터 x 1	서보 모터 x 1	거리측정센서 x 1	LCD (16 x 2) x 1

온도센서(TMP36) x 1	기울기 센서(SW-200) x 1	조도센서(Cds) x 1	온도센서(써미스터) x 1

RED LED x 5	GREEN LED x 5	YELLOW LED x 5	Two-Color LED x 2

FND	P2N2222AG x 1	SPI EEPROM(25LC080) x 1	TWI EEPROM(24LC01B) x 1

부저 x 1	모터 드라이버 IC x 1	가변 저항(10K ohm) x 1	푸시 스위치 x 5

1N4001 x 8	저항 10k x 10	저항 330 x 20	저항 2k x 4
	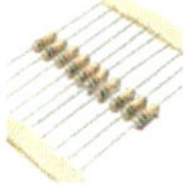	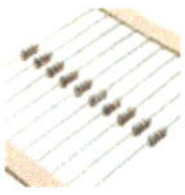	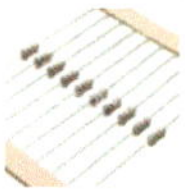
핀 헤더 소켓	플라스틱 보관함		
	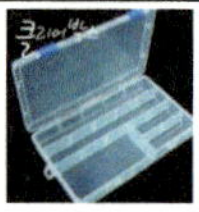		

♣ 위 아두이노 배우기 풀 키트의 구성품은 변경될 수 있습니다. 플라스틱 보관함에 담겨져 나갑니다.
네이버 카페, "아두이노 배우기"(http://cafe.naver.com/studyonarduino)에서 판매합니다.

부록 E. 스마트 폰의 블루투스 통신 기능을 이용하여 무선으로 조종하는 아두이노 이동 로봇 키트

1. 구성품

RiaTech		
경기도 용인시 기흥구 중동. 사업자등록번호 : 142-08-51551		
만들면서 배우기 키트 I ver 1.0		
자동차 몸체	블루투스 통신 모듈	모터드라이브 모듈

♣ 자동차 몸체 사진은 이해를 돕기 위해 연출된 사진입니다. 실제 사진을 보시려면 제 3부의 내용을 보십시요.

♣ 블루투스 통신은 **안드로이드 스마트 폰만 지원합니다.**

2. 동작

스마트 폰의 블루투스 통신 기능을 이용하여 아두이노 이동 로봇을 무선으로 조종할 수 있습니다. 스마트 폰에서 전진, 후진, 좌회전, 우회전 등의 명령을 받아 이동로봇이 움직입니다.

이동 로봇에 별도의 센서를 추가한다면 장애물을 피해서 자동 주행을 하거나 센싱한 정보를 폰으로 전송할 수도 있습니다. 더 많은 정보를 원하시면 이 책의 제 3부 내용을 확인하십시오.

♣ 위 이동 로봇 키트는 **네이버 카페, "아두이노 배우기"(http://cafe.naver.com/studyonarduino/589)에서 판매합니다.**

색인

(ㄱ)

거리측정센서 83, 124
기울기 센서 60

(ㄴ)

내부 풀업 저항 210

(ㄷ)

디바운스 218, 220

(ㄹ)

랩뷰(LabVIEW) 259, 263
레지스터 122
릴리패드 285, 288

(ㅁ)

마이크로컨트롤러 11, 56, 70, 211
모터구동칩(L293B) 128
모터 구동 트랜지스터(TIP120) 96

(ㅂ)

부저 102, 108, 294
브레드 보드 22
블루투스 230, 251

(ㅅ)

서보모터 97, 100
소프트웨어 시리얼 149

(ㅇ)

아날로그 출력(PWM) 86
아날로그-디지털 변환기(ADC) 70, 71, 74
아이스퀘어씨(I^2C) 통신 172
에스피아이(SPI) 통신 162
에프엔디(FND) 206
엑스비(xBee) 확장쉴드 188
엘씨디(LCD) 114
엘이디(LED) 27, 40
오옴의 법칙 32
온도센서(thermistor) 80
온도센서(tmp36) 81, 279
유자트(USART) 150, 183
이이피롬(EEPROM) 136, 138
인터럽트 141

(ㅈ)

전자나침반(CMPS03) 179
조도센서(CDS) 77, 315
지피에스(GPS) 모듈 176, 177, 178
지피에스(GPS) 확장 쉴드 197
직렬통신 65, 149
직류 모터(DC 모터) 91, 128

(ㅊ)

채터링 현상 218

(ㅌ)

티더블유아이(TWI) 통신 172

(ㅍ)

펄스폭변조(PWM) 94
폴링 139
풀업 저항 59

(ㅎ)

확장쉴드 188

24LC01B(I^2C 방식의 EEPROM) 172
25xx080(SPI 방식의 EEPROM) 162, 170

아두이노 배우기 키트 구입 문의는

네이버 카페, "아두이노 배우기"
(http://cafe.naver.com/studyonarduino)로 문의하시면 됩니다.

아래의 QR 코드로 "아두이노 배우기" 카페에 접속하실 수 있습니다.

집 필 진

김성필 2004. 2 ~ 현재까지 한국정보통신기능대학 정보통신설비과 교수
2004. 2 한국외국어대학교 컴퓨터 및 정보통신공학과 박사
1999. 2 한국외국어대학교 전자 · 제어계측공학과 석사
1997. 2 한국외국어대학교 제어계측공학과 학사

홍선기 1995. 3 ~ 현재까지 호서대학교 디지털제어공학과 교수
1993. 8 ~ 1995. 2 렉스산전(주) 선임연구원
1993. 2 서울대학교 대학원 전기기기과 박사
1989. 2 서울대학교 대학원 전기기기과 석사
1987. 2 서울대학교 전기공학과 학사

한경연 2013. 6 ~ 현재까지 IN네트워크 전무이사
2014. 2 연세대학교 대학원 경영학과 석사
2003. 2 한성대학교 경영학과 학사

따라하다보면 알게되는

아두이노 배우기

3판 7쇄 2022년 1월 20일

저 자 김성필 / 홍선기 / 한경연
발행인 송광헌
발행처 복두출판사
주 소 서울특별시 영등포구 경인로82길 3-4
센터플러스 807호 (우) 07371
전 화 02-2164-2580
FAX 02-2164-2584
등 록 1993. 11. 22. 제 10-902 호

정가 : 19,000원
ISBN : 979-11-85880-05-1 93560

한국과학기술출판협회 회원사

* 본 도서의 자료 업데이트가 있을 경우 본사 홈페이지 자료실에 업로드 됩니다. 정기적으로 들러서 유익한 자료를 받아가시기 바랍니다.